Ulrich Kutschera

Streitpunkt Evolution

Science and Religion
Naturwissenschaft und Glaube

Volume/Band 2

LIT

Ulrich Kutschera

Streitpunkt Evolution

Darwinismus und Intelligentes Design

LIT

Adresse des Autors:
Prof. Dr. U. Kutschera
Institut für Biologie
Universität Kassel
Heinrich-Plett-Str. 40
34109 Kassel
Germany
e-mail: kut@uni-kassel.de

∞

Gedruckt auf alterungsbeständigem Werkdruckpapier entsprechend
ANSI Z3948 DIN ISO 9706

Umschlagbild: Sammlung des Autors

Bibliografische Information Der Deutschen Bibliothek
Die Deutsche Bibliothek verzeichnet diese Publikation in der Deutschen Nationalbibliografie; detaillierte bibliografische Daten sind im Internet über http://dnb.ddb.de abrufbar.

ISBN 3-8258-7286-6

Grevener Str./Fresnostr. 2 48159 Münster
Tel. 0251–62 03 20 Fax 0251–23 19 72
e-Mail: lit@lit-verlag.de http://www.lit-verlag.de

Vorwort

Das Konzept von einer universellen organismischen Evolution ist bereits in den Schriften Vor-Sokratischer Naturphilosophen zu finden. Dennoch hat kein Buch unsere Denkweise so verändert wie Darwins Hauptwerk *On the Origin of Species* (1859). Der Begriff Darwinismus – ein Synonym für den Inhalt des berühmten Artenbuchs – breitete sich nach 1860 in Europa rasch aus und ist heute auch in Kreisen naturwissenschaftlicher Laien ein beliebtes Schlagwort. Die Hauptthesen von Darwin, niedergelegt in seinen vier berühmten Theorien, konnten Jahrzehnte später von den "Architekten" der modernen Synthetischen Evolutionstheorie bestätigt und erweitert werden. Darwin hatte somit im Prinzip Recht, obwohl Teilaussagen des großen Biologen ergänzt, verbessert und modifiziert werden mussten.

Obgleich die Synthetische Theorie – ein System von Aussagen zur Beschreibung und Erklärung des evolutiven Artenwandels – zum Fundament der modernen Biowissenschaften geworden ist, wurden immer wieder Alternativ-Vorschläge bezüglich der Antriebskräfte der Evolutionsprozesse formuliert. Diese meist Anti-Darwinistischen Konzepte und Postulate wurden in der neueren deutschen Biologie-Historiographie nur stiefmütterlich behandelt. Aus diesem Grund arbeiten seit Oktober 2002 in einem von der Deutschen Forschungsgemeinschaft (DFG) unterstützten Projekt mit dem Titel "Evolution ohne Genetik – Alternativtheorien in der Evolutionsbiologie im 20. Jahrhundert" die folgenden Wissenschaftler an verschiedenen Teilaspekten dieser Fragestellung: PD Dr. U. Hoßfeld, Prof. O. Breidbach, Universität Jena (Projektleiter); Prof. M. T. Ghiselin (Academy of Sciences, San Francisco, USA) – Darwinismus, Morphologie; PD Dr. T. Junker (Universität Tübingen) – Evolutionsbiologie; Prof. A. Ghilarov (Universität Moskau) – Geschichte der Ökologie; Prof. E. Muzrukova (Akademie der Wissenschaften, Moskau) – Geschichte der Evolutionstheorie; Prof. W.-E. Reif (Universität Tübingen) – Saltationismus; Prof. M. Walker (Union College, New York) – Wissenschaft, Ideologie; Prof. K. Kawamura (Osaka University) – Geschichte der Chemie- und Evolutionstheorie; Prof. em. E. Mayr (Harvard University, USA) – Biologiegeschichte, Evolutionsbiologie sowie der Autor des vorliegenden Buches, dem das Themengebiet *Kreationismus* übertragen wurde. Obwohl der wörtlich verstandene biblische Schöpfungsglaube nicht als "Alternativtheorie" gewertet werden kann, haben die Leiter der oben beschriebenen Arbeitsgruppe bei deren Gründung beschlossen, diese Anti-Darwinistische Gegenbewegung – in ihrer aktuellen Version unter dem Begriff *Intelligent Design* getarnt – in das DFG-Projekt aufzunehmen. Die hier dargelegten Fakten und Analysen sind somit in einem größeren Zusammenhang zu sehen und als biologiegeschichtliche Analyse zu betrachten.

Als erstes Produkt der interdisziplinären Arbeitsgruppe ist ein von der DFG geförderter Sammelband mit dem Titel *In the Shadow of Darwinism. Alternative Evolutionary Theories in the 20th Century* (Levit, G. S., Popov, I. Y., Hoßfeld, U., Olsson, L., Breidbach, O., Eds., St. Petersburg 2003) zu nennen. Die von 18 Autoren verfassten Texte wurden ins Russische übersetzt, wobei Kapitelüberschriften und Zusammenfassungen in englischer Sprache beigefügt sind. Mir wurde die Aufgabe gestellt, ein kompaktes Kapitel über die "Kreationistenbewegung in Deutschland" zu verfassen. Das vorliegende Werk ist als Ausarbeitung und Erweiterung dieses in russischer Sprache erschienenen Buchkapitels anzusehen.

Ich habe zunächst in zwei einleitenden Kapiteln die Grundlagen der Evolutionsbiologie und deren Entwicklung von Darwin bis heute beschrieben. Auf diesen Seiten ist insbesondere die Bedeutung der Evolutionsbiologie als Generaldisziplin der modernen Biowissenschaften herausgearbeitet. In einer neuartigen Analogiebetrachtung – Daltons Atomtheorie vs. Darwins Deszendenztheorie – habe ich versucht, den Weg von einer Hypothese über die Theorie zur dokumentierten Tatsache zu skizzieren. Diese Ausführungen mögen dazu beitragen, die populäre Behauptung "Evolution ist nur eine Theorie" auf überzeugende Weise zu entkräften. In den folgenden acht Kapiteln sind dann verschiedene Teilaspekte der "Evolutions-Debatte 1998 bis 2003" mit dem geographischen Schwerpunkt Deutschland/Schweiz abgehandelt. Dieser "Streitpunkt" hat sich infolge zweier Ereignisse entzündet. In meinem Lehrbuch *Evolutionsbiologie. Eine allgemeine Einführung* (Berlin 2001) bin ich auf einigen Seiten auf die Strategien und Argumente der deutschen Kreationisten eingegangen. Diese Offenlegung eines bis dahin weitgehend tabuisierten Themas hat in den Kreisen der Anti-Evolutionisten heftige Gegenreaktionen hervorgerufen, die durch eine positive Rezension meines Buchs durch den derzeitigen Präsidenten des *Verbands Deutscher Biologen und biowissenschaftlicher Fachgesellschaften* (Vdbiol), Herrn Prof. H.- J. Jacobsen, noch verstärkt wurden. Als ich dann im Juli 2002 in der Vdbiol-Zeitschrift *Biologen heute* in einem Nachruf auf die Aktivitäten der deutschen Evolutionsgegner hingewiesen hatte, kam die Debatte in Fahrt. Im April 2003 berichtete das Journal *Nature* über den von mir angezettelten "Streitpunkt Evolution" ; es folgten Berichte in *Der Zeit*, dem *Spiegel*, dem *Laborjournal* und anderen Medien.

Das vorliegende Buch liefert bisher unveröffentlichte Hintergrundinformationen und zeichnet diese Kontroverse nach. Mein Dank gilt zahlreichen Fachkollegen, die unpublizierte Texte beigesteuert haben und meiner Sekretärin für zuverlässige Schreibarbeit.

Kassel, im März 2004 U. Kutschera

Inhalt

1. Evolution: Tatsache und wissenschaftliche Theorie

Bis in die 1850er Jahre war der Glaube an eine übernatürliche Erschaffung der Erde und der Lebewesen noch weit verbreitet. Diese von der christlichen Religion inspirierte "Schöpfungstheorie" wurde in zahlreichen Bildern anschaulich dargestellt: man postulierte einen durch Schöpfungsakte Gottes eingeleiteten Ursprung der Tier- und Pflanzenarten (Spezies). In Abb. 1.1 ist ein Holzschnitt aus der "Kölner Bibel" reproduziert, aus dem der christliche Schöpfungsmythos im Detail entnommen werden kann. Der Gottvater ist in der Mitte oben dargestellt, wobei der Schöpfungsakt über seinen geöffneten Mund veranschaulicht ist: Die Erde mit Berg, Tal, Bäumen, Kräutern und Tieren sind sichtbar. In der Mitte des Paradieses stehen die Bäume des Lebens und der Erkenntnis. Am Boden schläft Adam, dem der Gottvater seine Gefährtin erweckt.

Abb. 1.1: Die Schöpfung. Grenzen der irdischen Welt sind von Wolkenbändern umrahmt. Dahinter ist der christliche Gott mit Engeln zu sehen. Die vier Winde versinnbildlichen den Geist Gottes (Holzschnitt aus der Kölner Bibel, 1479).

Dieser religiöse Mythos von der Erschaffung des Menschen war über Jahrhunderte hinweg Gegenstand unzähliger Gemälde. Im Jahr 1858 wurde dem christlichen Schöpfungsglauben eine naturalistische, d. h. auf *natürlichen* Ursachen und Fakten aufbauende Theorie zur Artenentstehung entgegen gesetzt, die im nächsten Abschnitt beschrieben ist.

Wir werden aus didaktischen Gründen der von Charles Darwin formulierten Deszendenztheorie die von John Dalton begründete Atomtheorie gegenüberstellen und im letzten Kapitel auf diesen Vergleich zurückkommen.

Darwin, Wallace und Haeckel als Urväter

Im Juli 1858 wurden vor der *Linnean Society* (London) zwei kurze Abhandlungen verlesen, die als Gründungsschriften der Evolutionsbiologie bekannt geworden sind: Ein Auszug eines Manuskripts zum Ursprung der Arten von Charles Darwin (1809 – 1882) und ein Aufsatz, der von dem Naturforscher Alfred Russel Wallace (1823 – 1913) verfasst war. Die Zeitschrift, in der die beiden Arbeiten als Doppel-Veröffentlichung publiziert wurden, gibt es noch heute, allerdings unter verändertem Namen (*Biological Journal of the Linnean Society*). Darwin formulierte in diesem Manuskript erstmals die Grundgedanken seiner Abstammungslehre (Deszendenztheorie) etwa wie folgt. Gemäß der "Doktrin von Malthus" produzieren alle Lebewesen mehr Nachkommen als die Umwelt ernähren kann; die Populationsdichten bleiben jedoch in etwa konstant; die Individuen unterscheiden sich in zahlreichen Merkmalen voneinander (biologische Varibilität). Schlussfolgerung: im "struggle for life" (Daseins-Wettbewerb) überleben nur die am besten Angepassten. Ähnlich argumentierte A. R. Wallace: ohne eine "Bremse" kommt es zur maßlosen Überproduktion an Nachkommen; das Leben wilder Tiere ist ein "struggle for existence", wobei die am besten Adaptierten überleben und die weniger Geeigneten unterliegen. Gemäß dieser von Darwin und Wallace formulierten Selektionstheorie (Prinzip der natürlichen Auslese bei begrenzten Umweltressourcen) kommt es im Verlauf tausender Generationen zu einem Artenwandel: Abstammung ("descent") mit Abänderung ("with modification").

Soweit wir dies heute beurteilen können, hatte die Veröffentlichung von Darwin und Wallace (*Journal of the Proceedings of the Linnean Society of London*, Band 3, S. 45 – 62, 1858), in der das Wort "Evolution" nicht vorkommt, keine große Wirkung. Erst die ein Jahr später in Buchform erschienene umfassende Version der Abstammungslehre (C. Darwin: *On the Origin of Species by Means of Natural Selection, or the Preservation of Favoured Races in the Struggle for Life,* 1. Auflage 1859, 6. und letzte Aufl. 1872) verhalf der neuen Theorie zum Durchbruch. Aus diesem Grund wird Darwin (Abb. 1.2) in der Biologiegeschichte als *der* "Urvater" oder "Hauptbegründer" der Deszendenztheorie aufgeführt. Es sollte an dieser Stelle erwähnt werden, dass der weniger populäre "Mitbegründer" A. R. Wallace im Jahr 1889 eine in den Vereinigten Staaten von Amerika gehaltene Vortragsreihe unter dem Titel *Darwinism. An Exposition of the Theory of Natural Selection with some of its Applications* publiziert hat. In diesem Werk erkannte Wallace die Priorität seines Kollegen Darwin in vollem Umfang an; er trug damit indirekt zur Popularisierung des Begriffs "Darwinismus" bei. Der "zweite Darwin" war zu Lebzeiten ein weltbekannter Forscher, dessen Ruhm – u. a. wegen seiner Verteidigung des Spiritismus – nach seinem Tod jedoch verblasste.

In seinem Hauptwerk legte Darwin (1859) eine Fülle an Material zur Untermauerung der Abstammungslehre vor und griff gleich im ersten Kapitel seines Buches die damals auch unter Naturwissenschaftlern noch weit verbreitete Schöpfungstheorie ("theory of creation") an: die Vorstellung einer unabhängigen Erschaffung der Arten (Abb. 1.1) sei ein Irrtum. Der "theory of creation" wurde 1859 die naturalistische "theory of descent with modification" entgegen gesetzt. In heutige Terminologie übertragen sprechen wir von *Kreationismus* (wörtlich verstandener biblischer Schöpfungsglaube) und stellen diesem den *Evolutionismus* (naturwissenschaftliche Erklärung vom Ursprung und Wandel der Arten) gegenüber.

Darwins "Artenbuch" hatte einen derartigen Erfolg, dass die Leistungen von A. R. Wallace in den Hintergrund getreten sind. Der Inhalt des *Origin of Species* wurde nach 1860 mit dem Wort "Darwinismus" gleichgesetzt, welches sich rasch durchsetzte. Begriffe wie "struggle for life" sowie das Schlagwort "survival of the fittest" (geprägt von Herbert Spencer) wurden fälschlicherweise mit "Kampf ums Dasein" bzw. "Überleben des Stärkeren" übersetzt. Bereits 1859 hatte Darwin allerdings darauf hingewiesen, dass es sich hierbei im Wesentlichen um den Erfolg im Hinterlassen von Nachkommen handelt. In der modernen Evolutionsbiologie bedeutet *fitness* Anpassungsgrad, Fortpflanzungsrate bzw. Lebenszeit-Fortpflanzungserfolg.

Die Hauptaussagen von C. Darwin (1859, 1872) können in den folgenden Sätzen zusammengefasst werden:

1. Übernatürliche Schöpfungsakte Gottes (Abb. 1.1) sind mit den empirischen Tatsachen und Befunden nicht kompatibel, d. h. der biblische Schöpfungsglaube widerspricht den aktuellen Erkenntnissen der Naturforschung.
2. Alle Lebewesen der Erde haben sich vor langer Zeit aus wenigen Urformen entwickelt (Prinzip der gemeinsamen Abstammung).
3. Arten (Spezies) entwickeln sich aus Vorläuferformen (Varietäten) über das Prinzip der natürlichen Selektion (Überleben der am besten an die jeweilige Umwelt angepassten Individuen, d. h. "survival of the fittest").
4. Spezies entstehen in einem langsamen, in kleinen Stufen (graduell) verlaufenden Prozess.
5. Höher organisierte, in der Regel komplexer gebaute Lebensformen (in der biologischen Systematik als Gattungen, Familien, Ordnungen usw. beschrieben) entwickeln sich nach den selben Mechanismen, wie sie für die Artenentstehung postuliert wurden.
6. Je größer die Ähnlichkeiten der Lebewesen, desto näher sind sie miteinander verwandt und desto kürzer ist ihre Divergenzzeit, bezogen auf den letzten gemeinsamen Vorfahren.

Abb. 1.2: Charles Darwin (1809 – 1882), gemalt im Alter von etwa 31 Jahren.

7. Das Aussterben von Arten (Extinktion) ist das Resultat innerartlicher Kompetition und der Konkurrenz zwischen verschiedenen Spezies.
8. Die Fossilienabfolge in den Sedimentgesteinen ist noch unvollständig: Die Abwesenheit von Zwischenformen basiert auf Lücken in unseren derzeitigen geologischen Kenntnissen.

Über die Abstammung des Menschen äußerte sich Darwin (1859, 1872) in seinem Hauptwerk nur indirekt. Erst in seinem Buch *Descent of Man* (1871) behandelte er diese Frage im Detail und formulierte den berühmten Satz, dass der Mensch von affenähnlichen Vorfahren abstamme.

Der Evolutionsbiologe Ernst Mayr (1988) hat den Inhalt von Darwins Artenbuch auf fünf separate Konzepte verteilt: 1. Evolution als solche; 2. Theorie der gemeinsamen Abstammung; 3. Gradualismus; 4. Vervielfachung von Arten und 5. Theorie der natürlichen Selektion. Da jedoch die "Idee der Evolution" bereits bei den griechischen Naturphilosophen angesprochen wird (U. Kutschera 2001), ist es aus meiner Sicht gerechtfertigt, vier Haupt-Thesen (Theorien) aus Darwins Werk zu extrahieren:

1. Prinzip der gemeinsamen Abstammung; 2. der Artenwandel vollzieht sich in kleinen Schritten (Gradualismus); 3. im Verlauf der Erdgeschichte kam es zu einer Vervielfachung der Artenzahl; 4. die natürliche Selektion ist der entscheidende "Motor" für den evolutiven Artenwandel innerhalb von Tier- und Pflanzenpopulationen (Selektionstheorie). Die historische Entwicklung der Abstammungslehre, ausgehend von der Doppel-Veröffentlichung von Darwin und Wallace (1858), ist in Abb. 1.3 schematisch dargestellt. Im ersten Schritt wurde eine Hypothese formuliert; diese vorläufige Interpretation empirischer Befunde (Dokumente, Kreuzungsexperimente u. a.) hat Darwin dann zu seiner "Theorie der Deszendenz mit Modifikation" (d. h. der klassischen Evolutionstheorie) erweitert.

Auf dieser Grundlage wurde Jahrzehnte später die moderne Synthetische Theorie der biologischen Evolution formuliert, die weiter unten im Detail dargestellt ist.

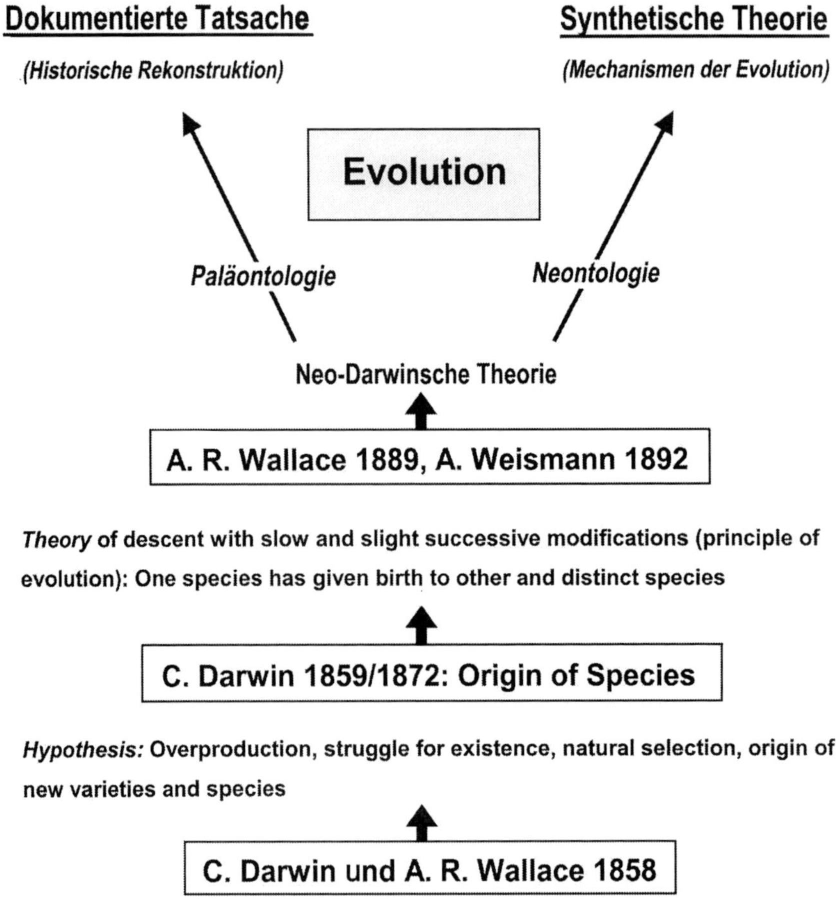

Abb. 1.3: Schema zur Illustration der historischen Entwicklung des Konzepts der Evolution. Ausgehend von der Hypothese von C. Darwin und A. R. Wallace (1858) entstand ein umfassendes Hypothesengebäude (die Darwinsche Theorie, niedergeschrieben im Artenbuch, 1859, 6. Aufl. 1872). Aus dieser ist später der Neo-Darwinismus hervorgegangen (Bücher von A. R. Wallace 1889 und A. Weismann 1892). Die Entwicklung verlief dann in zwei Richtungen: Evolution als dokumentierte Tatsache und Ausarbeitung der Synthetischen Theorie.

Gemäß der Hypothese von Darwin und Wallace (1858), die vom zuerst genannten Autor zur Selektionstheorie erweitert wurde, ist die Überproduktion an Nachkommen, die sich in erblichen Eigenschaften voneinander unterscheiden, die Grundlage für den Artenwandel. Die Ursache dieser biologischen Variabilität innerhalb von Populationen (Fortpflanzungsgemeinschaften) war für Darwin, der wie der Zoologe Jean-Baptiste de Lamarck (1744 – 1829) an eine Vererbung erworbener Körpereigenschaften glaubte, ein ungelöstes Rätsel. Erst Jahre nach seinem Tod konnte dieses Problem durch Experimente und theoretische Überlegungen aufgeklärt werden (s. u.).

Das Wort "Evolution" (Synonym für Abstammung mit langsamen, aufeinander folgenden Abänderungen, wobei "andersartige" Organismen und somit neue Arten entstehen) ist in der letzten Auflage von Darwins Werk (1872) an einigen Stellen zu lesen. Es war jedoch im 19. Jahrhundert üblich, von Darwins Abstammungs- oder Entwicklunglehre (Deszendenztheorie) zu sprechen. Der Schlüsselbegriff "Evolution" setzte sich erst im 20. Jahrhundert durch und hat heute die klassische Umschreibung verdrängt.

In Darwins Artenbuch ist nur eine einzige Skizze, die schematisch einen Stammbaum sich verzweigender (vervielfältigender) hypothetischer Spezies darstellt, abgebildet. Der Zoologe Ernst Haeckel (1834 – 1919) – von manchen Zeitgenossen als "deutscher Darwin" bezeichnet – trug nach 1860 enorm zur Popularisierung und Verbreitung der Abstammungslehre im deutschsprachigen Raum bei. Dieser bedeutende Naturforscher, der wahrscheinlich einer der produktivsten Biologen seiner Zeit war, hatte die Gabe, sehr anschaulich zu zeichnen und zu schreiben. Zahlreiche Gemälde sind erhalten, die das große künstlerische Talent von Haeckel dokumentieren. Der Naturforscher hat insbesondere wirbellose Tiere analysiert (u. a. Kalkschwämme, Medusen) und die Systematik zahlreicher Gruppen etabliert. Weiterhin war er ein leidenschaftlicher Verfechter der Abstammungstheorie des Menschen vom Tier. Sein sogenanntes "biogenetisches Grundgesetz" (Aussage: während der Individualentwicklung [Ontogenese] wird in Kurzform die Stammesentwicklung [Phylogenese] rekapituliert) hat unter den Evolutionsgegnern der damaligen Zeit heftige Widerstände hervorgerufen. Heute sprechen wir von der "biogenetischen Grundregel", da nur gewisse vorgeburtliche Entwicklungsstadien während der Ontogenese durchlaufen werden (s. u.).

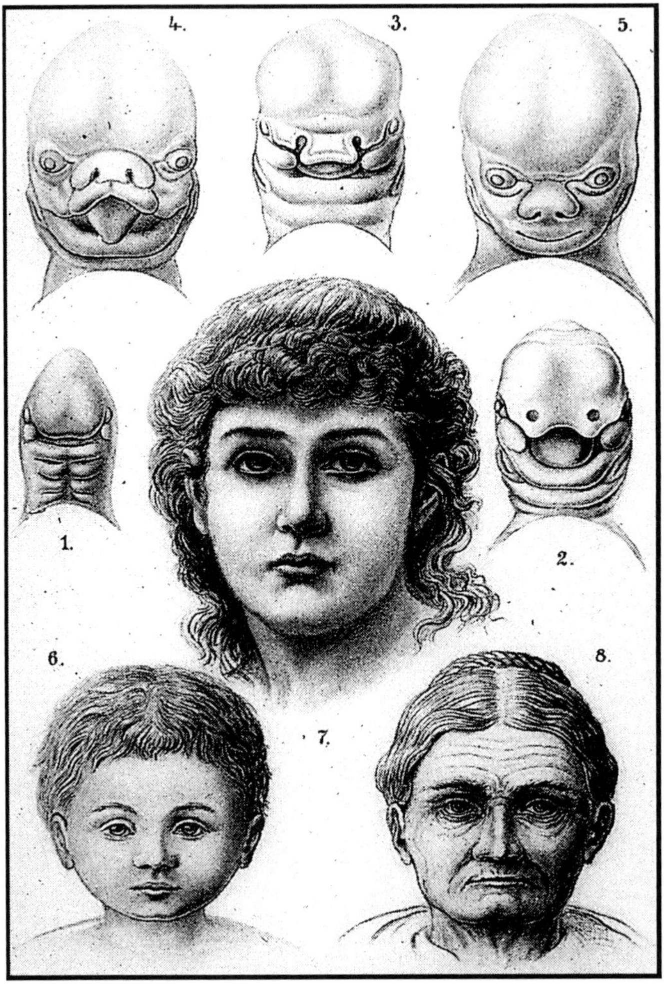

Abb. 1.4: Bild-Tafel, in der die Individualentwicklung (Ontogenese) eines Menschen dargestellt ist. Vorgeburtliche Stadien (1–5), Kind (6), Erwachsenenalter (7) und Greis (8) (aus Haeckel, E.: Anthropogenie. Keimes- und Stammesgeschichte des Menschen. 4. Auflage 1891).

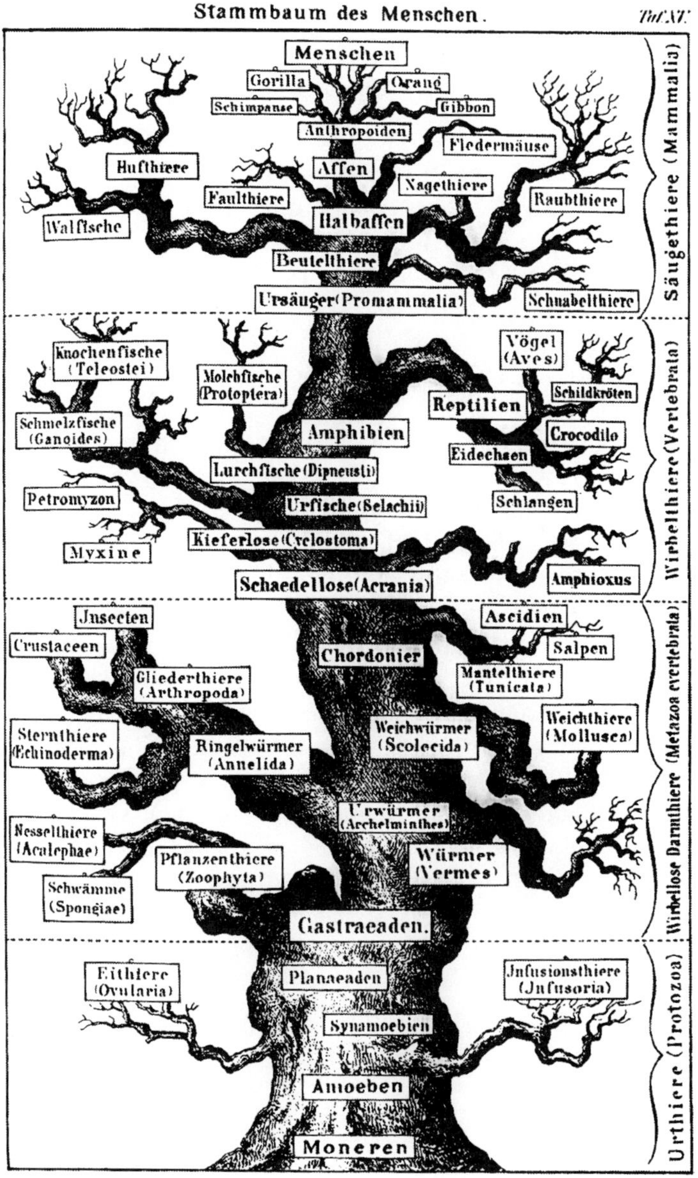

Abb. 1.5: Stammbaum der Lebewesen unter Einbeziehung des Menschen und seiner Verwandten (Nach Haeckel, E.: Anthroprogenie, 1874).

Ein anschauliches Beispiel vom künstlerisch-wissenschaftlichen Talent dieses großen Biologen ist in Abb. 1.4 gegeben. In mehreren Werken hat Haeckel das Darwinsche Stammbaum-Schema in Form einer Eiche dargestellt. Eine dieser berühmten Zeichnungen, Haeckels "Stammbaum des Menschen", ist in Abb. 1.5 reproduziert.

Bei der Betrachtung dieser Grafik aus dem Jahr 1874 fällt auf, dass viele Begriffe und Zusammenhänge, die heute durch die moderne molekularbiologische Forschung dokumentiert sind, bereits erkannt waren (Abb. 1.5). So stehen an der Basis des Baumes die Urtiere (Protozoa), heute auch als Monera (Bacteria) beschrieben (Reich Nr. 1). Über die wirbellosen Tiere, die Schädellosen, die Amphibien und Ursäuger gelangt Haeckel zu den echten Affen. Unter dem Begriff "Anthropoiden" fasste er die folgenden Spezies zusammen: Mensch, Gorilla, Orang, Schimpanse, Gibbon. Heute wissen wir, dass Mensch (*Homo sapiens*) und Schimpanse (*Pan troglodytes*) zu 98,5 % genetisch identisch sind (man bezieht sich hierbei auf die für Proteine codierenden Desoxyribonucleinsäure[DNA]-Sequenzen des Humangenoms). Ernst Haeckel hatte mit seiner "Hypothese von der Affenabstammung des Menschen" im Prinzip recht, obwohl er sich in einigen Details irrte. Dem bereits oben angesprochenen Organismenreich 1 (Bacteria) stellen wir heute vier weitere Reiche gegenüber: 2. Protoctista (Synonym: Protista, d. h. Einzeller, die einen membranumgrenzten Zellkern besitzen sowie deren nicht in Gewebe organisierte Verwandte, wie z. B. Algen, Amöben, Schleimpilze); 3. Fungi (echte Pilze); 4. Tiere (Animalia, Synonym Metazoa) und 5. Pflanzen (Plantae). In Haeckels Stammbaum sind nur die Reiche 1, 2 und 4 berücksichtigt, während die Pilze und Pflanzen weggelassen wurden.

Im nächsten Abschnitt werden wir die heute vorliegenden Belege (Dokumente) zum Evolutionsprozess rekapitulieren und dann die historische Weiterentwicklung und Verfeinerung der Darwinschen Deszendenztheorie kennen lernen.

Evolution als dokumentierte Tatsache

Wie aus den bisherigen Ausführungen hervorgeht, hat sich der Evolutionsgedanke aus einer Hypothese (vorläufige Interpretation empirischer Fakten) zu einer Theorie entwickelt, die nach der Terminologie von M. Mahner und M. Bunge (1997) als System von Hypothesen definiert werden kann. Zu Lebzeiten der "Urväter" Darwin und Wallace wäre es unangemessen gewesen, dieses "theoretische Gedankengebäude" als dokumentierte Tatsache zu bezeichnen. Einige klassische Beweise und Belege zur Untermauerung und Absicherung der Evolutionstheorie sind in den folgenden Abschnitten zusammengefasst.

1. *Homologe Organe*: Betrachtet man die Vielfalt der Lebewesen, so fällt auf, dass die Organismen in "Typen" oder "Bauplan-Grundformen" unterteilt werden können. So kann man z. B. die Hand des Menschen durch vergleichende Studien mit den entsprechenden Organen anderer Säugetiere homologisieren (Abb. 1.6). Derartige in Bauplan und Lage im Organismus einander entsprechende Organe werden als homolog bezeichnet. Sie dokumentieren und beweisen die stammesgeschichtliche Verwandtschaft der entsprechenden Lebewesen. Dieser Evolutionsbeleg wurde bereits im 19. Jahrhundert von Ernst Haeckel in seinem populären Werk *Natürliche Schöpfungsgeschichte* (1868) wie folgt formuliert: "Dass die Hand des Menschen von derjenigen seiner nächsten Verwandten, des Gorilla und des Orang, sehr wenig verschieden ist, wird vielleicht sehr natürlich erscheinen. Wenn aber auch die Vorderpfote des Hundes, sowie die Brustflosse (die Hand) des Seehundes und des Delfins ganz denselben wesentlichen Bau zeigt, so wird dies schon mehr überraschen. Und noch wunderbarer wird es ihnen vorkommen, dass auch der Flügel der Fledermaus, die Grabschaufel des Maulwurfs und der Vorderfuß des unvollkommensten aller Säugetiere, des Schnabeltieres ganz aus denselben Knochen zusammengesetzt ist. Nur die Größe und Form der Knochen ist vielfach geändert. Die Zahl und die Art ihrer Anordnung und Verbindung ist dieselbe geblieben. Es ist ganz undenkbar, dass irgendeine andere Ursache als die gemeinschaftliche Vererbung von gemeinsamen Stammeltern diese wunderbare Homologie oder Gleichheit im wesentlichen inneren Bau verursacht haben". Heute

wissen wir, dass diese Homologie auch auf dem Niveau der molekularen Bausteine der Organismen etabliert ist (Sequenz-Ähnlichkeit in der Basenabfolge der DNA verschiedener Lebewesen, z. B. Mensch/Schimpanse).

2. *Embryonalentwicklung*: Basierend auf den Studien seiner Vorgänger erkannte Haeckel die Bedeutung der großen Ähnlichkeit früher Embryonalstadien verschiedener Wirbeltiere. So sehen z. B. die jungen, noch wenig differenzierten Embryonen der Spezies Mensch,

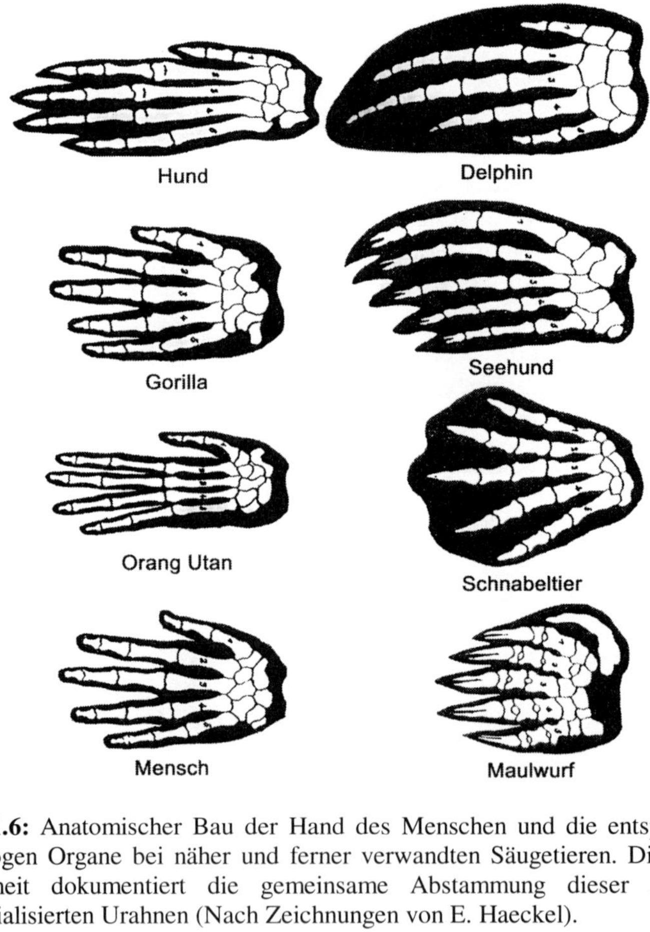

Abb. 1.6: Anatomischer Bau der Hand des Menschen und die entsprechenden homologen Organe bei näher und ferner verwandten Säugetieren. Die Bauplan-Gleichheit dokumentiert die gemeinsame Abstammung dieser Arten von unspezialisierten Urahnen (Nach Zeichnungen von E. Haeckel).

Fisch, Schwein, Schildkröte und Vogel so ähnlich aus, dass sie auch von Spezialisten nur schwer auseinander gehalten werden können.

Gemäß der "biogenetischen Grundregel" (s.o.) werden gewisse embryonale Stadien entfernter Verwandter während der frühen Ontogenese rekapituliert (wiederholt): Man kann z. B. bei einem vier Wochen alten menschlichen Embryo (Abb. 1.4) die Anlagen fischartiger "Kiemenbögen" und "Kiemenspalten" erkennen, die jedoch später nicht ausgebildet werden. Beim Mensch bleibt die erste Kiemenspalte erhalten; sie wird durch das Trommelfell nach außen hin verschlossen. Diese an Fische erinnernden Relikte des menschlichen Körpers belegen die stammesgeschichtliche Verwandtschaft der Land- und Wasser-Wirbeltiere in eindrucksvoller Weise.

3. *Rudimentäre Organe und Atavismen*: Wie Abb. 1.6 zeigt, kam es im Verlauf der Evolution der Wirbeltiere zu einem Funktionswechsel gewisser Organe. So hat sich aus einer urtümlichen, unspezialisierten Vorderpfote der Ursäuger (rattenähnliche Tiere, die bereits im Zeitalter der Dinosaurier als Fossilien nachgewiesen sind, s. Abb. 1.8 und 1.9) die Greifhand des Menschen und seiner Verwandten herausgebildet, während z. B. bei Delfinen paddelartige Schwimmorgane entstanden sind. Durch Funktionswechsel rückgebildete, meist nicht mehr benötigte Organe werden als *Rudimente* bezeichnet. So sind z. B. bei Walen, die von Huftieren abstammen, Knochenrudimente der Hinterextremitäten und des Beckens nachweisbar. Unsere einheimische Blindschleiche, auf die wir noch zu sprechen kommen werden, zeigt im Körperinneren ebenfalls Reste (Rudimente) des Schulter- und Beckengürtels. An den entsprechenden intakten Organen der Vierfüßer werden die Muskeln für die Extremitäten aufgehängt, die dieser beinlosen Echse (Schleiche) fehlen (s. Kapitel 2).

Unter dem Begriff *Atavismen* verstehen wir Missbildungen, die als Rückschläge in Ahnenstadien zu interpretieren sind. So werden immer wieder Pferde geboren, die mit Huf und einer kleinen, funktionslosen Zehe versehen sind. Diese Tatsache steht mit Fossilreihen im Einklang, die belegen, dass sich die Pferde im Verlauf der letzten 50 Millionen Jahre aus kleinen, an Hunde erinnernde Fünfzeher entwickelt haben (Urpferde). Beim Menschen ist das gelegentliche Auftreten überzähliger Brustwarzen bekannt, die entlang einer

Milchleiste zur Entwicklung kommen. Diese Strukturen erinnern an die Verhältnisse bei vierfüßigen Säugetieren, die zahlreiche bauchständige Zitzenpaare ausbilden (z. B. Ratten und Katzen). Es sei darauf hingewiesen, dass Menschen, die mit derartigen Missbildungen zur Welt gekommen sind, im Mittelalter als "Hexen" diffamiert wurden.(s. Kapitel 10).

4. *Paläontologie*: Zu Lebzeiten Darwins waren die versteinerten Überreste in Sedimente eingelagerter Lebewesen (Fossilien) nur vereinzelt nachgewiesen. Die Paläontologie (Lehre von den zu Stein gewordenen Urkunden vorzeitlicher Organismen) hat erst im 20. Jahrhundert ihre Entwicklung zur eigenständigen, der Geologie angeschlossenen Naturwissenschaft vollendet. Wir bezeichnen dieses Gebiet heute als Paläobiologie. Darwin (1859, 1872) zog in seinem "Artenbuch" selbstkritisch die Schlussfolgerung, dass seine Deszendenztheorie nur dann Bestand haben werde, wenn einmal in präkambrischen Gesteinsschichten die von ihm postulierten Ur-Kleinstlebewesen entdeckt werden sollten. Derartige Fossilien waren im 19. Jahrhundert nicht auffindbar, d. h. mit Beginn des Erdaltertums (Kambrium) traten "in einem Schlag" hartschalige Lebewesen (z. B. Trilobiten) in Form gut erhaltener Versteinerungen in Erscheinung.

Das Fehlen präkambrischer Fossilien wurde als "Darwins Dilemma" bezeichnet und stand im Widerspruch zur These 1; diese besagt, dass alle Organismen von ausgestorbenen Ur-Lebewesen abstammen. Weiterhin war das Alter der Erde zu Darwins Zeit noch ein Rätsel. Im 17. Jahrhundert berechnete Erzbischof James Ussher (1581–1656) das Alter der Erde auf Grundlage biblischer Dokumente. Er kam zur Schlussfolgerung, dass die Erde im Jahr 4004 v. Chr. erschaffen worden sei. Ein bekannter Wissenschaftler von der Universität Cambridge behauptete damals, dass dieses "Wunder" am Sonntag, den 26. Oktober 4004 v. Chr., 9.00 Uhr morgens, stattgefunden hätte. Diese Angaben wurden über Jahrzehnte hinweg als zuverlässig akzeptiert. Im 18. Jahrhundert erkannten die Geologen, dass die Gesteinsformationen sich nur sehr langsam ändern, so dass ein Erdalter von mehreren Jahrmillionen in die Diskussion gebracht wurde. Im 19. Jahrhundert wurde das Erdalter aufs neue berechnet, wobei man einen Zeitraum von 100 – 300 Millionen Jahre annahm.

Heute wissen wir, dass die Erde und unser Sonnensystem vor etwa 4600 Millionen Jahren (Mio. J.) entstanden sind (radiometrische Datierungsmethoden und exakte Zeitangaben, s. Kutschera 2001). Diese unvorstellbar lange Zeitspanne wird in zwei "Äonen", das Präkambrium (4600 Mio. J. bis vor etwa 550 Mio. J.) und das Phanerozoikum (Zeitalter des sichtbaren Lebens, 550 Mio. J. bis heute) unterteilt (Abb. 1.7). Das ältere und wesentlich längere Erd-Zeitalter (Präkambrium) wird in zwei "Ären", das Archaikum (4600 bis 2500 Mio. J.) und das Proterozoikum (2500 Mio. J. bis Ende Präkambrium) untergliedert.

Das kürzere Phanerozoikum umfasst nur etwa 15 % der gesamten Erdgeschichte (etwa 550 Mio. J.) und wird in drei Perioden (mit Epochen) unterteilt: Paläozoikum (mit Kambrium, Ordovizium, Silur, Devon, Karbon, Perm), Mesozoikum (mit Trias, Jura, Kreide) und Känozoikum (mit Tertiär, Quartiär).

Wie aus Abb. 1.7 hervorgeht, sind die ersten versteinert erhaltenen Ur-Lebewesen etwa 3500 Mio. J. alt (Mikrofossilien, die aus Protocyten, d. h. 1–5 µm großen Bakterienzellen ohne echten Kern, bestehen). Obwohl derzeit darüber diskutiert wird, welcher Organismengruppe diese Mikrofossilien angehören (vermutlich den anaeroben Bakterien), besteht kein Zweifel daran, dass diese "Ur-Mikroben" die ältesten versteinerten Lebensspuren repräsentieren. Weiterhin sei an dieser Stelle auf die Stromatolithen (versteinerte Mikroben-Schichten) hingewiesen, die aus 3500 bis ca. 1500 Mio. J. alten Sedimentgesteinen erhalten sind. Diese versteinerten "Mikroben-Matten" enthalten u.a. ehemals photosynthetisch aktive Cyanobakterien (veraltete Bezeichnung: Blaualgen), die in den warmen Ozeanen des Archaikums bereits vor ca. 2700 Mio. J. fossil nachgewiesen sind. Infolge der Photosyntheseaktivität dieser aus Protocyten (Bakterienzellen) zusammengesetzten Mikroorganismen kam es vor etwa 2200 Mio. J. zu einem Anstieg im Sauerstoff (O_2)-Gehalt der Uratmosphäre. Erste versteinerte Zellen mit einem membranumgrenzten, "echten" Kern (ca. 20 – 50 µm große Eucyten) sind aus 1900 Mio. J. alten Gesteinsformationen bekannt; mehrzellige Algen, die aus diesen größeren (komplexeren) Zellen zusammengesetzt sind, traten vor 1200 Mio. J. auf (Alge *Bangiomorpha*). Gegen Ende des Präkambriums (vor etwa 570 Mio. J.) sind die ersten mehrzelligen Tiere und zahlreiche Schwämme nachgewiesen.

Abb. 1.7: Geologische Zeitskala mit Stammesentwicklung der Pflanzen und Wirbeltiere. Fossile Zwischenformen sind mit Gattungsnamen genannt (Nach Kutschera und Niklas 2004).

Mit Beginn des Kambriums (vor etwa 550 Mio. J.) kam es zu einer "explosionsartigen" Zunahme der Artenzahl: hartschalige Lebewesen (z. B. Trilobiten) sowie die ersten Urfische (*Haikouella*) kennen wir aus ca. 530 Mio. J. alten Gesteinsformationen. Die Entfaltung der mehrzelligen Pflanzen- und Tierwelt vollzog sich Schritt für Schritt (graduell): über Algen, Moose und Farne sind im Erdmittelalter (Mesozoikum) umfassende Nadelwälder entstanden (Gymnospermen). Die ältesten Blüten tragenden Gewächse (*Archaefructus*) traten vor 125 Mio. J. auf und entfalteten im Känozoikum (Zeitalter der Säugetiere) ihre volle Pracht. Diese Angiospermen (bedecktsamige Blütenpflanzen) dominieren heute die Festland-Vegetation der Erde und haben die urtümlicheren Gymnospermen weitgehend verdrängt.

Die Entwicklung der Wirbeltiere verlief über gehirnlose Urfische (nachgewiesen im Kambrium), kieferlose bzw. mit Kiefern ausgestattete Meeresfische, Amphibien, Reptilien, Ursäuger, lebend gebärende Säugetiere, Ur-Affen bis hin zum Menschen (*Homo sapiens*; anatomisch modern gebaute Artgenossen entstanden vor etwa 150 000 Jahren in Afrika und besiedelten von dort aus nach und nach alle Kontinente der Erde).

Es wird immer wieder behauptet, die Evolution wäre eine einzige, fortschreitende Entwicklungsreihe, d. h. "vom Urfisch zum Menschen". Diese Interpretation der fossilen Dokumente (Abb. 1.7) ist jedoch unzutreffend. Bakterien, Algen, Moose, Farne, Urfische (*Amphioxus*), Meeresfische, Amphibien, Reptilien und urtümliche Säugetiere gibt es noch heute. Aus entsprechenden Vorläuferformen haben sich im Verlauf der Jahrmillionen gewisse Populationen an neue Umweltverhältnisse angepasst (z. B. fischähnliche Wirbeltiere entwickelten sich im Devon zu urtümlichen Amphibien). Jene Organismen, die den alten Lebensraum nicht verlassen hatten, durchliefen eine eigenständige Phylogenese (z. B. unspezialisierte Urfische des Devons haben im Verlauf der Jahrmillionen eine Fülle aquatischer Spezialisten, wie Boden- und Oberflächenfische hervorgebracht). Evolution bedeutet nicht notwendigerweise "Fortschritt" oder "Höherentwicklung", sondern das genetisch verankerte Andersartigwerden der Organismen unter Anpassung an veränderte Umweltbedingungen.

Zu Lebzeiten Darwins war die Zahl der fossil erhaltenen Zwischenformen ("connecting links") sehr begrenzt: so wurde z. B. der berühmte Urvogel *Archaeopteryx* – ein ca. 150 Mio. J. altes Fossil aus dem Solnhofener Plattenschiefer – ein wichtiger "Kronzeuge" der Deszendenztheorie. Wie Abb. 1.8 zeigt, ist dieser taubengroße Urvogel mit Reptilienmerkmalen ausgestattet (z. B. Zähne im Schnabel, Krallen an den Vorderflügeln, langer Echsenschwanz), so dass die Abstammung der Vögel von ausgestorbenen Reptilien dokumentiert ist. Im Verlauf der letzten Jahre wurden zahlreiche fossile Übergangsformen in der "Wirbeltierreihe" entdeckt, die von U. Kutschera und K. J. Niklas (2004) im Detail beschrieben sind. In Abb. 1.7 sind die folgenden Zwischenformen aufgelistet: Fisch/Amphibium (*Panderichthys*, Alter ca. 370 Mio J.), Amphibium/Landwirbeltier (*Pederpes*, ca. 350 Mio. J.), Landreptil/Fischsaurier (*Utatsusaurus*, ca. 240 Mio. J.), Reptil/Säuger (*Thrinaxodon*, ca. 230 Mio. J.), Dinosaurier/Vogel (*Microraptor*, ca. 126 Mio. J.), Landwirbeltier/Seekuh (*Pezosiren*, ca. 50 Mio. J.), Huftier/Wal (*Ambulocetus*, ca. 48 Mio. J.) und Ur-Affe/Mensch (*Sahelanthropus*, ca. 6 Mio. J.). Nach T. S. Kemp (1999) sind die säugerähnlichen Reptilien der Trias die am besten dokumentierten fossilen Zwischenstufen innerhalb der Wirbeltier-Reihe. In Abb. 1.8 ist das Skelett des urtümlichen Reptil-Säugers *Thrinaxodon* dargestellt. Die Paläontologen des 19. Jahrhunderts waren sich lange Zeit unsicher, ob diese (und verwandte) Skelette als Reptilien oder Säugetiere zu bewerten sind: die Fossilien zeigen eine Mischung aus Reptil- und Säugermerkmalen und stellen daher bedeutende "connecting links" dar.

Das Problem der fehlenden Übergangsformen – zu Darwins Zeit noch ein kontroverser Punkt – kann heute als weitgehend gelöst angesehen werden. Obwohl wir noch immer relativ wenige Zwischenformen unter den über 250 000 beschriebenen Fossilien kennen, zeigen diese Dokumente dennoch eindeutig, dass neue "Baupläne des Lebens" in Stufen entstanden sind (Makroevolution). Die evolutive Bildung neuer Arten und Varietäten unter Beibehaltung des "Bauplans" ist ebenfalls durch zahlreiche Fossilreihen dokumentiert (Mikroevolution).

Aus den oben zusammengetragenen Fakten folgt, dass die Evolutionsforschung – insbesondere das Teilgebiet der Paläobiologie – den Charakter einer historischen Wissenschaft zeigt. Die versteinerten Urkunden der Vorzeit (Fossilien) erlauben eine Rekonstruktion der Lebewesen der Vergangenheit (Kutschera 2001, Storch et al. 2001).

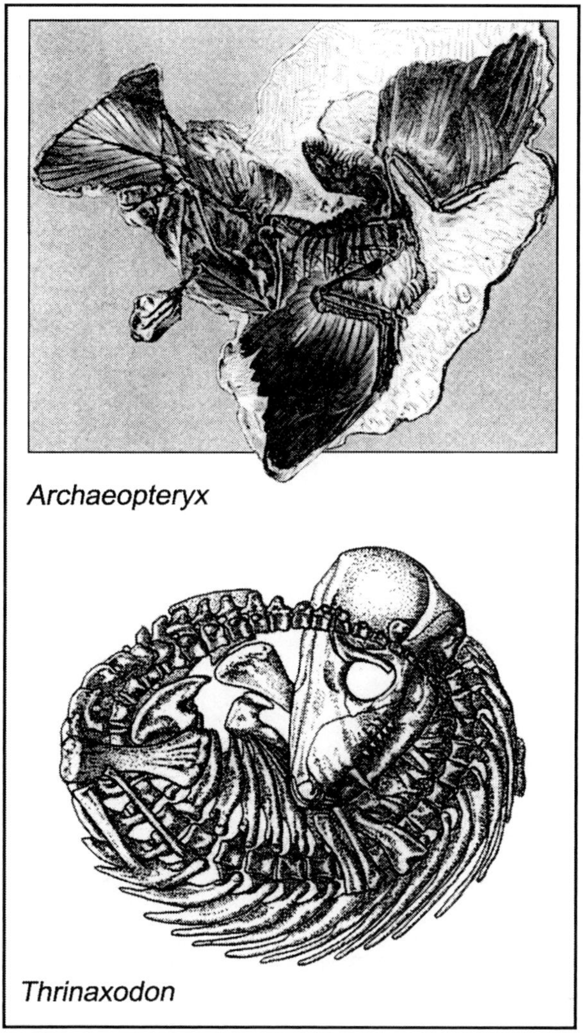

Abb. 1.8: Fossil erhaltene Zwischenformen aus der Trias- und Jura/Kreidezeit (Alter ca. 230 und 150 Mio. J.) in ihrer ursprünglichen Form. Das versteinerte Skelett des Reptil-Säugers *Thrinaxodon* wurde in zusammengerollter Position entdeckt; das Tier starb in dieser Haltung. Fundort: Südafrika. Der Urvogel *Archaeopteryx*, reproduziert als "Berliner Platte". Das Federtier konnte fliegen, zeigte jedoch zahlreiche Reptil-Merkmale, z. B. Krallen an den Flügeln. Fundort: Deutschland. (Nach Brink, A. S.: Paleontologica Africana 6, 15 – 22, 1958).

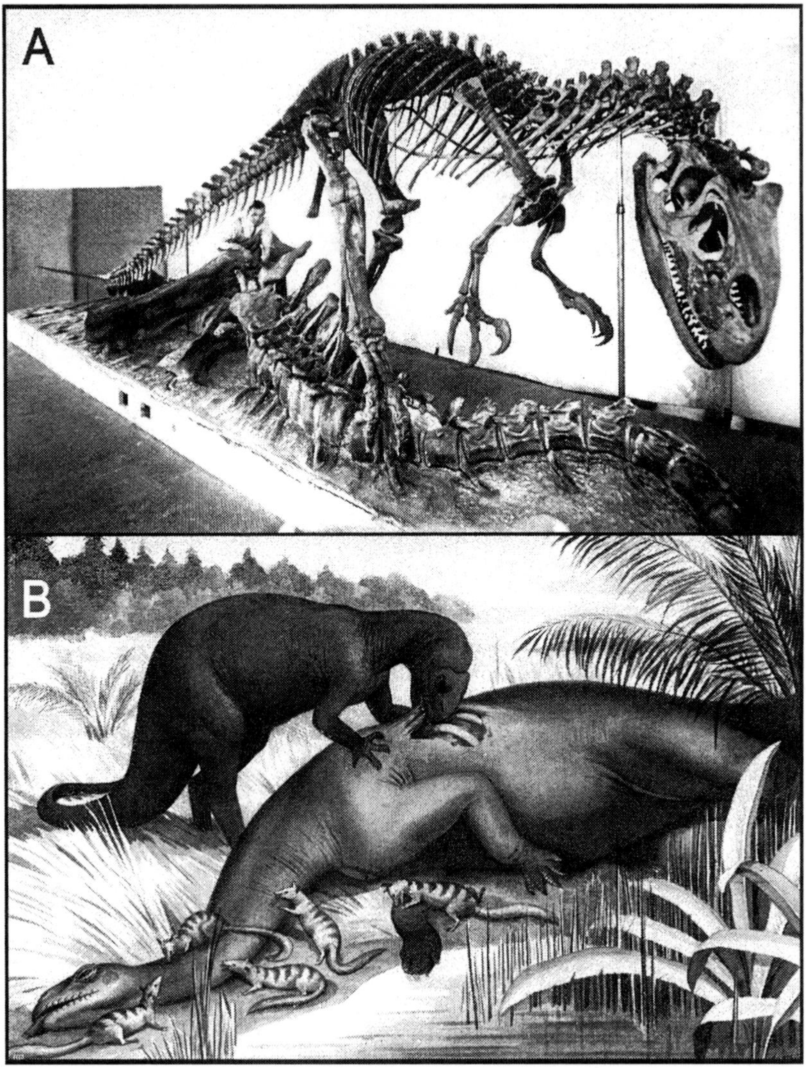

Abb. 1.9: Prinzip der historischen Rekonstruktion in der Evolutionsbiologie. Das aufgestellte, nahezu vollständig erhaltene Skelett des Raub-Dinosauriers *Allosaurus* wurde in der Nähe eines Fragments des Pflanzenfressers *Apatosaurus* entdeckt (A). Aus diesen und anderen Dokumenten können Organismen des Erdmittelalters (Jura-Periode) rekonstruiert werden (B).

Dieses Prinzip der *historischen Rekonstruktion* erlaubt es, z. B. das Zeitalter der Dinosaurier (Mesozoikum) in vielen Details nachzuzeichnen (s. die hervorragenden BBC-Filme, die im deutschen Fernsehen unter dem Titel "Im Reich der Giganten" gezeigt wurden).

In Abb. 1.9 A ist ein versteinertes Skelett des Riesen-Raubsauriers *Allosaurus* (Länge ca. 8 m) sowie die in derselben Gesteinsschicht gefundenen Reste eines Pflanzenfressers (*Apatosaurus*, veralteter Gattungsname *Brontosaurus*) dargestellt. Aus diesen und zahlreichen weiteren Skelettfunden der gleichen Periode (Jura) konnte schon in den 1930er Jahren das "Leben in der Urzeit" rekonstruiert werden. Die in Abb. 1. 9 B zusätzlich eingezeichneten rattengroßen Ursäuger sind heute in Form gut erhaltener Fossilien dokumentiert (z. B. *Jeholodens*, Kutschera 2001).

Die moderne Synthetische Evolutionstheorie

In populären Schriften liest man häufig von der "Neodarwinschen Evolutionstheorie". Der Begriff Neodarwinismus umschreibt jedoch die erweiterte Version der Deszendenztheorie, wie sie um 1890 – 1910 von August Weismann (1834–1914) vertreten wurde. Dieser bedeutende Zoologe widerlegte die Lamarck-Darwinsche These von der Vererbung erworbener Körpereigenschaften (z. B. Mäuse-Experimente) und erkannte in der sexuellen Fortpflanzung (Rekombination) die wichtigste Quelle der biologischen Variabilität: dieses "Material an individuellen Unterschieden" führt über die natürliche Auslese (Selektion) im Verlauf vieler Generationen zur Entstehung neuer Arten. Der Begriff Mutation war im Rahmen des Neodarwinismus noch nicht etabliert.

Trotz dieses Erkenntnisfortschrittes trat der Neodarwinismus (Abstammung mit Modifikation ohne Vererbung erworbener Körpereigenschaften) in den folgenden Jahren mehr und mehr in den Hintergrund.

Im Zeitraum zwischen 1930 und 1950 kam es zu einer Vereinheitlichung der in zahlreiche Lager (u. a. Naturalisten, Genetiker) zersplitterten Biologie. Diese evolutionäre Synthese (ein historischer Prozess) führte zu einem Resultat: die Synthetische Theorie der biologischen Evolution (Synonym: Moderne Evolutionstheorie;

Details beschrieben in Junker und Hoßfeld 2001; Kutschera 2001; Junker 2004). Hierbei ging es – wie bei Darwin, Wallace, Haeckel und Weismann – primär um die Antriebskräfte bzw. Mechanismen des Artenwandels. Untersuchungen an evolvierenden Populationen, die sich in der Regel über Jahre oder Jahrzehnte erstrecken, werden dem Bereich der *Neontologie* zugeordnet. Im Gegensatz dazu ist die *Paläontologie* (moderne Bezeichnung: Paläobiologie) eine Wissenschaft, die sich mit den Fossilabfolgen im Verlauf der vergangenen Jahrmillionen befasst (Abb. 1.3).

Als die drei wichtigsten "Architekten" der Synthetischen Theorie sollen stellvertretend der Insektenforscher/Genetiker Theodosius Dobzhansky (1900 – 1975), der Zoologe/Systematiker Ernst Mayr (geb. 1904) und der Zoologe Julian Huxley (1887 – 1975) genannt werden. Die wesentlichen Aussagen dieser modernen Theorie der biologischen Evolution können in Stichworten wie folgt zusammengefasst werden (Dobzhansky 1937, Mayr 1942, Huxley 1942):

1. Die Stammesentwicklung (Phylogenese) von Tieren und Pflanzen vollzieht sich innerhalb variabler Populationen (Fortpflanzungsgemeinschaften). Arten (Spezies) sind reproduktiv isolierte Populationen, wobei morphologischen Unterschieden eine untergeordnete Bedeutung zukommt (Biospezies-Begriff von E. Mayr).
2. Die biologische Variabilität dieser Populationen (Unterschiede von Individuum zu Individuum) ist das Resultat zweier Prozesse: Genetische Rekombination (Umgruppierung der Erbanlagen vor der Bildung der Geschlechtszellen im Zuge der sexuellen Fortpflanzung) und Mutationen (spontane Änderungen in der Erbinformation, d. h. den DNA-Sequenzen).
3. Bei stetiger Überproduktion an Nachkommen ist die natürliche Selektion die wichtigste richtungsgebende "Kraft" im Evolutionsgeschehen, insbesondere bei langsamer Änderung der Umweltbedingungen (geologische Zeiträume, d. h. Jahrmillionen).
4. Die Artbildung (Speziation) erfolgt zum einen durch geografische Isolation von Sub-Populationen (allopatrisch) sowie auch innerhalb von Fortpflanzungsgemeinschaften (sympatrisch), z. B. belegt bei Buntbarschen und vielen Blütenpflanzen.

Weiterhin besagt die Synthetische Theorie, dass der Artenwandel in der Regel graduell erfolgt und dass die Makroevolution (Entstehung neuer "Baupläne" des Lebens) auf kleine Teilschritte zurückgeführt werden kann (s. die fossil erhaltenen Zwischenformen, die Übergänge zwischen Wirbeltierklassen dokumentieren, wie z. B. Fisch/Amphibium, Reptil/Säuger, Dinosaurier/Vogel, Abb. 1.7).

Als zentrales Resultat dieser Periode der Biologiegeschichte wurde eine neue Disziplin, die *Evolutionsbiologie* sowie die Zeitschrift *Evolution* gegründet (s. Kapitel 2). Die Synthetische Theorie wurde nach 1950 stetig erweitert und ergänzt, wobei die folgenden Themen von besonderer Bedeutung sind:

1. Bestätigung einer zentralen Hauptaussage (biologische Variabilität beruht auf Mutationen und genetischer Rekombination) durch die Erkenntnisse der Molekularbiologie: DNA als Erbinformation; Proteine als Endprodukte der Genexpression. Die Mechanismen von Mutationen und der genetischen Rekombination konnten weitgehend entschlüsselt werden.
2. Erkenntnisse der Zellbiologie führten zur kausalen Erklärung des evolutionären Ursprungs der Eucyte (Endosymbionten-Theorie).
3. Experimentelle Evolutionsforschung mit Bakterienkulturen, Viruspartikeln und isolierten, sich selbst vermehrenden Ribonucleinsäure-Molekülen bestätigten den Mutations/Selektions-Mechanismus.
4. Geologische und extraterrestrische Prozesse wurden als Evolutionsfaktoren erkannt, die im Verlauf der Erdgeschichte zu sogenannten "Massenaussterben" geführt haben (Abb. 1.7): Gegen Ende des Erdaltertums (Übergang Perm/Trias, vor ca. 250 Mio. J.) und zum Ende des Erdmittelalters (Kreide/Tertiär, vor ca. 65 Mio. J.) kam es, bedingt durch Vulkanismus und/oder einen Meteoriteneinschlag, zum Aussterben von ca. 90 bzw. 70 % aller Tierarten (u. a. Dinosaurier) (Details siehe Kutschera 2001, Kutschera und Niklas 2004).

Wie die geologische Zeitskala zeigt (Abb. 1.7), konnten in ca. 3500 Mio. J. alten Gesteinsformationen die ältesten fossilen Ur-Mikroben nachgewiesen werden. Die Entstehung dieser ersten bakterienartigen Kleinst-Lebewesen konnte auf den Zeitraum von ca. 4200 – 3800 Mio. J. eingegrenzt werden. Diese Prozesse sind bis heute Gegenstand der Forschung. Es gibt zahlreiche naturalistische Modellvorstellungen zur Entstehung der Proto(=Vorläufer)-Zellen, die in einem aktuellen Lehrbuch zusammengefasst sind (Kutschera 2001). Der "Ursprung des Lebens" (d. h. die evolutive Entstehung der ersten Proto-Zellen in den Ozeanen des Archaikums) konnte noch nicht im Detail aufgeklärt werden. Es wurden jedoch zahlreiche durch Experimente und Modelle unterstützte Hypothesen formuliert, die in eigenen Fachzeitschriften zur biologischen "Ursprungsfrage" publiziert sind (s. Kapitel 2).

Evolution und Kohäsion: Nur Theorien ?

In einem Nachruf zum Tod des amerikanischen Evolutionsforschers Stephen J. Gould (1941 – 2002) in der Zeitschrift *Biologen heute* hatte ich dargelegt, dass auch im heutigen Deutschland noch Anhänger der vor-Darwinschen Schöpfungstheorie (d. h. Kreationisten) aktiv sind (s. Kapitel 3, 4 und 7). Im August 2002 erhielt ich daraufhin einen Brief von einem Mitglied des *Verbands Deutscher Biologen*, in dem unter anderem die folgende Bemerkung niedergeschrieben war: "Die Evolution ist eine Theorie und in weiten Teilen weder bewiesen noch beweisbar. Vieles spricht für sie, aber in der Naturwissenschaft muss ein Phänomen nun mal unabhängig reproduziert werden können, um bewiesen zu sein. Mein Vorschlag: Akzeptieren Sie, dass für Atheisten die Evolution, für Gläubige aber die Schöpfung die wahrscheinlichste Erklärung der Welt ist". Weiterhin möchte ich den folgenden Abschnitt zitieren: "Geht man von der Voraussetzung aus, dass es keinen Gott gibt, erscheint Evolution die brauchbarste Erklärung. Aber was ist, wenn es ihn gibt ? Er wird sicher nicht wollen, dass wir den Verstand, den er uns gegeben hat, nicht gebrauchen, aber er hat uns auch sein Wort, die Bibel, gegeben; ich persönlich glaube nicht, dass darin Unwahrheiten niedergeschrieben sind".

Dieser populären Fehlinterpretation des Begriffs "Theorie" in den Naturwissenschaften kann wie folgt entgegnet werden. Evolution ist heute eine durch Dokumente (z. B. Fossilreihen, Abb. 1.7) und Experimente (z. B. Bakterienversuche, s. Kutschera 2001) belegte Tatsache: Die von Darwin postulierte Stammesentwicklung der Organismen hat tatsächlich stattgefunden und dauert an. Die Synthetische Theorie, in ihrer erweiterten Fassung, beschreibt und erklärt diesen Sachverhalt: Sie ist als System von Aussagen und Unter-Theorien zu verstehen, wobei es stetig Ergänzungen und Verfeinerungen gibt (Erkenntniszuwachs in der Evolutionsforschung).

Eine naturalistische Alternativtheorie zur Erklärung der Artenvielfalt in unserer Biosphäre wurde seit Darwin (1859) nicht formuliert.

Zur Verdeutlichung des Gesagten soll eine Analogiebetrachtung aus dem Bereich der experimentellen Biowissenschaften angestellt werden. Die Botaniker des 19. Jahrhunderts hatten Probleme, den dokumentierten Aufstieg des Wassers (H_2O) bis in die Spitzen hoher Bäume hinauf kausal (d. h. naturalistisch) zu erklären. Welche Kraft zieht die "Wasserfäden" in den Gefäßen der Holzgewächse entgegen der Schwerkraft nach oben, wo doch das Wasser mit reißender Gewalt zum Erdmittelpunkt strömt (siehe den Wasserfall in Abb. 1.10 A) ?

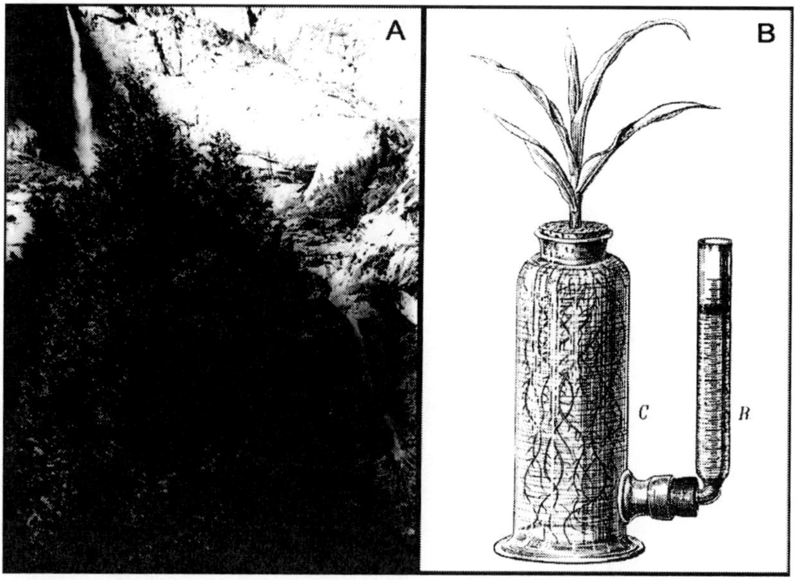

Abb. 1.10: Illustration der Kohäsionstheorie des Wasserferntransports in der transpirierenden Pflanze. Der Wasserfall im Josemite-Park (USA) zeigt, mit welcher Kraft H_2O-Moleküle von der Schwerkraft nach unten gezogen werden. Die Laubbäume im Vordergrund transportieren jedoch Wasser bis in die höchsten Gipfel (A). Ein Experiment zur Bestimmung der Transpiration in einer jungen Maispflanze (B) zeigt, dass der Wasserpegel im rechten Rohr mit Zunahme der Verdunstung über die Blattoberfläche absinkt (Beleg für einen Unterdruck in den Gefäßen und somit den Kohäsions-Adhäsions-Mechanismus des H_2O-Transports).

Gemäß der im Jahr 1896 von H. Dixon formulierten Kohäsionstheorie erfolgt dieser Wassertransport in der transpirierenden Pflanze passiv (d. h. ohne Verbrauch von Stoffwechselenergie) entlang eines "Saugkraft" (d. h. Wasserpotential) – Gradienten zwischen der Erde und der relativ trockenen Luft. Es ist heute eine erwiesene Tatsache, dass die H_2O-Moleküle (mit darin gelösten Mineralsalzen) im Hydrosystem der Pflanze (Innenraum der Xylem-Gefäße) wandern und über die geöffneten Spalten (Stomata) der Blätter in Gasform entweichen (Abb. 1.10 B). Die Kohäsionstheorie beschreibt und erklärt diesen Vorgang im Rahmen eines umfassenden Aussage-Systems: die H_2O-Absorption in der Wurzel erfolgt über einen Unterdruck im Xylem; es existieren stabile, meterlange Wasserfäden im Hydrosystem, die von der Wurzelspitze bis zu den Poren in den Blättern reichen; die Öffnung der Blatt-Poren wird durch das Sonnenlicht gesteuert.

Als diese neue Theorie gegen Ende des 19. Jahrhunderts formuliert wurde, gab es heftige Widerstände. So schrieb etwa der Pflanzenphysiologe Francis Darwin (1848 – 1925; der begabteste Sohn des Urvaters der Abstammungslehre), in einem Brief das Folgende: "Zu glauben, dass Wassersäulen in den Gefäßen wie Festkörper aufgehängt sein sollen und – wie diese – den Transpirationssog der Blätter nach unten leiten sollen, ist für einige von uns gleichwertig mit dem Glauben an Seile aus Sand". Andere in Vergessenheit geratene Botaniker äußerten sich in ähnlicher Weise. Die bis heute angesammelten Dokumente und Experimente zur Untermauerung und kritischen Überprüfung der Kohäsionstheorie sind in Lehrbüchern zusammengefasst, auf die an dieser Stelle hingewiesen werden soll (Kutschera 1998, 2002). Trotz jahrzehntelanger Forschung sind jedoch noch viele Detailfragen zum H_2O-Ferntransport nicht endgültig geklärt (z. B. Wasserfluss in der Wurzel: in welchen Geweben ?; welche quantitative Beziehung besteht zwischen dem Xylemunterdruck und der Transpirationsrate der Blätter bei Freilandpflanzen ?).

Die Kohäsionstheorie erklärt dennoch den Wasserfluss durch das Hydrosystem im Kleinen (Sprosse, Abb. 1. 10 B) wie im Großen (Bäume, Abb. 1. 10. A): derselbe Kohäsions-Adhäsions-Mechanismus treibt die H_2O-Moleküle durch die Wurzeln und Stämme bis in die Blätter, unabhängig von der End-Größe der Gewächse (Wasserfluss im Mikro- und Makro-Maßstab; die Analogie zur Mikro- und Makroevolution der Organismen sei hervorgehoben).

Ähnlich wie die Evolutionstheorie schließt auch die Kohäsionstheorie übernatürliche Prinzipien, Kräfte, Mächte und "Designer" aus. Sie liefert eine naturalistische (physikalische) Erklärung für einen erstaunlichen Sachverhalt: flüssiges Wasser wandert in den engen Kapillaren (Xylemgefäßen) der Bäume bis zu 100 m hoch, und das entgegen der Schwerkraft ! (Abb. 1.10 A, B).

Die eingangs zitierte Aussage, Evolution sei "nur eine Theorie", basiert somit auf inkorrektem Gebrauch heute üblicher wissenschaftstheoretischer Begriffe (Mahner und Bunge 1997). Abschließend sei darauf hingewiesen, dass der subjektive Glaube an biblische Dogmen nicht mit objektiven Fakten (Tatsache Evolution) vermischt werden sollte. Auch gläubige Christen akzeptieren heute die naturalistische Evolutions- "Weltsicht", soweit sie dazu bereit sind, Fakten und Mythen auseinander zu halten. So hat z. B. Papst Johannes Paul II. Mitte der 1990er Jahre die Evolution als Faktum anerkannt. Wir werden in Kapitel 3 im Detail auf dieses Zugeständnis des "Heiligen Vaters" eingehen.

Die Atomtheorie von John Dalton

Um das oben zum Thema Evolution Gesagte zu verdeutlichen, soll in diesem Exkurs ein zentrales Kapitel aus der Geschichte der Chemie rekapituliert werden: Die Atomhypothese, ein Gedankengebäude, das im Verlauf der vergangenen 200 Jahre von einer vagen Spekulation zur gesicherten Theorie und dokumentierten Tatsache "evolvierte". Das griechische Wort *atomon* bedeutet bekanntlich "das Unzerschneidbare". Gemäß der altgriechischen Atomhypothese, die von Demokrit (460 – 371 v. Chr.) und Leukipp (um 460 v. Chr.) formuliert wurde, ist die Materie daher nicht beliebig oft unterteilbar. Diese von Philosophen formulierte Hypothese der Atome besagt, dass man einen homogenen Materiebrocken (z. B. Quarzkristall) nur so lange in immer kleinere Einheiten zerlegen kann, bis man zu den unteilbaren Teilchen (den Atomen) gelangt.

Da keinerlei Experimente vorlagen, blieb die altgriechische Atomhypothese über zweitausend Jahre hinweg reine Spekulation. Obwohl der Chemiker Robert Boyle (1627 – 1691) und der Physiker Isaak Newton (1643 – 1727) in ihren Büchern die Atomtheorie beschrieben

Abb. 1.11: John Dalton (1766 – 1844), der Begründer der Atomtheorie.

und somit akzeptiert hatten, war es dem britischen Naturkundelehrer John Dalton (1766 – 1844) vorbehalten, aus diesen hypothetischen Ansätzen eine in ihren Grundsätzen noch heute gültige *Atomtheorie* zu formulieren.

John Dalton (Abb. 1.11) wurde 1766 in Eaglefield als Sohn eines in ärmlichen Verhältnissen lebenden Handwerkers geboren und erhielt von einem befreundeten Instrumentenmacher Privatunterricht. Ab dem 13. Lebensjahr unterrichtete Dalton an verschiedenen Schulen seiner Heimatstadt die Fächer Astronomie, Geographie und Mechanik. Aufgrund der hierbei gesammelten Erfahrungen hielt er bald auch öffentliche Vorträge zu diesen Themen. Durch Vermittlung eines vermögenden Bekannten erhielt Dalton eine Anstellung als Lehrer für Naturwissenschaften und Mathematik an der Warrington-Akademie in Manchester. Nachdem im Jahr 1800 die Akademie ihren Sitz nach York verlegt hatte, arbeitete der erfahrene Pädagoge von diesem Zeitpunkt an in der 1781 gegründeten Literarisch-Philosophischen Gesellschaft zu Manchester. Bei den Versammlungen dieser freien Vereinigung wissenschaftlich Interessierter wurden Vorträge gehalten und über Politik, Kunst, Literatur und Naturphilosophie diskutiert.

Im Jahr 1794 hatte Dalton in der Gesellschaft seinen ersten Vortrag zum Thema "Farbenblindheit" gehalten. Da er selbst farbenblind war, konnte er diese Krankheit aus eigener Erfahrung schildern mit dem Resultat, dass man seitdem die Rot-Grün-Blindheit als "Daltonismus" bezeichnete. Seit seinem 21. Lebensjahr befasste sich der wissenschaftliche Autodidakt mit der Wetterkunde (Meteorologie) und trug seine Beobachtungen in das Tagebuch ein. Bis zum Tag vor seinem Tod, d. h. über einen Zeitraum von 57 Jahren hinweg, setzte Dalton diese Aufzeichnungen fort. In seinen diesbezüglichen Veröffentlichungen, z. B. in dem im Jahr 1793 erschienenen Beitrag *Meteorologische Beobachtungen und Essays*, beschrieb er u. a. die folgenden Geräte: das Barometer, das Thermometer und eine Apparatur zur Bestimmung des Gefrierpunkts von Lösungen. Diese jahrzehntelange intensive Beschäftigung mit der Meteorologie führten Dalton zur Frage nach der Natur der gasförmigen Atmosphäre und letztendlich zur Atomtheorie.

Bereits gegen Ende des 18. Jahrhunderts war bekannt, dass das Gas Sauerstoff spezifisch schwerer ist als Stickstoff. Dalton untersuchte auf dieser Grundlage die Frage, ob die Luft im Flachland mehr Sauerstoff enthält als auf hohen Bergen. Diese Untersuchungen führten entgegen seiner Erwartung zur Bestätigung des bereits bekannten Befundes, dass die Luft, unabhängig von der Höhe über dem Meeresspiegel, aus 21 "Teilen" (d. h. Volumenprozent) Sauerstoff und aus 70 "Teilen" (Vol.-%) Stickstoff besteht. Dieses scheinbare Paradoxon (Gemisch aus spezifisch schwererem Sauerstoff und leichterem Stickstoff zeigt höhenunabhängige gleichförmige Gasverteilung) musste erklärt werden.

Die damals gängige Begründung, die Luft sei eine Art Stickstoff-Sauerstoff-Verbindung, akzeptierte Dalton nicht. Der Naturkundelehrer begann zu experimentierten und untersuchte das Verhalten von spezifisch verschieden schweren Gasen. Selbst wenn sich das schwerere Gas unter dem leichteren befand, kam es zu einer spontanen gegenseitigen Durchmischung (Diffusion): jedes Gas verhält sich in einem definierten Raum so, als wäre kein zweites Gas vorhanden. Dies führte Dalton zum Postulat vom Partialdruck einzelner Gase in einem Gemisch, wobei der Gesamtdruck der Summe der Partialdrücke entsprach. Bei entsprechenden Experimenten zur Löslichkeit verschiedener Gase in Flüssigkeiten kam Dalton zum Ergebnis, dass sich jedes Gas derart löst, als wäre es allein vorhanden.

Diese umfassenden Absorptionsexperimente wurden 1803 erstmals von Dalton öffentlich vorgetragen: der Naturforscher erklärte hier das Verhalten der Gase im Sinne der Atomtheorie. Die Atome wurden als "von einer Wärmehülle umgebene Kügelchen" gedacht; eine Zerstörung oder Neuschaffung der unveränderlichen Atome sei im Rahmen chemischer Stoff-Umsetzungen nicht möglich; durch Trennung/Vereinigung der Atome kämen chemische Reaktionen zustande; die Verschiedenheit chemischer Elemente (z. B. Sauerstoff, Wasserstoff, Kohlenstoff, Stickstoff, Schwefel, Eisen) führte der Naturforscher auf Unterschiede in den Atomen zurück. Zwei Jahre später (1805) publizierte Dalton seine Atomtheorie in den *Memoirs* der Literarisch-Philosophischen Gesellschaft zu Manchester. Im Jahr 1808 erschien dann Daltons Buch mit dem Titel *A New System of Chemical Philosophy*. Diese Monographie enthielt die erste Atomgewichtstabelle. Das bedeutende Werk wurde kurz darauf ins Deutsche übersetzt. In Kapitel 10 sind die wesentlichen Aussagen von Dalton (1808) wiedergegeben.

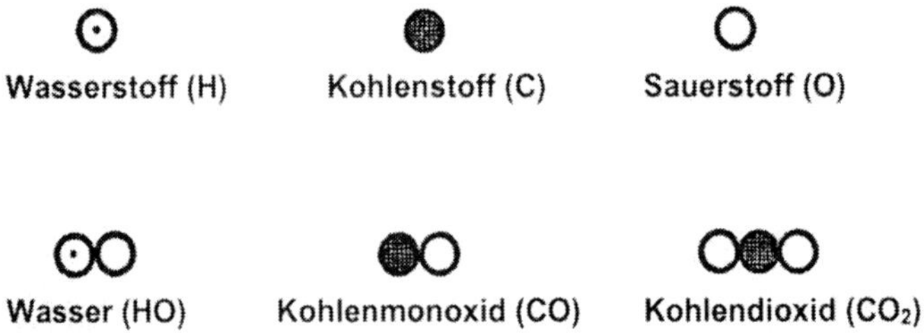

Abb. 1.12: Daltons Elementsymbole (oben) und Darstellung chemischer Verbindungen. Kohlenmono- und -dioxid sind korrekt dargestellt; die Formel für Wasser ist allerdings falsch. Im Prinzip hatte Dalton recht; in manchen Details irrte er sich jedoch.

Die auf quantitativen Daten (relative Atommassen) basierende Daltonsche Theorie kann nach C. E. Mortimer (1996) in folgenden Postulaten zusammengefasst werden:

1. Chemische Elemente bestehen aus unvorstellbar kleinen Materieteilchen, den Atomen. Sämtliche Atome eines Elements sind identisch, die Atome verschiedener Elemente unterscheiden sich jedoch voneinander.

2. Bei chemischen Reaktionen kommt es zu Verbindungen oder Trennungen der Atome. Hierbei werden niemals Atome zerstört oder neu gebildet; kein Atom eines chemischen Elements wird in das eines anderen umgewandelt.
3. Eine chemische Verbindung ist das Resultat der Verknüpfung der Atome von zwei oder mehr Elementen. Eine definierte Verbindung enthält immer die gleichen Atom-Arten; diese sind in einem bestimmten Mengenverhältnis miteinander verknüpft.

Dalton führte einfache grafische Symbole für verschiedene Elemente ein und konnte somit chemische Verbindungen plausibel machen. Wie Abb. 1.12 zeigt, war seine Formel für das "zusammengesetzte Atom" (d. h. Molekül) Wasser (H_2O) falsch (er schrieb HO); seine Formeln für Kohlenmonoxid (CO) und Kohlendioxid (CO_2) waren jedoch korrekt.

Die Daltonsche Atomtheorie konnte in ihren Grundsätzen durch eine Vielzahl weiterführender Experimente bestätigt werden. Das erste Postulat gilt allerdings nur noch in modifizierter Form: die Atome eines Elements sind nicht identisch, sondern bestehen aus verschiedenen Atom-Arten, die sich bezüglich ihrer Masse geringfügig voneinander unterscheiden (Isotope). In ihren chemischen Eigenschaften sind diese Atomsorten (Isotope) jedoch nahezu identisch. Ein Jahrhundert nach Dalton konnten die ersten Atom-Umwandlungen erzielt werden, allerdings nicht mit chemischen, sondern unter Einsatz kernphysikalischer Methoden.

Die quantitativen Aspekte der Atomtheorie hat Dalton in drei Gesetzen zusammengefasst, die heute in jedem Chemiebuch stehen: Das Gesetz der Erhaltung der Masse, - der konstanten Proportionen, und - der multiplen Proportionen. Die Atomtheorie führte das Ende des Jahrhunderte langen Glaubens an alchimistische Element-Umwandlungen herbei: Der Traum von der Erschaffung von Gold aus Blei musste mit dieser wissenschaftlichen Erkenntnis begraben werden. Weiterhin wurde mit der Etablierung der Daltonschen Atomtheorie ein materialistisch-mechanistisches Bild der Natur etabliert, das bis heute Grundlage naturwissenschaftlicher Denk- und Arbeitsweisen geblieben ist (methodischer Naturalismus). Die Bedeutung der "Daltonschen Revolution" in den Naturwissenschaften wird in Kapitel 10 diskutiert.

Atome als real existierende Materiebausteine

Da man die Atome nur indirekt nachweisen, jedoch nicht sehen konnte, blieb die Atomtheorie – wie auch die daraus von A. Avogadro abgeleitete Molekültheorie – im Kreise chemischer Laien (z. B. Philosophen) über Jahrzehnte hinweg umstritten.

Noch vor wenigen Jahren wurde die Existenz der Atome und Moleküle z. B. von dem Chemiker N. Wiberg (1985) im Zusammenhang mit der Darlegung der molaren Teilchenzahl wie folgt begründet. Die Bestimmung der molaren Teilchenzahl (N), die nach dem Physiker Amedeo Avogadro (1776 – 1856) auch "Avogadrosche Konstante" genannt wird, ist auf unterschiedlichste Weise möglich. Man kann sie z. B. wie folgt ableiten: 1. aus der Brownschen Molekularbewegung, 2. aus der kinetischen Gastheorie, 3. aus der Oberflächenspannung verdünnter Lösungen, 4. aus den Gesetzen der schwarzen Strahlung, 5. aus der elektrischen Ladung von Öltröpfchen, 6. aus der Streuung bzw. Schwächung des Himmelslichts in der Luft, 7. aus der Größe des Elementarwürfels von Kristallen, 8. aus radioaktiven Prozessen und 9. aus der Feinstruktur von Spektrallinien. Obwohl diese physikalischen Methoden sich grundlegend voneinander unterscheiden (s. Lehrbücher der Physikalischen Chemie), führen sie dennoch alle zum selben numerischen Wert von $6{,}022 \times 10^{23}$ für die Anzahl der Atome (bzw. Moleküle) pro Mol eines Stoffes. Eine derart exakte Übereinstimmung der experimentellen Resultate wäre nicht möglich, wenn nicht die durch diese Methoden erfassten Atome und Moleküle real existieren würden. Der von J. Dalton und A. Avogadro aus den Volumen- und Massenverhältnissen bei chemischen Reaktionen indirekt abgeleitete Begriff des Atoms (bzw. Moleküls) ist daher aus heutiger Sicht keine vage Hypothese oder Theorie mehr: Es ist eine durch unabhängige Methoden bestätigte Tatsache (Faktum). Die von Dalton postulierten kleinsten, unteilbaren Materieeinheiten (Atome) gibt es wirklich, d. h. es handelt sich hierbei um real existente Einheiten (Wiberg 1985).

Aus dem Wert der Avogadroschen Konstante geht hervor, dass die Atome und Moleküle unvorstellbar kleine Materie-Teilchen sind. So wiegen z. B. 602 204 530 000 000 000 000 000 Wasserstoffatome (H) zusammen nur 1.008 Gramm (g), so dass ein einziges H-Atom eine Masse von nur $1.008/(6.022 \times 10^{23}) = 1.674 \times 10^{-24}$ g aufweist.

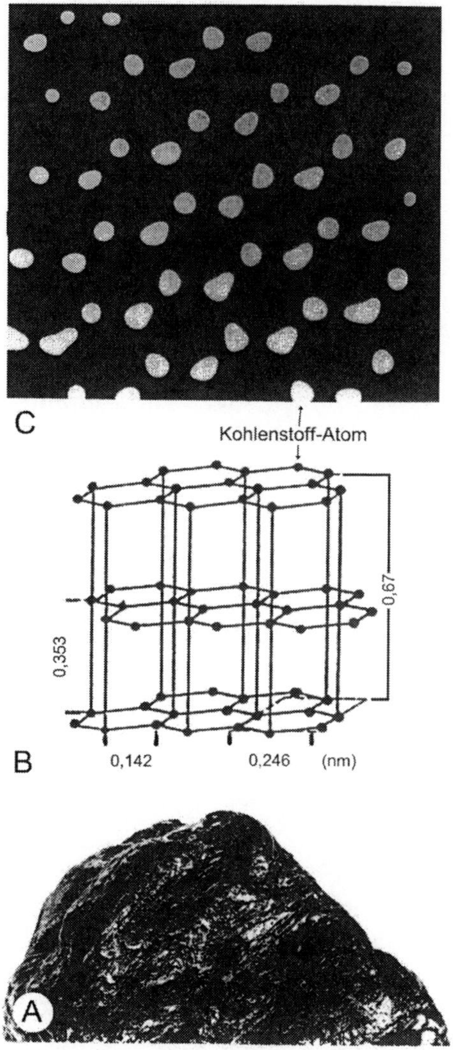

Abb. 1.13: Mikroskopische Darstellung der Atome des Festkörpers Graphit. Ein angeschliffener Graphit-Brocken (A) zeigt schematisch eine definierte Kristall-Struktur (B). Die Kohlenstoff (C)-Atome sind im Raster-Tunnel-Mikroskop (STM-Bild) als weiße Punkte sichtbar (C) (Nach Güntherodt, H.-J. und Wiesendanger, R., Eds: Scanning Tunneling Microscopy I, Springer Verlag, Berlin Heidelberg New York, 1992).

Analog dazu kann errechnet werden, dass ein Sauerstoffatom (O) $15.999/(6.022 \times 10^{23}) = 26.568 \times 10^{-24}$ g, und somit ein Wassermolekül (H_2O) $(2 \times 1.674 + 26.568) \times 10^{-24} = 29.916 \times 10^{-24}$ g wiegt. Aus diesem Grund wurden in der Chemie die *atomaren Masseneinheiten* eingeführt, die als den 12. Teil des Kohlenstoff-isotops ^{12}C (= N/12 Atome) definiert werden.

Kann man Atome (bzw. Moleküle) im Mikroskop sichtbar machen? Dieses Problem wurde in den 1980er Jahren technisch gelöst. Die Physiker G. Binnig und H. Rohrer entwickelten 1981 mit ihren Mitarbeitern am *IBM Zürich Research Laboratory* die Methode der *Scanning tunneling microscopy* (STM, Raster-Tunnel-Mikroskopie) zu einer universell einsetzbaren Technik der Oberflächenanalyse. Im Jahr 1986 wurden die beiden Pioniere der modernen Elektronenmikroskopie mit dem Nobelpreis für Physik ausgezeichnet. Der unten zitierte Chemiker J. Berzelius erkannte im Jahr 1789, dass das Mineral Graphit aus reinem Kohlenstoff (Element C) besteht. In Abb. 1.13 A ist ein Stück Naturgraphit dargestellt, der stark abfärbt und als schuppige, leicht spaltbare Masse sich grund-legend vom harten Diamant – reiner Kohlenstoff mit anderer Kristallstruktur – unterscheidet. Einen schematischen Ausschnitt der Graphit-Struktur zeigt Abb. 1.13 B. Die Kohlenstoff-Atome des Graphits können als separate Partikel im Raster-Tunnel-Mikroskop sichtbar gemacht werden (Abb. 1.13 C). Einzelne Atome können somit heute mit modernsten mikroskopischen Methoden "gesehen" und analysiert werden. Die Schlüsseltechnologie der Nanostrukturwissenschaften nutzt diese Tatsache in der Praxis aus (Analyse und technische Anwendung chemisch-physikalisch-biologischer Prozesse, die im Nanometerbereich angesiedelt sind; 1 Nm = 0,000 000 001 m).

Fazit: Die Kernaussage der von John Dalton in den Jahren 1803 – 1808 ausgearbeiteten Theorie (Postulat von der Existenz der Atome) wurde zu einer Tatsache erhärtet, an der kein kompetenter Naturwissenschaftler heute mehr zweifelt. Diese Schlussfolgerung kann in dem folgenden Satz zusammengefasst werden: "Nichts in der Kern-Physik und Chemie ergibt einen Sinn, außer im Lichte des Atoms". Allerdings soll nochmals darauf hingewiesen werden, dass die Daltonsche Atomtheorie im Verlauf der vergangenen zweihundert Jahre stetig ergänzt und verbessert wurde: Unser Bild von den Atomen und deren Interaktionen wurde seit Dalton (Abb. 1. 12) mehr und mehr verfeinert; die wesentlichen Haupt-Aussagen haben sich dennoch bis heute erhalten.

Dem zum Lehrer ausgebildeten "Freizeit-Chemiker" John Dalton kommt somit in der Geschichte der Chemie eine Sonderstellung zu, die mit jener von Charles Darwin in der Biologie zu vergleichen ist: Nach Ansicht mancher Chemie-Historiker wird Dalton als der "Vater der neueren Chemie" bezeichnet.

Der schwedische Chemiker Jöns Jacob Berzelius (1779 – 1848) bezeichnete Daltons Atomtheorie als einen der größten Fortschritte in der Geschichte der Chemie. Nach W. Stube (1989) äußerte sich Berzelius zu diesem Themenkomplex einmal wie folgt: "Alle unsere Theorie ist nichts anderes als eine Art, sich den inneren Verlauf eines Phänomens auf konkrete Weise vorzustellen, und sie ist annehmbar und ausreichend, wenn alle in der Wissenschaft bekannten Tatsachen aus ihr abgeleitet werden können. Eine solche Vorstellungsweise kann dennoch falsch sein, und obgleich das leider oft vorkommen mag, erfüllt sie während einer gewissen Periode in der Entwicklung der Wissenschaft ebenso vollkommen ihren Zweck wie eine richtige Theorie. Die Erfahrungen mehren sich. Tatsachen werden gefunden, die nicht mit ihr übereinstimmen, und man wird gezwungen, eine neue Vorstellungsweise zu suchen, die auch auf diese Tatsachen passt. Auf diese Weise werden zweifellos von Zeitalter zu Zeitalter die Vorstellungsweisen in dem Maße geändert werden, als die Erfahrung wächst, und die vollkommen richtige Deutung wird vielleicht nicht erreicht".

Dieser Ausspruch eines großen Chemikers lässt sich auch auf die Biologie mit ihren verschiedenen Hypothesen, Theorien und Theoriensystemen übertragen. Wir werden auf dieses wichtige Zitat zurückkommen.

Biologie im Lichte der Evolution

Nach diesen vergleichenden Betrachtungen (Daltons Atom- und Darwins Deszendenztheorie) wollen wir abschließend zur modernen Synthetischen Evolutionstheorie zurückkehren. Der Insektenforscher und Genetiker Theodosius Dobzhansky – Hauptbegründer der modernen Theorie der biologischen Evolution – hat in einem populären Aufsatz, der im März 1973 in der Zeitschrift *The American Biology Teacher* publiziert wurde, den folgenden Satz geprägt: "Nothing in Biology makes sense except in the light of Evolution". Da in der aktuellen Evolutionsdebatte diese "Formel" (Nichts in der Biologie ergibt einen Sinn außer im Lichte der Evolution) eine zentrale Rolle einnimmt (s. Kapitel 7), soll der Inhalt dieses vielzitierten, aber wenig gelesenen Aufsatzes hier zusammengefasst werden. Der Naturforscher T. Dobzhansky formulierte im wesentlichen die folgenden Thesen.

1. Teilaussagen der von Nikolaus Kopernikus (1473 – 1543) begründeten Theorie, die besagt, dass die Erde um die Sonne kreist, konnten bisher nicht durch direkte Beobachtungen bestätigt werden. Dennoch akzeptieren die Naturwissenschaftler dieses heliozentrische Welt-Modell – das im Gegensatz zum veralteten System von Ptolemäus (um 150 v. Chr.) steht (Abb. 1.14) – uneingeschränkt. Warum ? Weil das kopernikanische Modell durch eine Fülle unabhängiger Fakten unterstützt wird.

2. Im Gegensatz zu den (bereits zitierten) Berechnungen von Bischof Ussher ist die Erde nicht im Jahr 4004 v. Chr. entstanden. Sie ist nahezu 5 Milliarden Jahre alt und hat im Verlauf der letzten 3 000 Mio J. eine Fülle an Lebensformen hervorgebracht; das Alter der fossil erhaltenen Lebewesen kann man heute mit radiometrischen Methoden exakt bestimmen.

3. Gibt es eine Erklärung für diese enorme Biodiversität ? Die einzige rationale Erklärung besteht darin, die Vielfalt der Lebensformen als Resultat eines Jahrmillionen langen Evolutionsprozesses anzusehen. Keine einzelne Art, wie perfekt und vielseitig sie auch sei, wäre in der Lage, alle ökologischen Nischen (Lebensräume) des Planeten Erde zu besiedeln. Jede der vielen Millionen Spezies hat ihre spezifische Lebensweise und besiedelt einen entsprechenden Raum. Ein Blick in die Natur lehrt somit, dass der Evolutionsprozess die Tendenz hat, alle ökologischen Nischen nach und nach durch entsprechende Organismen zu besetzen. Die Umwelt stellt Herausforderungen an die Lebewesen, die im Verlauf vieler Generationen unter Anpassung an die jeweiligen Verhältnisse erfüllt werden (adaptive Evolution). Dennoch sind die meisten Lebensformen wieder ausgestorben.

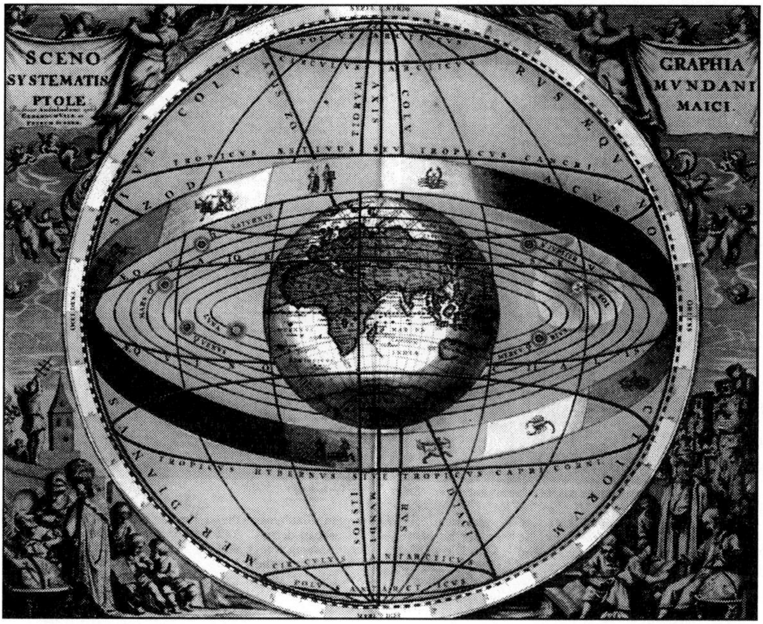

Abb. 1.14: Das widerlegte ptolemäische Weltbild mit der Erde im Zentrum des Universums. Die Sonne sowie Venus, Merkur, Jupiter, Mars, Saturn und der Mond umkreisen den Erdball (Nach einem Kupferstich aus dem Jahr 1660).

4. Anti-Evolutionisten verstehen nicht, wie die natürliche Selektion arbeitet. Sie glauben, dass alle Arten vor einigen tausend Jahren durch übernatürliche Schöpfungsakte entstanden sind. Aber warum gibt es dann 2 – 3 Millionen Arten ? Die natürliche Selektion erklärt diese enorme Artenvielfalt, weil die Biosphäre eine Vielzahl ökologischer Nischen bietet. War der Schöpfer schlecht gelaunt, als er z. B. einige Fruchtfliegenarten erschuf, die nur auf bestimmten Körperteilen spezieller Landkrabben auf bestimmten karibischen Inseln überleben können ? Ich bin der Ansicht, dass man einerseits an "Schöpfungsakte Gottes" glauben und andererseits die Evolution akzeptieren kann.
5. Im Lichte der Evolution ist die Biologie wahrscheinlich die intellektuell am meisten befriedigende und inspirierendste Naturwissenschaft. Ohne dieses "Licht" wird aus der Biologie ein Stapel trockener Fakten, der als Ganzes keinen Sinn ergibt. Dies bedeutet

jedoch nicht, dass wir alle Prozesse der Evolution im Detail kennen würden. Biologische Forschung zeigt kein Anzeichen, jemals Vollständigkeit zu erreichen; das Gegenteil ist der Fall. Die unterschiedlichen Ansichten und Diskussionen im Kreise der Biologen beweisen, dass die Wissenschaft lebt. Anti-Evolutionisten deuten diese Diskussionen um. Ihr "Lieblingssport" besteht darin, Zitate aus dem Zusammenhang heraus genommen, zusammenzustellen und daraus abzuleiten, dass nichts in der modernen Evolutionsbiologie sicher sei. Auch ich sowie einige meiner Kollegen wurden auf diese Art und Weise falsch zitiert und dann als "Anti-Evolutionisten" bezeichnet.

6. Abschließend möchte ich klarmachen, was jenseits aller Zweifel feststeht: Evolution als Prozess, der seit Anbeginn der Erde abläuft, kann nur von all jenen angezweifelt werden, die die Fülle an Beweisen ignorieren, verursacht durch emotionale Schranken oder naive Gottesgläubigkeit. Die Mechanismen der Evolution sind jedoch noch immer Gegenstand der Forschung und werden es auch in Zukunft bleiben.

7. Stehen die Erkenntnisse der Evolutionsbiologie im Gegensatz zum religiösen Glauben ? Dies ist nicht der Fall. Es ist ein Fehler, die Heiligen Schriften der Bibel als Lehrbücher zu den Themenbereichen Astronomie, Geologie, Biologie und Anthropologie anzusehen. Wie bereits dargelegt, führt dieser Fehler zur Blasphemie: Dem Gott in der Bibel wird systematische Täuschung vorgeworfen.

8. Einer der größten Denker unserer Zeit, Pierre Teilhard de Chardin (1881 – 1955) schrieb einmal das Folgende: "Ist Evolution eine Theorie, ein System, oder eine Hypothese ? Es ist viel mehr – es ist ein generelles Postulat, dem alle Theorien, Hypothesen und Systeme untergeordnet werden müssen und dem sie genügen sollten, um denkbar und wahr zu sein. Evolution ist ein Licht, welches alle Tatsachen erhellt, eine Richtlinie, der alle Gedankenströme folgen müssen – das ist es, was die Evolution kennzeichnet". Es ist offensichtlich, dass einige Wissenschaftler, wie auch manche Philosophen und Theologen, nicht mit allen Teilaussagen einverstanden sein werden: Die Akzeptanz dieser Weltsicht dürfte niemals universell werden. Es besteht jedoch kein Zweifel, dass Teilhard ein wahrhaftiger und tief religiöser Mann war und dass der christliche Glaube ein Eckpfeiler seiner Weltsicht darstellte. Gemäß dieser

Sichtweise sind Naturwissenschaft und Glaube keine sich ausschließenden Bereiche. Teilhard war ein gläubiger Christ, aber einer, der verstanden hatte, dass die "Schöpfung" auf dieser Welt durch die Evolution realisiert ist (Dobzhansky 1973).

Diese zusammenfassende Darstellung der Grundgedanken des Evolutionsbiologen T. Dobzhansky zeigt, dass einer der "Urväter" der Synthetischen Theorie ein gläubiger Christ war. Eine Vermischung der Wissens- und Glaubensebene ist in den Schriften dieses bedeutenden Forschers jedoch nicht zu finden: Dobzhansky war im Privatleben ein liberaler Christ, im Beruf jedoch Naturalist und Evolutionist.

2. Evolutionsbiologie als Generaldisziplin

Wie in anderen Wissenschaften gibt es auch in der Biologie – auf Neudeutsch den *life sciences* – neben zahlreichen Spezialgebieten ein Generalthema, das alle Zweige unseres stetig wachsenden Baumes der Erkenntnis über die belebte Welt der Vergangenheit und Gegenwart durchdringt: Das Konzept der Evolution. Alle heute lebenden (rezenten) Organismen der Biosphäre sind die derzeitigen Endglieder eines historischen, über Jahrmillionen hinweg abgelaufenen Entwicklungsprozesses. Diese jeweiligen Abstammungsreihen sind unterteilbar in einzelne Ontogenesen (Zeitspanne von der Zeugung bis zum Tod), wobei das Individuum nur eine einzige erlebt. Kein Lebewesen ist jedoch unsterblich, d. h. das Ableben (der Tod) wurde von der Natur zur Beendigung der Rest-Lebenszeit nach Abschluss der Fortpflanzungsphase "vorgesehen". Organismen pflanzen sich fort und leben dann in ihren Nachkommen weiter: Die Re-Produktion Eltern-ähnlicher Kinder, die durch eine genetische Einmaligkeit gekennzeichnet sind, ist ein Merkmal aller Lebewesen.

Abb. 2.1: Das Bild des Biologen im 19. Jahrhundert (Nach einer Karikatur von G. Larson, 1989).

Das Evolutionsprinzip lässt sich exemplarisch aus dem berühmten Satz des Pathologen Rudolf Virchow (1821 – 1902) logisch ableiten: *Omnis cellula e cellula* – jede Zelle entsteht aus einer Vorläuferzelle, wobei sich mehrzellige Organismen in der Regel aus einer Zygote (befruchtete Eizelle) entwickeln. Es ergibt sich beim logischen Durchdenken dieses Naturgesetzes eine abstrakte, unermesslich lange, in die Vergangenheit zurückreichende Generationenabfolge (Eltern/Nachkommen → Eltern/Nachkommen usw.), die sich in der "grauen Vorzeit" verliert. Da die Lebensbedingungen nahezu aller Organismen der Erde im Verlauf der Jahrmillionen gewechselt haben (Veränderungen in der belebten und unbelebten Umwelt), muss eine langsame, genetisch verankerte Anpassung (Adaptation) der Organismen im Verlauf unzähliger Generationenabfolgen stattgefunden haben. Dieses Prinzip der Abstammung mit Abänderung, wobei es zu einem erblich fixierten Andersartigwerden der zu Fortpflanzungsgemeinschaften (Populationen) zusammengeschlossenen Organismen gekommen ist, nennen wir biologische Evolution. Die Arten-Transformation ist in der Regel mit einer Zunahme der Artenzahl (Biodiversität) verbunden, die aus der Neubesiedelung und Aufteilung unbesetzter Lebensräume resultiert.

Sprachlich betrachtet ist der Begriff "Evolution" eine Fehlbezeichnung für die oben beschriebene Stammesentwicklung (Phylogenese) der jeweiligen Organismengruppe: er impliziert nur das "Entfalten oder Auswickeln" eines bereits vorhandenen, fertigen Gegenstandes. Dieser Ausdruck wurde daher im 19. Jahrhundert nur gelegentlich benutzt; die Urväter der naturalistischen Evolutionsforschung bezeichneten das Andersartigwerden der Lebewesen als Abstammung (Deszendenz) mit Modifikation.

In diesem Kapitel soll die historische Entwicklung der modernen Evolutionsbiologie, von den ersten Anfängen bis zur Etablierung einer akademischen Fachdisziplin, dargestellt werden. Weiterhin möchte ich darlegen, dass dieses Generalthema der Biowissenschaften alle Spezialdisziplinen der modernen *life sciences* durchdringt und daher als "vereinigende Klammer" betrachtet werden muss. Biologie ohne evolutionären Hintergrund gleicht einem Kasten beschriebener Merkzettel, der auf dem Boden ausgeleert wurde: Alle notierten Fakten sind noch da, das ordnende Prinzip ist jedoch verloren gegangen.

Biologie als harte Naturwissenschaft

Der Mitbegründer der Abstammungslehre, A. R. Wallace, hat einmal gesagt, Charles Darwin sei als der "Newton der Biologie" zu betrachten. Ähnlich wie der berühmte Naturforscher als Urvater der Physik eingestuft wird, sollte Darwin ein Sonderstatus in der Biologie zukommen: In Folge seines 1859 publizierten Artenbuches (sowie der Bände *Variation under Domestication,* 1868 und *Descent of Man,* 1871) wurde die Biologie zur anerkannten naturwissenschaftlichen Disziplin. In analoger Weise könnte man Charles Darwin auch als den "Dalton der Biologie" bezeichnen (Kapitel 1). Vor Darwin hatte der "Naturkundler" noch den Status eines Schmetterlings- bzw. Kräutersammlers, der aus seinen Kollektionen Ordnung in das "Chaos der Natur" bringen wollte. Der Biologe als "Jäger und Sammler" ist in Abb. 2.1 in treffender Weise dargestellt. Bei der Betrachtung dieser Karikatur drängt sich der folgende Satz auf: "Reich mir mal den Alkohol, ich habe einen Schmetterling erjagt, den ich in meine Sammlung aufnehmen möchte". Dieses Image des Naturkundlers kommt z. B. auch in dem folgenden Zitat aus dem Jahr 1850 zum Ausdruck: "Der Botaniker ist ein Krämer in barbarisch-lateinischen Namen, der Blumen pflückt, sie benennt, trocknet und in Papier einwickelt und dessen ganze Weisheit in der Bestimmung und Klassifikation dieses künstlich gesammelten Heus aufgeht". Der Physiker Ernest Rutherford (1871 – 1937) entwickelte ein nach ihm benanntes Atommodell, das eine deutliche Erweiterung der klassischen Daltonschen Theorie darstellte. Rutherford bezeichnete die Biologie einmal in abfälliger Weise als "eine Art Briefmarken sammeln"; diese Einschätzung kommt in Abb. 2.1 zum Ausdruck.

Die Situation änderte sich erst in der zweiten Hälfte des 19. Jahrhunderts. Durch Darwin (1859) war nun eine Über-Disziplin, eine vereinheitlichende konzeptionelle Klammer, gefunden. Evolution ist das organisierende Prinzip der Biowissenschaften, da ohne historische Perspektive (d. h. das Gewordensein der Organismen, dokumentiert in der Erbsubstanz DNA) die Lebewesen rätselhaft bleiben. Dieser Sachverhalt wurde bereits 1942 in dem Werk von J. Huxley: *Evolution – The modern Synthesis,* zum Ausdruck gebracht: "Evolution muss als das zentralste und wichtigste Problem der Biologie betrachtet werden". In den bereits zitierten Worten von T. Dobzansky aus dem

Jahr 1973: "Nichts in der Biologie ergibt einen Sinn, außer im Lichte der Evolution". In analoger Weise können wir z. B. die moderne Physik, in der die Erforschung des Aufbaus der Materie (Atome und deren Kern) im Vordergrund steht, charakterisieren: "Nichts in der Physik ergibt einen Sinn, außer im Lichte des Atoms". Die Theorie von den Atomen wurde nach jahrzehntelanger Forschung zur gesicherten Erkenntnis (Tatsache), an der kein Sachkundiger bisher ernsthaft gezweifelt hat (Kapitel 1). Im Gegensatz dazu wird das Faktum Evolution noch heute von etwa 20 % aller Deutschen strikt abgelehnt (s. Kapitel 4). Dieser bedauerliche Tatbestand ist vermutlich in erster Linie auf mangelndes biologisches Grundwissen zurückführbar.

Evolutionsforschung: Professionalisierung einer Freizeitbeschäftigung

Weder Charles Darwin noch Alfred R. Wallace waren als akademische Lehrer und Forscher (Dozenten, Professoren) an einer Universität tätig. Diese großen Naturforscher haben freiberuflich und unentgeltlich gearbeitet und ihr Wissen u. a. in Büchern, die wir heute als "populärwissenschaftlich" bezeichnen würden, niedergelegt und verbreitet. Die Tatsache, dass der Theologe und Naturwissenschaftler John Henslow (1796 – 1861) – ein Förderer und Freund des jungen Charles Darwin – in Cambridge als Botanik-Professor lehrte, belegt, dass es den besoldeten Naturforscher im damaligen England bereits gab. Auch Ernst Haeckel war als fest angestellter Zoologieprofessor nur Evolutionsforscher "im Nebenerwerb". Die Generaldisziplin der Naturwissenschaft Biologie wurde erst in den 1940er Jahren in den Vereinigten Staaten von Amerika (USA) etabliert. Dies wird aus dem folgenden Brief deutlich, den der Biologe Prof. Ernst Mayr (Harvard University) zur Gründung der deutschen Arbeitsgemeinschaft(AG) Evolutionsbiologie (s. u.) im September 2002 verfasste: "Als ich in den 1920er Jahren Student war, gab es die Fächer Zoologie und Botanik, aber ein Fach Evolutionsbiologie gab es nicht. Natürlich nahm man die Evolution an, aber man verstand sie eigentlich nicht. Man stritt sich darüber, wie die Artbildung vor sich ging, ob die Selektion zu Anpassung führen konnte, was das Objekt der Selektion war, warum typologisches Denken so oft zu falschen Schlüssen führte, und vieles andere mehr. Die letzten 75 Jahre haben in all diesen Fragen, wenn nicht zu vollem Verständnis, zum mindesten zu weitgehender Klarheit geführt. Evolutionsstudien haben sich zudem als äußerst heuristisch erwiesen; jede Antwort führt zu weiteren Fragen: Und all das hat einen tiefen Einfluss auf unsere Weltanschauung gehabt. Die Stellung des Menschen in der Natur, das Problem der Herkunft des Altruismus (der ursprünglich völlig im Widerspruch zur Selektion zu sein schien), die Herkunft von Intelligenz, Selbstbewusstsein und anderer, gewöhnlich als strikt menschlich betrachteter Eigenschaften sind, wenn man aufhört den Menschen und das Tier als Typen zu betrachten, dem Verständnis näher gebracht worden. Alle Fragen, die die Welt uns aufwirft, können nur durch eine evolutionäre Einstellung zugänglich werden. Und da gibt es immer noch zahllose Fragen, die auf eine Antwort warten. Ich begrüße daher mit großer Freude die Gründung der Sektion Evolutionsbiologie im Verband deutscher Biologen und wünsche der neuen Sektion den größtmöglichen Erfolg".

Die Institutionalisierung des Fachs Evolutionsbiologie erfolgte in den 1940er Jahren in den USA. Im Jahr 1939 organisierte der bereits erwähnte Biologe T. Dobzhansky eine Vortragsreihe zum Thema Artbildung (*Symposium on Speciation*) im Auftrag der *American Association for the Advancement of Science* (AAAS). Am Tagungsort, Columbia, Ohio, trafen sich die "Architekten" der Synthetischen Theorie, E. Mayr, J. Huxley und Dobzhansky und vereinbarten die Gründung einer Gesellschaft zum Studium der Artbildung (*Society for the Study of Speciation*). Diese Vereinigung wurde 1940 unter dem Sekretariat von A. E. Emerson etabliert. Bedingt durch den 2. Weltkrieg kam dieses Projekt jedoch nicht voran.

Erst 1946 wurde dieser Plan wieder aufgegriffen und verwirklicht. Mit Hilfe eines "Komitees zur Lösung gemeinsamer Probleme der Genetik, Paläontologie und Systematik" (*Commitee on Common Problems in Genetics, Paleontology and Systematics*) wurde unter der Leitung von Ernst Mayr am 30. März 1946 in St. Louis, Missouri, die "Gesellschaft zum Studium der Evolution" (*Society for the Study of Evolution,* SSE) gegründet. Insgesamt achtundfünfzig Wissenschaftler, die als sogenannte "Gründungsväter" in die Geschichte der Evolutionsbiologie eingegangen sind, unterzeichneten ein Dokument.

Abb. 2.2: Zwei wichtige internationale Fachzeitschriften zum Thema Evolution.

Darunter waren E. Mayr (Erstunterzeichner), T. Dobzhansky, S. Wright und G. G. Simpson. Ende desselben Jahres (28. – 31. Dez. 1946) wurde in Boston die erste Jahresversammlung abgehalten und eine neue Zeitschrift – *Evolution* – gegründet (Abb.2.2). Der erste Herausgeber war E. Mayr. Mit diesen Aktivitäten, Gründung einer wissenschaftlichen Vereinigung, mit einer neuen Fachzeitschrift, die dieses Gebiet in voller Breite abdeckt, wurde die Evolutionsbiologie mit Ende des 2. Weltkrieges in den USA etabliert.

Vierzig Jahre später (1987) wurde die "Europäische Gesellschaft für Evolutionsbiologie" (*European Society for Evolutionary Biology*, ESEB) gegründet. Dieser internationalen Gemeinschaft von Evolutionsforschern gehört der Autor dieser Zeilen an; im Jahr 2003 umfasste die ESEB ca. 800 Mitglieder, darunter auch zahlreiche US-Kollegen. Die Ziele der ESEB können folgendermaßen zusammengefasst werden: Unterstützung wissenschaftlicher Studien der organismischen Evolution und Integration jener Wissenschaftsgebiete, die im direkten Bezug zum Thema Evolution stehen: Molekulare und mikrobielle Evolution, Verhaltensstudien, Genetik, Ökologie, Analyse von Lebenszyklen, Entwicklungsbiologie, Paläontologie, Systematik und Morphologie (diese Liste ist nicht vollständig). Die ESEB verwirklicht diese Ziele über die Publikation einer eigenständigen internationalen Fachzeitschrift, *Journal of Evolutionary Biology* (Abb. 2.2) und der Organisation spezieller Evolutionstagungen, die alle zwei Jahre in einem anderen Land Europas stattfinden. Über diese Vereinigung ist die Evolutionsbiologie inzwischen auf europäischer

Ebene etabliert. Über die Gründung der AG Evolutionsbiologie im *Verband Deutscher Biologen* wird weiter unten berichtet.

An dieser Stelle sollen abschließend zwei weitere internationale Vereinigungen vorgestellt werden. Im Jahr 1982 wurde in den USA (New York) die "Gesellschaft für Molekularbiologie und Evolution" (*Society for Molecular Biology and Evolution*, SMBE) gegründet. Diese Vereinigung von Molekularbiologen verfolgt das übergeordnete Ziel, das Studium der Stammesentwicklung der Organismen auf molekularem Niveau zu fördern. Um dies zu erreichen, publiziert die SMBE seit 1984 eine internationale Fachzeitschrift, *Molecular Biology and Evolution* (MBE). Weiterhin werden jährlich SMBE-Tagungen abgehalten, um den Gedankenaustausch der "molekularen Evolutionisten" zu fördern. Im Jahr 1968 wurde die "Internationale Gesellschaft zum Studium des Ursprungs des Lebens" (*International Society for the Study of the Origin of Life*, ISSOL) gegründet. Die ISSOL hatte im Jahr 2000 etwa 500 Mitglieder und war u.a. in den folgenden Ländern mit regionalen Repräsentanten vertreten: Japan, China, Indien, Australien, Neuseeland, Schweden, Schottland, Belgien, den Niederlanden, Deutschland, Mexiko, Brasilien und den USA (mehrfach). Um das Hauptziel – den Ursprung der ersten Lebensformen auf diesem Planeten zu ergründen – zu verwirklichen, veröffentlicht die ISSOL seit ihrem Gründungsjahr eine eigene Fachzeitschrift, *Origins of Life and Evolution of the Biosphere* (OLEB). Dieses führende Journal wird bezüglich seines Inhaltes im nächsten Abschnitt vorgestellt. Die ISSOL veranstaltet im dreijährigen Rhythmus internationale Tagungen, die ausschließlich dem Problem der Biogenese gewidmet sind (*International Meetings on the Origin of Life*).

Aus dieser unvollständigen Vorstellung einiger großer internationaler Vereinigungen zur Förderung der Evolutionsforschung geht hervor, dass die Evolutionsbiologie heute eine professionelle Fachdisziplin darstellt, die mit der Physiologie oder der Biochemie auf einer Stufe steht. Die Aussage mancher Ideologen, die Evolutionsforschung sei eine weltanschaulich geprägte Tätigkeit, ist in Anbetracht des oben Dargelegten nicht zu akzeptieren (s. Kapitel 7).

Evolutions-Journale und die Ursprungsfrage

In Kapitel 1 wurde die Zeitschrift genannt, in der die Thesen von Darwin und Wallace im Jahr 1858 publiziert wurden. Neben diesem *Biological Journal of the Linnean Society* (Untertitel: *A Journal of Evolution*) existieren heute zwei interdisziplinäre Spezialzeitschriften zum Generalthema der Biologie: das bereits erwähnte Fachorgan *Evolution,* publiziert von der *US-Society for the Study of Evolution* und das *Journal of Evolutionary Biology,* publiziert von der *European Society for Evolutionary Biology* (Abb. 2.2). Journale, die das Wort Evolution im Titel tragen, sind im nächsten Abschnitt zusammengestellt.

Am "unteren Ende" der "Evolutions-Zeitschriftenskala" ist das der "Ursprungsfrage" gewidmete Journal *Origin of Life and Evolution of the Biosphere* (*OLEB*) zu nennen. Da es in dieser Fachzeitschrift um die "Frage aller Fragen" geht – der Entstehung der ersten Vorläuferzellen – soll der Inhalt von OLEB stellvertretend für das Jahr 2000 hier reproduziert und kommentiert werden (Abb. 2.3 und 2.4). Im Fachgebiet "Exobiologie/Astrobiologie" wird u. a. die Suche nach außerirdischen Lebensformen thematisiert. Unter der Rubrik "Vergleichende Planetologie" ist eine zusammenfassende Darstellung sogenannter "Biomarker" als Methode zum Nachweis der ältesten Lebensspuren auf Erde und Mars hervorzuheben. Die "Kosmische Präbiotische Chemie" untersucht u. a. die Entstehung (sowie den Erd-Eintrag) extraterrestrischer organischer Moleküle (Stichwort: Leben bzw. Biomoleküle aus dem Weltraum). Unter der Überschrift "Terrestrische Präbiotische Chemie" geht es u. a. um Laborexperimente zur Simulation der frühen Erdatmosphäre und der Biosynthese von Proteinen sowie anderer molekularer Zellbestandteile. Der Titel "Ursprung der Gene und Proteine" vereinigt Experimentalstudien zur Problematik der Entstehung informationstragender Makromoleküle (Erbsubstanz DNA u. a.). Im OLEB-Fachgebiet "Biochemie und Physiologie" werden u. a. Studien zur molekularen Phylogenie (Verwandtschaftsanalyse auf Grundlage von DNA-Sequenzen) behandelt. Die "Mechanismen der frühen Evolution" werden u. a. im Zusammenhang mit den sich selbst vermehrenden Ribonucleinsäure-Molekülen (urtümliche, autokatalytisch aktive RNAs) diskutiert, während Fragen

Representative Topics in *ISSOL*'s Journal

Origin of Life and Evolution of the Biosphere (OLEB) *January 2000*

EXOBIOLOGY/ASTROBIOLOGY

Frank Drake. Progress in the search for extraterrestrial life. *OLEB* **24**:169.

Jill Tarter. Observational exobiology. *OLEB* **16**:399.

Kenneth Nealson. Post-Viking microbiology: New approaches, new data, new insights. *OLEB* 29:73.

Chris McKay et al. Exobiology and future Mars missions. *OLEB* **16**:416.

Klaus Dose et al. Response of *Bacillus subtilus* spores to dehydration and UV irradiation at extremely low temperatures. *OLEB* **26**:47.

COMPARATIVE PLANETOLOGY

Tobias Owen & A. Bar-Nun. The origin and early evolution of the inner planets. *OLEB* **24**:91.

Bruce Jakosky. Martian stable isotopes: Volatile evolution, climate change, and exobiological implications. *OLEB* **29**:47.

James F. Kasting et al. Ultraviolet radiation from F and K stars and implications for planetary habitability. *OLEB* **27**:413.

Bernd R. T. Simoneit et al. Biomarkers as tracers for life on early Earth and Mars. *OLEB* **28**:475.

COSMIC PREBIOTIC CHEMISTRY

John Kerridge. Synthesis of meteoritic organic matter in an asteroid. *OLEB* **19**:505.

Hiroshi Naraoka et al. Molecular distribution of monocarboxylic acids in Asuka carbonaceous chondrites from Antarctica. *OLEB* **29**:187.

Sherwood Chang. Studies of samples returned from a comet nucleus by the Rosetta Mission. *OLEB* **19**:481.

Vitalii Goldanski. Spontaneous mirror symmetry breaking in nature and the origin of life. *OLEB* **19**:269.

William M. Irvine. Extraterrestrial organic matter: A review. *OLEB* **28**:365.

TERRESTRIAL PREBIOTIC CHEMISTRY

Albert Eschenmoser. Chemistry of potentially prebiological natural products. *OLEB* **24**:84.

Stanley L. Miller. Prebiotic synthesis of organic compounds: A review and new results. *OLEB* **24**:85.

Leslie E. Orgel. The origin of life -- how long did it take? *OLEB* **28**:91.

Martin Schoonen et al. Energetics and kinetics of the prebiotic synthesis of simple organic acids and amino acids with the FeS-H_2/FeS_2 redox couple as reductant. *OLEB* **29**:5.

Everett Shock. Geochemical constraints on the abiotic synthesis of organic compounds in hydrothermal systems. *OLEB* **19**:538.

Abb. 2.3: Themenauswahl der Fachzeitschrift OLEB im Jahr 2000.

Representative Topics in *OLEB* (continued):

ORIGIN OF GENES & PROTEINS

Manfred Eigen. The origin of genetic information. ***OLEB* 24**:241.

Alan W. Schwartz. Polynucleotide analogues as possible primitive precursors of nucleic acids. ***OLEB 16***:445

André Brack. Emergence and survival of protein-like peptides in water. ***OLEB* 16**:486.

James P. Ferris et al. Clays as prototypical enzymes for the prebiological formation of phosphate esters. ***OLEB* 16**:473.

BIOCHEMISTRY/PHYLOGENY

Thomas Jukes. Variations in the genetic code and their possible evolutionary significance. ***OLEB* 16**:477.

Peter Gogarten. Phylogeny of protein pumping ATPases: Implications for the early evolution of life. ***OLEB* 24**:244.

James A. Lake. Mapping the early evolution of cells with rRNA sequences and structure. ***OLEB* 16**:244.

J. Tohá & M. A. Soto. On the determination of internal nodes of an evolutionary dendrogram. ***OLEB* 28**:97.

MECHANISMS OF EARLY EVOLUTION

Christian de Duve. From protometabolism to metabolism. ***OLEB* 24**:346.

J. W. Szostak et al. Approaches to the selection of an RNA replicase. ***OLEB* 24**:159.

Gerald Joyce. Evolution of catalytic RNA in the laboratory. ***OLEB* 19**:331.

Arturo Becerra & Antonio Lazcano. The role of gene duplication in the evoluton of purine nucleotide salvage pathways. ***OLEB* 28**:539.

Otto Kandler. Cell wall chemistry and early evolution of organisms. ***OLEB* 16**:253.

Herrick Baltscheffsky. Early evolution of bioenergetic reactions. ***OLEB* 19**:379.

PRIMORDIAL EARTH & EARLIEST RECORDS OF LIFE

Norman Sleep. Physical conditions on early Earth: Implications for the origin of life. ***OLEB* 16**:179.

James D. Kasting. Earth's early atmosphere: How reducing was it? ***OLEB* 24**:265.

Joel Levine. Oxygen in the early atmosphere. ***OLEB* 16**:203.

Donald Lowe. Early Archean organisms and paleo-environments. ***OLEB* 16**:183.

J. William Schopf. New evidence of the antiquity of life. ***OLEB* 24**:263.

John M. Hayes et al. Archean carbon isotopic abundances: New results and a commentry on the utility of the record. ***OLEB* 16**:341.

REPRESENTATIVE SPECIAL ISSUES

MARINE HYDROTHERMAL SYSTEMS AND THE ORIGINS OF LIFE. ***OLEB* 22**:1-241.

WATER IN THE SOLAR SYSTEM AND ITS ROLE IN EXOBIOLOGY. ***OLEB* 23**:1-90.

COMETS AND THE ORIGIN AND EVOLUTION OF LIFE. ***OLEB* 21**:265-434.

PLANETARY AND INTERSTELLAR PROCCESSES. ***OLEB* 27**:1-307.

RNA AND THE ORIGINS OF LIFE. ***OLEB* 23**:283-427.

Abb. 2.4: Fortsetzung der in Abb. 2.3 begonnenen Themenliste.

zur "Uratmosphäre unserer Erde und der ältesten Lebensspuren" um die Mikro-Fossilien des Archaikums kreisen (Abb. 2.3 und 2.4). Dieser Querschnitt soll zeigen, dass die "Ursprungsfrage" heute Gegenstand weltweiter Forschungsaktivitäten ist.

Seit dem Jahr 2001 existiert eine neue internationale Fachzeitschrift, *Astrobiology,* die sich einem ähnlichen Problemkreis widmet: Herkunft und Ursprung der organischen Biomoleküle (DNA, RNA, Proteine usw.); Zusammenlagerung dieser Bausteine zu lebens- und vermehrungsfähigen Proto-Zellen; Analyse urtümlicher Bakterien, die unter Extrembedingungen leben, wie sie vor mehr als 3000 Mio. J. auf der Erde geherrscht haben; Analyse sogenannter "Biomarker" (s. o.); Lebensspuren auf dem Mars und anderen Planeten.

In Periodicals wie z. B. *Journal of Molecular Evolution* (Abb. 2.5), *Molecular Phylogenetics and Evolution* sowie *Molecular Biology and Evolution* wird u. a. das Methodenarsenal der Molekularbiologie zur Entschlüsselung der Verwandtschaftsverhältnisse rezenter Organismengruppen eingesetzt. Das Zeitschriften-Spektrum reicht über *Development, Genes and Evolution* und *Evolution and Development* (Stichwort: evolutionäre Entwicklungsbiologie), der *Evolutionary Anthropology* und verwandter Fachorgane (*Journal of Human Evolution, Homo*), den Zeitschriften *Brain, Behaviour and Evolution* und *Evolution and Human Behaviour* bis zur Systematik/Ökologie (z. B. *Evolutionary Ecology, Trends in Ecology and Evolution, Journal of Zoological Systematics and Evolutionary Research, Insect Systematics and Evolution, Plant Systematics and Evolution, Annual Review of Ecology and Systematics*). Im Jahr 2001 wurde von der Gesellschaft für Biologische Systematik eine weitere Zeitschrift, *Organisms, Diversity and Evolution*, begründet, mit dem Ziel, die als "altmodisch und verstaubt" geltende systematische Biologie zu stärken und den evolutionären Aspekt dieses Wissenschaftszweiges zu dokumentieren (Abb. 2.5). Es sei darauf hingewiesen, dass zwei weitere Zeitschriften, *Systematic Biology* und *Systematics and Biodiversity*, ein ähnliches Themenfeld umfassen.

Internationale Fachzeitschriften, die bevorzugt die Bereiche Wissenschaftstheorie, Biophilosophie und Biologiegeschichte abdecken, veröffentlichen regelmäßig theoretische Beiträge zur Evolution (z. B. *Biology and Philosophy, Theory in Biosciences, History and Philosophy of the Life Sciences, Journal of Theoretical*

Biology, The American Biology Teacher). Zeitschriften, die dem Titel nach der Evolutionsbiologie eher fern stehen, publizieren in letzter Zeit immer mehr Beiträge mit Bezug zur Stammesentwicklung der Organismen (z. B. *American Journal of Botany, American Naturalist, American Zoologist, Animal Behaviour, Annals of Botany, Behavioural Ecology and Sociobiology, Bio Essays, Cell, Current Biology, Developmental Biology, Ecology, Ethology, Flora, Genetics, Hydrobiologia, Invertebrate Systematics, Journal of Morphology, Planta, Plant Biology, Plant Cell Reports, Plant Physiology, Zoologischer Anzeiger, Zoology*). Die Fachzeitschrift *Flora* und der *Zoologische Anzeiger* wurden im 19. Jahrhundert im deutschsprachigen Raum gegründet und zählen zu den ältesten noch heute existierenden Journalen; seit Anfang der 1990er Jahre werden jedoch fast nur noch englischsprachige Manuskripte publiziert. Weiterhin sei vermerkt, dass die großen interdisziplinären Fachorgane (*Nature, Science, Scientific American, Proceedings of the National Academy of Sciences USA, Naturwissenschaften*) in nahezu jedem Heft dem Thema Evolution viele Seiten einräumen. Zeitschriften zum Themenbereich Geologie/Paläontologie (z. B. *Journal of Paleontology, Journal of Vertebrate Paleontology, Paleobiology, Precambrian Research, Geology*) sowie Journale, die sich nur einer Organismengruppe widmen (z. B. *Archaeopteryx, Journal of Bryology, Folia Primatologica, Journal of Herpetology, Malacologia, Protist, Microbiology, Microbial Ecology, Microbiology and Molecular Biology Reviews, Annual Review of Plant Biology, - of Anthropology)* enthalten zu einem hohen Prozentsatz evolutionsbiologische Originalarbeiten (Original Papers) und Übersichtsartikel (Reviews). Diese (unvollständige) Zeitschriftenanalyse zeigt, dass das Thema Evolution die modernen Biowissenschaften durchdringt und gleichzeitig – wie kein zweites Konzept – als vereinigende Klammer wirkt: Es ist das Generalthema der *life sciences*. So ergeben z. B. auch die mit großem Aufwand weltweit durchgeführten Genomanalysen verschiedener Organismen ohne evolutionären Hintergrund keinen Sinn (Stichwort: "Evolutionary genomics"). Die vor einiger Zeit publizierte Mensch/Labormaus-DNA-Homologiestudie (s. Mouse Genome Sequencing Consortium: *Nature* 420, 520 – 561, 2002) basiert auf einer dokumentierten Divergenzzeit von etwa 75 Millionen Jahren: Der letzte gemeinsame Vorfahre der beiden Säuger-Spezies

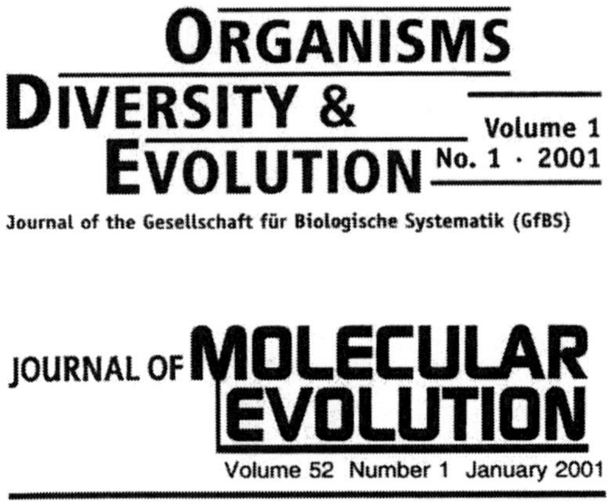

Abb. 2.5: Gegenüberstellung von zwei Fachzeitschriften zum Thema Molekulare Evolution und Biodiversität/Evolution.

Mensch und Maus lebte in der Kreidezeit. Die "molekulare Archäologie" (DNA-Sequenzvergleiche verschiedener Arten) ist originäre Evolutionsforschung im "Archiv" der nur historisch interpretierbaren Erbinformation der heute lebenden (rezenten) Organismen.

An dieser Stelle möchte ich hervorheben, dass der moderne Evolutionsbiologe die organismische und molekulare Ebene in gleicher Weise beherrschen muss. Er sollte somit, populär ausgedrückt, sowohl ein "Öko-" als auch ein "Molli-Biologe" sein und sich nicht als Spezialist, sondern als Generalist der Biowissenschaften verstehen.

Die hier zusammengetragenen Fakten belegen, dass kein Biologe heute mehr in der Lage ist, das Gesamtgebiet der Evolutionsbiologie in all seinen Verflechtungen zu überschauen. Man müsste Monat für Monat viele tausend Druckseiten zur Stammesentwicklung der Organismen und den molekularen Grundlagen unserer Generaldisziplin lesen, was kein Mensch mehr bewältigen kann. Dennoch ist es möglich, einen Überblick zu erhalten und zu bewahren, wenn man eine interdisziplinäre Fachzeitschrift im Detail studiert (z. B. *Journal of Evolutionary Biology*) und die führenden Zeitschriften *Nature* und *Science* liest. In diesen beiden "High-Impact-Journals" sind große Entdeckungen (z. B. neue fossile Zwischenformen) in Kurzberichten beschrieben. Über *Nature* und *Science* werden niveauvolle Tageszeitungen, wie z. B. die *Frankfurter Allgemeine* oder *Die Zeit* vorab informiert, die dann im Wissenschaftsteil zeitgleich mit der Auslieferung des betreffenden aktuellsten Heftes über wichtige Neuentdeckungen berichten.

Abschließend sei darauf hingewiesen, dass es auch deutschsprachige Fachzeitschriften gibt, in denen regelmäßig aktuelle Themen zur Evolutionsbiologie besprochen werden (z. B. *Biologen heute*, *Biologie in unserer Zeit*, *Naturwissenschaftliche Rundschau*, *Praxis der Naturwissenschaften*). Diese Journale haben, da das Deutsche in der modernen Biologie durch die Weltsprache Englisch ersetzt wurde, innerhalb der internationalen *Scientific Community* nur noch eine begrenzte Bedeutung.

Evolution, Naturverständnis und Schlangen-Phobie

In diesem Abschnitt soll an einem eindrucksvollen Beispiel dargelegt werden, dass ein Verständnis für frei lebende Organismen und somit für die "belebte Natur" eine evolutionäre Sicht voraussetzt. Jeder Naturfreund kennt die Blindschleiche (*Anguis fragilis*). Dieses hübsche beinlose Reptil bewohnt mäßig feuchten, dicht verwachsenen Boden, der nicht zu sonnenarm ist (Abb. 2.6 A). In Mitteleuropa sind ihre Biotope wiesenreiche Gebiete, Wegböschungen und Waldränder, wo sich die Blindschleichen von Regenwürmern und Nacktschnecken ernähren. Im Nutzgarten gehaltene *Anguis fragilis* können einer Schneckenplage Einhalt gebieten, da die Schleichen diese Beutetiere in großer Zahl fressen.

Bei Wanderungen in Wald und Feld habe ich auf Wegen wiederholt erschlagene Blindschleichen entdeckt (ich beziehe mich nicht auf jene Exemplare, die beim Sonnen auf Asphaltdecken versehentlich zertreten oder überfahren werden). Die betreffenden "Naturfreunde" dachten offensichtlich, es handele sich bei diesem Tier um eine giftige Schlange (Abb. 2.6 B). Dass es sich bei diesem harmlosen Reptil um eine Echse (Schleiche) handelt, die, wie z. B. die Zauneidechse, die Augenlider bewegen kann und bei Angriff ihren Schwanz abwirft (und diesen später wieder teilweise regeneriert), ist offensichtlich weitgehend unbekannt. Die Blindschleiche hat im Verlauf einer Jahrmillionen langen biologischen Evolution ihre vier ur-

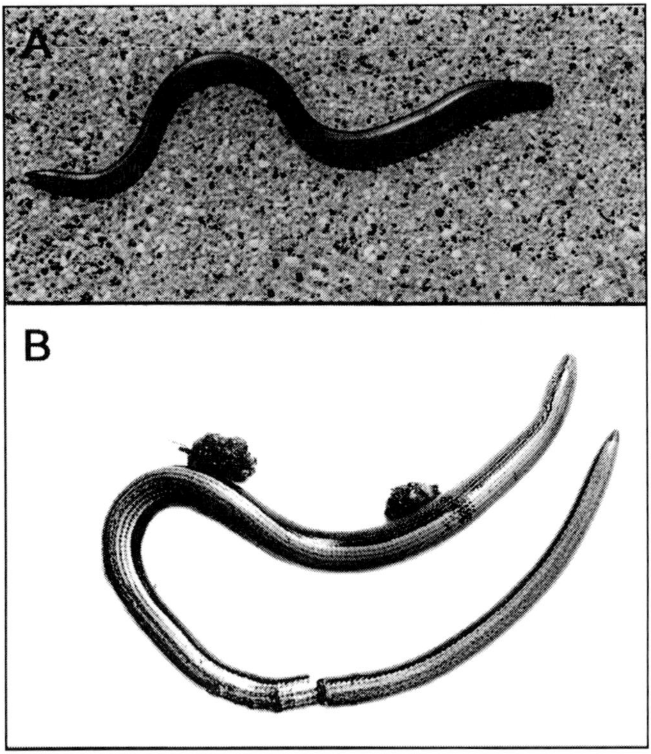

Abb. 2.6: Fotos ausgewachsener Blindschleichen (*Anguis fragilis*). Das lebende Tier (A) wurde auf eine Steinplatte gelegt und bei der Fluchtreaktion aufgenommen. Das untere Bild zeigt eine tote Blindschleiche, die vermutlich mit einem Stein zerschlagen wurde (B). Die beinlose Echse (Länge ca. 25 cm) wird häufig mit einer Schlange verwechselt und dann aus unbegründeter Furcht vom Menschen getötet (Originalaufnahmen).

sprünglich vorhandenen Extremitäten vollständig reduziert (Anpassung an bestimmten Lebensraum, der in schlängelnder Lebensweise optimal genutzt werden kann); Becken- und Schulterrudimente sind im Körperinneren noch nachweisbar. Dieses einheimische Kriechtier kann somit nur "im Lichte der Evolution" verstanden werden.

Die zum Teil genetisch verankerte (angeborene) Angst vor Schlangen, der immer wieder einzelne Blindschleichen (und ungiftige Vertreter der Serpentes wie z. B. Ringel- oder Schlingnatter) zum Opfer fallen, ist nur als evolutionäres Erbe zu verstehen. Als der Mensch noch Jäger und Sammler war, überlebten in freier Wildbahn bevorzugt jene Individuen, die gefährlichen oder giftigen Tieren wie Schlangen, manchen Spinnen, Bären und Wölfen rasch ausgewichen sind (instinktive Fluchtreaktion). Diese spontane Schlangen- und Spinnenphobie erbrachte früher einmal einen Vorteil im Daseinswettbewerb. Die Schlangen-Angst ist beim heutigen Menschen als "rudimentäres Verhalten" zu interpretieren, da der in Städten lebende Mitteleuropäer von keinen frei lebenden Gift-Tieren mehr bedroht wird, ja diese meist nicht einmal mehr kennt.

Auch die einzige noch etwas weiter verbreitete einheimische Giftschlange, die Kreuzotter (*Vipera berus*), ist –verglichen mit ihren tropischen Verwandten – verhältnismäßig harmlos. Obwohl ein Biss bei einem gesunden Erwachsenen nur selten tödlich verläuft, können lang andauernde Beschwerden die Folge sein. Kinder sollte man jedoch nicht unbeaufsichtigt in Waldgebiete lassen, wo Kreuzottern leben, da dies tödliche Folgen haben könnte.

Die drei genannten Schlangenarten (Ringel- und Schlingnatter; Kreuzotter) ernähren sich von wehrhaften Wirbeltieren wie Fischen, Lurchen, Echsen und Mäusen, während die mit einem starren Eidechsenköpfchen versehene Blindschleiche (Abb. 2.6) nur wehrlose Schnecken und Würmer frisst.

Abschließend sei vermerkt, dass die harmlose, lebend gebärende Schlingnatter (*Coronella austriaca*) von Laien immer wieder mit der giftigen Kreuzotter verwechselt und daher manchmal erschlagen wird. Die Schlingnatter ernährt sich bevorzugt von Eidechsen; sie jagt und frisst daher auch Blindschleichen. *C. austriaca* ist in freier Wildbahn der dominierende Fressfeind der beinlosen Echse *A. fragilis* (Abb. 2.6). Diese hat, bedingt durch die braune Tarnfärbung und die versteckte Lebensweise, neben dem unwissenden Menschen ansonsten kaum natürliche Feinde.

Bio-Invasionen und Naturschutz

Jedem auch biologisch wenig Interessierten ist bekannt, dass durch die drastische Zunahme der Menschheit (Bevölkerungsexplosion) große Umweltprobleme entstanden sind, die zur "Auslöschung" (Extinktion), d. h. dem *Aussterben* zahlreicher Tier- und Pflanzenarten geführt haben (Kutschera 2001). In diesem Abschnitt soll diese Problematik nicht weiter diskutiert werden; wir wollen vielmehr darlegen, dass der Naturschutz (d. h. Bemühungen, die bedrohte Artenvielfalt auf unserem Planeten zu erhalten) in einem direkten Zusammenhang mit dem Generalthema Evolution steht. Im folgenden sind aktuelle Beispiele, die sich auf die Fauna und Flora in Deutschland beziehen, zur Illustration dieses Sachverhalts dargelegt.

Vor einiger Zeit war in einer großen Tageszeitung ein Foto eines Auenwaldes dargestellt mit dem Vermerk "Wie schön ist doch die vom Menschen unberührte Natur". Allein diese Überschrift dokumentiert, dass der betreffende Journalist über sehr geringes biologisches Wissen verfügte: In Deutschland gibt es seit über 200 Jahren nur noch vereinzelt echten Wald; wir finden fast nur noch sogenannten Forst vor (d. h. vom Menschen angepflanzte und genutzte Monokulturen, wie Fichte, Tanne, Douglasie, Eiche). In der Bildmitte des betreffenden Zeitungsartikels war ein großer Bestand des Indischen Springkrautes (*Impatiens glandulifera*) zu sehen. Die um das Jahr 1900 aus Gärten ausgewilderte, dem Himalaja entstammende "asiatische Schönheit" verdrängt derzeit aufgrund ihrer enormen Samenproduktion (*fitness*) unsere einheimischen Wildpflanzen, die denselben Lebensraum innehaben. Diese *Bioinvasion* wird nachhaltige Folgen für die Artenzusammensetzung in unseren Auenwäldern nach sich ziehen (Abb. 2.7 A). Da das Indische Springkraut, im Gegensatz zum Riesen-Bärenklau (*Herculeum mantegazzianum*), dem Menschen keinen direkten Schaden zufügt, kümmert sich aus Unkenntnis evolutionärer Zusammenhänge kaum jemand um dieses Problem. Zwei weitere sogenannte "Neophyten", die unbemerkt vom Menschen die Flora von Deutschland erobert haben, sind in Abb. 2. 7 B und C dargestellt. Der Japanische Stauden-Knöterich (*Reynoutria japonica)* wurde im Jahr 1825 aus Ostasien (Japan, Korea, China) als Zier- und Futterpflanze nach Europa importiert und bildet meterhohe Bestände mit herzförmigen Blättern.

Abb. 2.7: Fotos von drei Neophyten, die sich seit einigen Jahrzehnten in Deutschland auf Kosten der einheimischen Gewächse verbreiten und diese verdrängen. Indisches Springkraut (*Impatiens glandulifera*) (A), Japanischer Stauden-Knöterich (*Reynoutria japonica*) (B) und Kanadische Goldrute (*Solidago canadensis*) (C). (Originalaufnahmen).

Die verholzten Stängel tragen traubig-rispige, blattachselständige Blütenstände. Das Gewächs breitet sich überall dort aus, wo noch keine allzu große Konkurrenz vorherrscht (z. B. an Waldrändern). Die kanadische Goldrute (*Solidago canadensis*) wurde im 18. Jahrhundert aus Nordamerika als Zierpflanze nach Europa gebracht. Heute bilden gewaltige Goldruten-Bestände die dominierende Vegetation in manchen einheimischen Auenwäldern. Man kann die kanadische Goldrute auch an Bahnlinien beobachten, wo sie z. B. von Freiburg i. Br. bis nach Kassel (d. h. vom Süden bis zur Mitte Deutschlands) große Bestände bildet. Es ist gut dokumentiert, dass die drei in Abb. 2.7 dargestellten Opportunisten in manchen Regionen unsere einheimischen Pflanzen verdrängen und deren Lebensraum erobern.

Als Beispiel für eine invasive Unterwasserpflanze soll die Ausbreitung der Kanadischen Wasserpest (*Elodea canadensis*) beschrieben werden. Im Jahr 1836 wurde dieses Gewächs erstmals in Irland beobachtet. Von 1850 bis 1857 vermehrte sich diese Pflanze explosionsartig in Kanalsystemen von England, so dass Entwässerungsanlagen verstopft waren. Um 1860 gelangte *Elodea canadensis* über den Ärmelkanal in Richtung Frankreich und Belgien; 1865 wurden sie in verschiedenen Gewässern Deutschlands entdeckt (Abb. 2.8). Von dort aus nahm sie ihren Weg in Richtung Dänemark, Schweden und den Ostteil Russlands; sie trat einige Jahre später auch in Neuseeland und Australien auf, vermutlich als "Nebenprodukt" von Fischimporten. In neu eroberten Gewässern zeigt diese invasive Pflanze das folgende Ausbreitungsverhalten: Nach einer Phase des aktiven Wachstums (Zunahme der Individuenzahlen durch ungeschlechtliche Vermehrung) erreicht die *Elodea*-Dichte nach 5 – 7 Jahren einen Höhepunkt, gefolgt von einem Rückgang des Vermehrungspotentials. Es ist wahrscheinlich, dass die Massenproduktion infolge einer Verarmung an wasserlöslichen Mineralsalzen zum Erliegen kommt. Konkurrierende einheimische Arten werden in aller Regel überwuchert und verdrängt.

Um einen anschaulichen Eindruck einer derartigen Bioinvasion zu bekommen, soll aus einem Zeitungsartikel (1995) mit der Überschrift "Kanadische Wasserpest: Fischsterben in braunem Teich" zitiert werden: "Die Idylle des romantisch gelegenen kleinen Teichs im Zentrum des Berges wird abrupt gestört, wenn der Blick auf die Wasseroberfläche fällt, denn dort werden der strahlend blaue Himmel und die um den Teich liegenden zahlreichen Wasserpflanzen kaum noch im Wasser reflektiert. Stattdessen ist eine dichte, fast undurchdringlich erscheinende dunkle Masse knapp unter der Wasseroberfläche zu sehen. Undurchdringbar für den Blick und – was für die ursprünglichen Bewohner des Teiches noch weitaus schlimmere Folgen hatte – für den lebensnotwendigen Sauerstoff: Die Fische haben dem neuen Eindringling bereits mit dem Tod bezahlt... Ursache ist die sogenannte Kanadische Wasserpest ... Diese zeichnet sich durch ihre explosionsartige Ausbreitung aus, die eine enorme Florenverfälschung mit sich zieht ... Viele der ursprünglichen Arten im Teich sind gegenüber der Wasserpest nicht konkurrenzfähig. Durch den Sauerstoffmangel, der aufgrund der enormen Verbreitung der Wasserpest an der Wasseroberfläche entsteht, können einheimische Pflanzen und Tiere kaum überleben ... Einen ersten Versuch hat bereits die Freiwillige Feuerwehr unternommen ... Doch geholfen hat es nicht ...Wenn auch nur winzige Reste auf dem Wasser zurückbleiben, vermehrt sich die Wasserpest erneut.

Abb. 2.8: Bio-Invasion: Foto überwinternder Triebe der eingeschleppten Kanadischen Wasserpest (*Elodea canadensis*) und ein Spross der einheimischen Wasserpflanze Ähriges Tausendblatt (*Myriophyllum spicatum,* Pfeil) aus einem der vier Gartenteiche des Autors (Originalaufnahme).

Schöne Aussichten für den Teich ... Jetzt liegt es an der Oberen Naturschutzbehörde, die für das Naturschutzgebiet zuständig ist, zu helfen ... Über die Ursachen gibt es verschiedene Theorien. Entweder es waren Entenfüße, oder ein Spaßvogel hat einen Trieb der Wasserpest einfach in den Teich geworfen, mutmaßt der Naturschützer. Dies allerdings ist im Nachhinein kaum zu überprüfen".

Diese Beispiele veranschaulichen, dass der von C. Darwin und A. R. Wallace geprägte Ausdruck "struggle for existence" (Kampf bzw. Wettbewerb ums Dasein) nicht nur für Tiere, sondern – im metaphorischen Sinne – auch für Pflanzen gilt. Bei geeigneten Umweltbedingungen kommt es zu einer "rücksichtslosen" Massenvermehrung der am besten angepassten Art, bis die Tragfähigkeit der Umwelt erschöpft ist. Das Bild von den harmlosen, friedlichen Gewächsen, die sich ihren Lebensraum teilen, musste bereits vor einigen Jahrzehnten im Lichte der Erkenntnissen der modernen Pflanzenphysiologie aufgegeben werden (Kutschera 1998, 2002).

Naturschutz in Recht und Praxis

Neben diesen eingeschleppten Pflanzen (Neophyten) leben in Deutschland auch zahlreiche importierte Tierarten (Neozoen), die den einheimischen Spezies den Lebensraum streitig machen. Als Beispiele seien genannt: der Waschbär (*Procyon lotor*), das Streifenhörnchen (*Eutamias sibiricus*), der Kartoffelkäfer (*Leptinotarsa decemlineata*) und die Dreikantmuschel (*Dreissena polymorpha*). Die hier angesprochene Problematik ist von so großem wissenschaftlichen Interesse, dass es seit einigen Jahren eine eigene Fachzeitschrift gibt (*Biological Invasions*), die sich ausschließlich dieser Problematik widmet. Dieses Journal ist in die Liste der oben aufgeführten Zeitschriften mit Bezug zur Evolution einzureihen.

Es soll an dieser Stelle hervorgehoben werden, dass das Thema Artensterben (Extinktion) ureigenstes Gebiet der Evolutionsbiologie ist (Kapitel 1). Da der Evolutionist allen Spezies eine Daseinsberechtigung einräumt, hat der Mensch dieser Weltsicht zufolge nicht das Recht, Lebensräume zu zerstören und die Extinktion einheimischer Arten durch vorsätzlichen Import und Freisetzung exotischer Organismen voranzutreiben. Naturschutz (Forderung nach dem Erhalt der Biodiversität) ist somit eine logische Konsequenz der evolutionären Ethik. Dies steht im Gegensatz zur dogmatischen Weltsicht der Kreationisten. In der Bibel wird dargelegt, nur der Mensch sei Ebenbild Gottes: Ihm sei die Herrschaft über alle anderen Lebewesen und somit die Unterwerfung der Erde übertragen. Diese indirekte Selbst-Rechtfertigung des Raubbaus an der Natur kann der Evolutionist nicht akzeptieren (Kutschera 2001).

Die rechtliche Situation der hier angesprochenen Problematik kann wie folgt zusammengefasst werden. Als "heimisch" gilt nach dem Bundesnaturschutzgesetz eine Art, wenn diese vor 1492 (Entdeckung Amerikas durch Kolumbus und Beginn des Kolonial-Zeitalters) regelmäßig oder gelegentlich im Gebiet lebte. Vor dem Jahr 1492 eingeschleppte Arten bezeichnen wir als Archäozoen (z. B. Heimchen, *Achaeta domestica*, Hausmaus, *Mus musculus*). Die Bundesrepublik Deutschland ist mit dem Beitritt zur *Konvention über biologische Vielfalt* u. a. zu folgender Handlung verpflichtet: ... "soweit möglich und angebracht, die Einbringung gebietsfremder Arten, welche Ökosysteme, Lebensräume oder (einheimische) Arten gefährden, zu verhindern, und diese Arten zu kontrollieren und zu beseitigen (Art. 8 h). Die nachfolgend aufgelisteten Verpflichtungen ist die Bundesregierung ebenfalls eingegangen, um die einheimische Tier- und Pflanzenwelt in ihrer ursprünglichen Form zu bewahren: Flora-, Fauna- und Habitat-Richtlinie (Art. 22); Vogelschutzrichtlinie (Art. 11); Berner Übereinkommen über die Erhaltung der Europäischen wildlebenden Pflanzen und Tiere und ihrer natürlichen Lebensräume (Art. 11 Abs. 2); Konvention zum Schutz der Alpen (Art. 17); Bonner Übereinkommen zum Erhalt der wandernden wildlebenden Tierarten (Art. 3, Abs. 4); Seerechtskonvention III (Art. 196, Abs. 1)".

Wie viele Neo-Organismen leben bereits in Deutschland? Die Anzahl der neu eingeschleppten Tierarten (Neozoen) wird auf ca. 2,1 % (1400 Arten) der Gesamt-Spezieszahl geschätzt, von denen etwa 210 Arten in unseren Flüssen, Feldern und Wäldern etabliert vorkommen. Schätzungsweise 8 % (d. h. 256 Arten) der Flora von Deutschland (insgesamt etwa 2147 Spezies) sind als eindeutig etablierte Neophyten identifiziert. Allerdings können sich von allen eingeschleppten Pflanzenarten nur einige wenige Spezies in unseren Ökosystemen auf Dauer halten.

Trotz der oben genannten politischen Vereinbarungen und Versprechungen sowie der Appelle kompetenter Naturwissenschaftler breiten sich viele eingeschleppte Tier- und Pflanzenarten fast ungehemmt in unserem Land aus. Ich habe bis heute auf vielen Wald- und Bergwanderungen noch keine Naturfreunde gesehen, die z. B. zum Erhalt der ursprünglichen Pflanzenwelt die gewaltigen, expandierenden Springkraut-, Knöterich- oder Goldruten-Bestände (Abb. 2.7) beseitigt hätten. Diese Problematik wird offensichtlich von der Allgemeinheit entweder nicht erkannt oder ignoriert. Immer dann, wenn eine direkte Gefährdung des Menschen gegeben ist, kommen die Bio-Invasionen in die Schlagzeilen. So ist z. B. über die Flughafenmalaria wiederholt in den Medien berichtet worden: Tropische Fiebermücken (*Anopheles* sp.) gelangen auf deutsche Flughäfen und können dort im Umkreis mehrerer Kilometer Menschen durch einen Stich mit Malaria infizieren. Ist diese Insekten-Ausbreitung vorbei, so verschwindet der Begriff "Bio-Invasion" bald wieder aus den Medien.

Evolution in populären Zeitschriften und Sachbüchern

Aus den oben dargelegten Fakten müssen wir den Schluss ziehen, dass in der deutschen Bevölkerung ein Mangel an Grundlagenwissen zum Thema Evolution existiert. Dieser Bildungsnotstand wird insbesondere beim Studium populärer Druckerzeugnisse deutlich und kann exemplarisch an einer Reihe aktueller Publikationen dokumentiert werden. Einige Negativ-Beispiele aus dem Zeitschriften- und Sachbuchmarkt sollen Einblicke in das z. T. falsche Bild von der Evolution in der Öffentlichkeit vermitteln. Im April 2002 publizierte das auflagenstarke "Wissenschaftsmagazin" *P. M.* einen Artikel von P. Ripota mit dem Titel: "Die neue Sicht auf die Evolution. Was Darwin uns verheimlichte". In einem Vorwort behauptet der Herausgeber dieser Zeitschrift, dass Darwin der Evolutionstheorie eine Ausprägung gab, die mitverantwortlich war für die grauenvollsten Ereignisse im 20. Jahrhundert – bis zum Genozit. Dieser konstruierte Zusammenhang ist in Kapitel 9 ausführlich diskutiert, wo gezeigt wird, dass weder Darwin noch Haeckel als *direkte* Wegbereiter des Nationalsozialismus einzustufen sind. Im genannten *P. M.*- Beitrag werden u. a. eine Reihe populärer Irrtümer verbreitet, die in Auswahl wie folgt zusammengefasst werden können: Evolution sei ein Synonym für Höherentwicklung; Fitness bedeutet Stärke bzw. Kampf um Vorherrschaft; Altruismus steht im Widerspruch zur Selektionstheorie; die (falsch dargestellte) Endosymbiontentheorie bezieht sich nur auf Algen. Richtigstellung: Evolution bedeutet nicht notwendigerweise Höherentwicklung, sondern allgemein die Adaptation der Lebewesen an sich ändernde Umweltbedingungen (der Verlust von Augen bei höhlenbewohnenden Tieren ist ein Evolutionsprozess); Fitness bedeutet Lebenszeit-Fortpflanzungserfolg; altruistisches Verhalten kann zur Erhöhung der Fitness führen (z. B. Brutpflege bei Egeln und Säugetieren); das Endosymbiosekonzept erklärt u. a. den Ursprung der Plastiden aller grünen eukaryotischen Organismen. Als "Alternative" bietet das Magazin seinen Lesern den vom Journalisten R. Eichelbeck (1999) in dessen Buch *Das Darwin-Komplott* propagierten Mythos von der interorganismischen Kooperation als alleinigem Faktor der Evolution. In diesem "Sachbuch" werden u. a. die folgenden unhaltbaren Behauptungen verbreitet: "Der Darwinismus legitimiert agressives Verhalten ... Dieses Denkmodell aus der Dampfmaschinenzeit gilt heute vielen Wissenschaftlern und Laien noch als die einzig akzeptable Theorie über den Ablauf der Evolution, der Entstehung und Entwicklung des Lebens auf unserem Planeten ... Und immer wieder ist zu lesen, dieses Denkmodell sei 'gesichert' oder sogar 'vollständig bewiesen'... Aber das ist der Darwinismus keineswegs. Im Gegenteil – er ist bis heute unbewiesen, er ist in sich widersprüchlich und teilweise unlogisch, er geht von falschen Voraussetzungen aus und er steht in vielen wichtigen Punkten im Gegensatz zu den bekannten Erfahrungstatsachen ... Er hat die Gemüter von Generationen von Schulkindern verseucht, denen man eingebläut hat, sie müssten entweder stärker oder angepasster sein als ihre Mitmenschen, um erfolgreich zu sein".

Der Journalist kommt zu folgender Schlussfolgerung: "Nicht Kampf, sondern Kooperation, nicht hemmungslose Vermehrung, sondern Selbstbegrenzung, nicht chaotische Zufälle, sondern schöpferische Intelligenz: Das sind die wahren Grundelemente der Evolution". Diese laienhaften, auf veralteten Daten und Mythen basierenden Ausführungen zu einem zentralen Thema der Biologie dienen offensichtlich nicht der Information, sondern der weltanschaulichen Manipulation der Leser (u. a. der Verbreitung des "Intelligent Design-Kreationismus").

Im Juni 2002 publizierte das Magazin P. M. einen Folgeartikel von M. Kneissler mit dem Titel: "Gab es Menschen vor den Menschen ?" In diesem Beitrag wurde eine alte, längst widerlegte US-Kreationisten-Täuschung aufgewärmt. Wie z. B. der Bauingenieur und Freizeit-Paläontologe H.-J. Zillmer (1998) in seinem mehrfach aufgelegten Bestseller *Darwins Irrtum* zum Besten gibt, sollen versteinerte Fußabdrücke im Paluxy-River (Texas) zeigen, dass Menschen und Dinosaurier vor mehr als 65 Millionen Jahren gemeinsam gelebt haben. Dieses auf Fälschungen basierende Märchen – vermutlich inspiriert durch die US-Zeichentrickserie *Fred Feuerstein* – wird derzeit der deutschen Öffentlichkeit allen Ernstes präsentiert und von vielen Bürgern unkritisch als alternative "Evolutionsbiologie" missverstanden.

Welche Motive können hinter dieser Art von "Wissenschaftsjournalismus" vermutet werden? Im *Editorial* des *P. M.* - Novemberhefts 2003 begründen der Herausgeber und sein Redaktionsleiter die "Philosophie" des Magazins wie folgt: "Alles Lebendige sucht nach einer besseren Welt, sagt der Philosoph Sir Karl Popper. Diese Sehnsucht ist von jeher die Triebfeder allen Fortschritts – und der Nährboden für neue Ideen. Das *P. M.*-Magazin, das mit dieser Ausgabe sein 25-jähriges Jubiläum feiert, hat von Anfang an diese neuen Ideen aufgegriffen, geprüft und für Sie in spannenden Berichten aufbereitet. Das ist uns offenbar gelungen. Bis heute wurden von den bisher 300 Ausgaben insgesamt 121 Millionen Exemplare verkauft ... Der Blick nach vorn war immer schon *P.M.* - Prinzip". Diese Ausführungen zeigen, dass es der *P. M.*- Redaktion um die Verbreitung "neuer Ideen", d. h. um gut vermarktbare Sensationen geht. Bei einer durchschnittlichen Auflage von 400 000 Exemplaren pro Heft hat dieses am Rande der Seriosität anzusiedelnde "Wissens-Magazin" eine enorme Breitenwirkung.

Die auflagestarken populären "Sachbücher" der biologischen Laien R. Eichelbeck und H.-J. Zillmer sowie die oben beschriebenen *P. M.*- Artikel dienen letztlich der Ausbreitung kreationistischen Gedankenguts, allerdings auf einem sehr niedrigen Niveau. Ich halte es dennoch für gerechtfertigt, diese pseudowissenschaftliche Literatur, die wohl eher in die "Esoterik-Ecke" passt, hier explizit aufzuführen.

Der Begriff "Sachbuch" ist bekanntlich weit gefasst: Unter dieser Rubrik findet man die diktierten (oder von einem *Ghostwriter* verfassten) Lebenserinnerungen von Schlagersängern, Politikern und Schauspielern, bis hin zu den populären Werken ausgebildeter Wissenschaftler. Der Anglist D. Schwanitz lehrte an der Universität Hamburg englische Literatur und Kunst, bevor er sich als freier Sachbuchautor selbständig machte. In seinem Bestseller *Bildung. Alles was man wissen muss* (1999) steht der bemerkenswerte Satz: "naturwissenschaftliche Kenntnisse müssen zwar nicht versteckt werden, aber zur Bildung gehören sie nicht". Was schreibt der naturwissenschaftlich ungebildete D. Schwanitz zum Thema Darwin und Abstammungslehre ?

In diesem Sachbuch lesen wir das Folgende: "Darwins Evolutionstheorie ist im Buch *Origin of Species* niedergelegt. Die folgenden Annahmen waren neu und schockierend: 1. Die Bibel mit ihrem Schöpfungsbericht ist nicht das Wort Gottes, ... sondern eine ziemlich windige Sammlung von Legenden. 2. Der Mensch ist nicht aus Gottes Hand entsprungen, er entstammt einer Familie, zu der sehr peinliche Vorfahren zählen wie Schimpanse und Gorilla. 3. Die Welt ist nicht, wie man geglaubt hat, 60 000 Jahre alt, sondern in Jahrmillionen entstanden".

Alle drei Behauptungen sind unzutreffend. Darwin (1859, 1872) schreibt an vielen Stellen seines Hauptwerkes, dass der biblische Schöpfungsbericht im Widerspruch zu empirischen Fakten steht und keine wissenschaftliche Erklärung für den Ursprung der Arten darstellt (s. Kapitel 1). Die Behauptung, die Bibel sei nicht das Wort Gottes, steht nicht im Artenbuch geschrieben. Über die Abstammung des Menschen finden wir bei Darwin (1859, 1872) nur die Bemerkung, dass "viel Licht auf die Entstehung des Menschen und seine Geschichte fallen werde". Diese Problematik hat der große Biologe in seinem zweibändigen Werk *The Descent of Man* (1871) abgehandelt. Schimpanse und Gorilla sind als rezente Organismen keine Vorfahren des heutigen Menschen und "peinlich" ist nur die Annahme, heute lebende Spezies könnten unsere ausgestorbenen Urahnen sein. Charles Darwin ging von einem Erdalter von mehr als 300 Mio. J. aus, was dem damaligen Kenntnisstand der Geologie entsprach. Das bei D. Schwanitz (1999) genannte Alter von 60 000 Jahren beruht auf einem Irrtum des erfolgreichen Sachbuchautors.

Die Ausführungen von R. Eichelbeck und H.-J. Zillmer können wir noch als Privat-Ansichten biologischer Laien abhandeln und somit im Grunde ignorieren. Der ehemalige Hochschullehrer D. Schwanitz hätte sich jedoch etwas besser informieren sollen, bevor er derartige Fehlinformationen zum Thema Evolution in seinem Bestseller mit dem Titel *Bildung* in der bildungshungrigen deutschen Bevölkerung verbreitete. Naturwissenschaftliche Kenntnisse sollten eben doch zur Allgemeinbildung zählen, da man sich ansonsten im Kreise jener, die kausalanalytisch-logisch denken und arbeiten (Biologen, Chemiker, Physiker u.a.) lächerlich macht. Auf die Schul- und Sachbuchpublikationen der "Intelligent Design-Kretationisten" R. Junker und S. Scherer (1992, 1998) werden wir in Kapitel 5 eingehen.

Arbeitskreis Evolutionsbiologie im Verband Deutscher Biologen

Die bedauernswerte Distanz zwischen dem biologischen Laien und dem Evolutionisten (und somit vom Biowissenschaftler) wurde im letzten Abschnitt im Detail dargelegt; sie kommt auch beispielhaft in dem populären Begriff "Fitness-Studio" zum Ausdruck (Abb. 2.9). In der Evolution geht es jedoch nicht um die körperliche Gesundheit des ausgewachsenen Individuums, sondern um das genetische Überleben der Organismen bzw. von Populationen. Die Lebenszeit nach Abschluss der Fortpflanzungsperiode ist für die Generationenabfolge im Tierreich irrelevant (Ausnahme: *Homo sapiens*; beim Menschen übernehmen die Großeltern Erziehungsaufgaben). Es wäre interessant zu erfahren, wie viele Besucher sogenannter "Fitness-Studios" vom Schlüsselbegriff der Evolutionsbiologie gehört haben und dessen exakte Bedeutung kennen.

Da ein Teil der deutschen Bevölkerung Medienberichten zufolge mangels Bildung nicht in der Lage sein soll, sich gesund zu ernähren (mit der Konsequenz stetig wachsender Gesundheitskosten), wurde von Fachleuten der Begriff "Ernährungs-Analphabetismus" geprägt. Die oben zusammengetragenen Fakten zeigen, dass die wichtigste Entdeckung der modernen Biologie (Tatsache Evolution) zahlreichen Mitbürgern weitgehend unbekannt ist bzw. falsch verstanden wird. Es ist daher aus meiner Sicht gerechtfertigt, von einem "evolutionären

Analphabetismus" in weiten Teilen der deutschen Bevölkerung zu sprechen.

Welches Gewicht hat das Thema Evolution an deutschen Hochschulen? Wie aus dem *Studienführer Biologie* (Hrsg. Vdbiol, 3. Aufl. 2001) hervorgeht, existiert der eigenständige Schwerpunkt Evolutionsbiologie an keiner deutschen Universität. Lehrveranstaltungen zum Thema Evolution waren nur für die folgenden Universitäten ausgewiesen: Bremen, Freiburg, Hamburg, Kassel und Konstanz. Um diesem Missstand entgegen zu wirken, wurde im Oktober 2002 auf dem Biologentag in Potsdam die Arbeitsgemeinschaft Evolutionsbiologie gegründet.

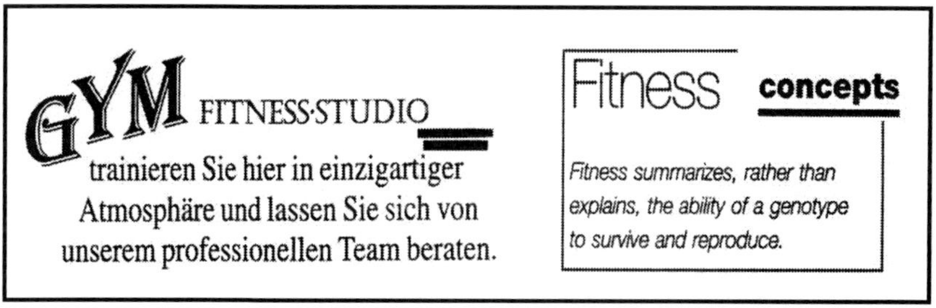

Abb. 2.9: Gegenüberstellung der Fitness-Konzepte in der Umgangssprache (links, aus einer Tageszeitung) und in der Wissenschaft (rechts, nach einem Artikel in *Nature*, 1999).

Als Sprecher/Stellvertreter wurden gewählt: U. Kutschera (Kassel) und T. Junker (Tübingen). Unsere Vereinigung verfolgt die folgenden übergeordneten Ziele:

1. Zusammenschluss aller in Lehre und Forschung tätigen Evolutionsbiologen im deutschsprachigen Raum. Sämtliche evolutionär ausgerichteten biologischen Fachrichtungen sollen vertreten sein: z. B. Biologiegeschichte, Biologiedidaktik, Botanik, Entwicklungsbiologie, Genetik, Mikrobiologie, Molekularbiologie, Paläontologie, Physiologie, Populationsgenetik, Verhaltensbiologie, Zellbiologie, Zoologie und die In silico (Computer)-Evolutionsforschung. Bildung einer interdisziplinären Arbeitsgemeinschaft von Evolutionisten (AG Evolutionsbiologie). Als Publikationsorgane dienen derzeit die Internet-

seite "Evolutionsbiologie in Deutschland" (s. Website evolutionsbiologen.de) sowie die bereits erwähnte Zeitschrift *Biologen heute*. Diese Ziele wurden vom amtierenden Präsidenten des Vdbiol, Prof. H.- J. Jacobsen (Hannover) wie folgt formuliert:

"Die wissenschaftliche Evolutionsbiologie hat an den deutschen Universitäten nicht den Stellenwert, der ihr zukommen müsste. Aus diesem Grund hat der Vdbiol auf Anregung von U. Kutschera den Arbeitskreis 'Evolutionsbiologie' ins Leben gerufen, der als Kristallisationskern die Entwicklung einer zeitgemäßen Lehre und Forschung dieses zentralen hochaktuellen biologischen Forschungsfeldes befördern soll. Vor allem unterstützen wir die Aktivitäten des Arbeitskreises, ideologisch begründeten Strategien gegen moderne Evolutionsbiologie öffentlichkeitswirksam zu begegnen".

2. Etablierung des Lehrgebiets Evolutionsbiologie an allen deutschen Universitäten, Fachhochschulen mit biologischen Studiengängen und im Schulunterricht. Bereitstellung von Informationsmaterial für interessierte Studenten und Schüler: über die oben genannte Internetseite werden Lehrangebote, Forschungsschwerpunkte und Ergebnisse zugänglich gemacht.

3. Regelmäßig stattfindende Veranstaltungen auf den Jahrestagungen des Vdbiol. Dieser "Evolutionstag" soll zur Vorstellung aktueller Forschungsprojekte und theoretischer Konzepte dienen (Vorträge mit Diskussion). Allgemein verständliche Darstellungen sollen für die breite Öffentlichkeit präsentiert werden; speziellere Seminarvorträge dienen der Kontaktaufnahme zwischen einzelnen Forschergruppen.

4. Fortbildungsveranstaltungen für Biologielehrer zum Thema Evolution. Welche Probleme werden in der aktuellen Evolutionsforschung derzeit bearbeitet, welche Konzepte sind fest etabliert bzw. werden kontrovers diskutiert? Diese Aufgabe könnte z. B. mit dem "Evolutionstag" abgedeckt werden. Die Hälfte der Referate sollten fachübergreifend sein, so dass Nicht-Spezialisten von den jeweiligen Ausführungen profitieren (Plenarvorträge).

5. Die AG Evolutionsbiologie kann in den kommenden Jahren zu einer eigenständigen Sektion im Verband Deutscher Biologen ausgebaut werden. Das ausführliche Grußwort von Vdbiol-Ehrenmitglied Prof. Ernst Mayr, Harvard University (s. Kapitel 1) soll uns motivieren, die Evolutionsbiologie in Deutschland nach ihrer Zerschlagung in den 1950er Jahren wieder stärker zu etablieren und

ihr einen angemessenen Stellenwert in Gesellschaft und Politik zu verschaffen (s. Anhang, Internet-Adressen).

Auto-Design und Evolution

In diesem Abschnitt soll an einem anschaulichen Beispiel – der historischen Entwicklung ("Evolution") des Automobils – gezeigt werden, dass das Darwin/Wallace-Prinzip der Abstammung mit Abänderung bewährter Strukturen durch natürliche Auslese seit vielen Jahrzehnten in der Technik verwirklicht ist.

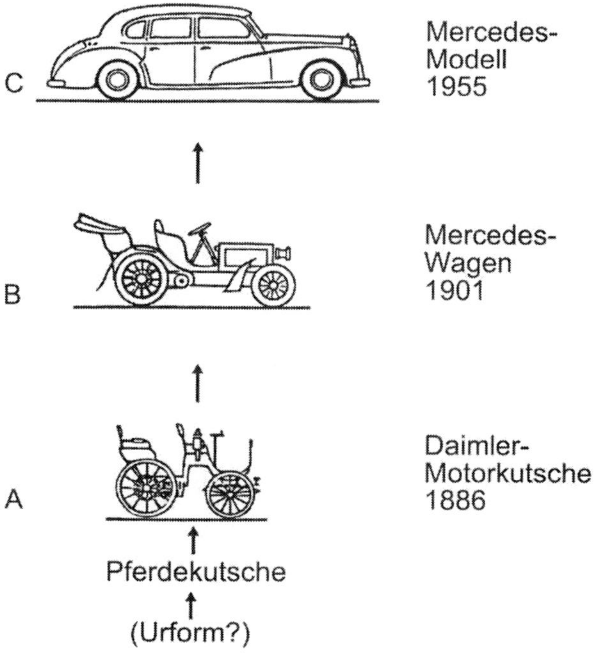

Abb. 2.10: Stufen in der "Evolution" des Automobils, ausgehend von einer unbekannten Urform über die Pferdekutsche (Vorläufer), den Zwischenstufen (A, B) bis zum Grundmodell des modernen Personenkraftwagens (C).

In den 1880er Jahren beschäftigte sich der heute in Vergessenheit geratene Erfinder Louis Tuchscherer (1847 – 1922) mit dem Bau einer

Kutsche, die nicht von Pferden gezogen, sondern mit einem Verbrennungsmotor in Bewegung gehalten werden sollte. Während dieser Arbeit wurde er von dem Maschinenbauer Carl Benz (1844 – 1929) besucht, der sich im Detail über den Stand der Technik erkundigte. Carl Benz war insbesondere an dem von Louis Tuchscherer entwickelt und gebauten Petroleum-getriebenen Zweitaktmotor interessiert. Mit Tuchscherers Kutsche ohne Pferde wurden auch die ersten Fahrten durchgeführt: Die Kutschen hatten "gelernt", ohne Pferde zu laufen. Im Juli 1886 meldete Carl Benz sein in der Firma Benz & Co. gebautes dreiradiges Velociped als Patent an: Hiermit wurde der Benz-Patent-Motorwagen das erste offizielle Automobil, während der großzügige Erfinder Louis Tuchscherer übergangen wurde.

Allerdings fuhr Benz erst ein Jahr nach dem von Gottlieb Daimler (1834 – 1900) und einem Konstrukteur entwickelten Motor-Kutschwagen eine größere Strecke, so dass die in Abb. 2.10 A dargestellte Daimler-Motorkutsche, gebaut 1886, als Ur-Automobil in die Technikgeschichte eingegangen ist. Dieses Auto fuhr 1887 zum ersten Mal die Strecke Stuttgart – Cannstatt mit durchschnittlich 18 km/h, etwa dreimal schneller als der Gang eines Menschen. Da sich die Daimler-Motorkutsche langsamer als ein Pferd fortbewegte, war weiterer Entwicklungsbedarf notwendig. Jahre später (1926) gründeten G. Daimler und C. Benz gemeinsam die Firma Daimler-Benz AG. Benannt nach der Tochter des Konstrukteurs, der im Jahr 1901 einen Daimler-Rennwagen entwickelt hatte, setzte sich die Automarke "Mercedes" bald durch. Der in Abb. 2.10 B dargestellte Mercedes-Wagen aus dem Jahr 1901 (Prototyp des modernen Autos) ging aus der Vorläuferform von 1886 hervor, allerdings mit deutlichen Abänderungen. Der Mercedes 300 aus dem Jahr 1955 kann als "Grundmodell" des heutigen Personenkraftwagens (PKW) angesehen werden. Dieses "evolvierte" Auto ist z. B. durch "rudimentäre Organe" gekennzeichnet (funktionsloses Trittbrett, ein Erbe aus der Postkutschenzeit). Der PKW erfüllt drei Hauptfunktionen: Personentransport, Lasttransport (Kofferraum) und rasche Fortbewegung dieser "Güter". Verfolgt man die "Ahnenreihe" (Abb. 2.10 A–C) zurück, so gelangt man zur Postkutsche, die von Pferden gezogen wurde, welche durch einen Verbrennungsmotor ersetzt sind. Aus welcher Vorstufe wurde die Postkutsche entwickelt? Es ist offensichtlich, dass sich diese Abstammungslinie in der "grauen Vorzeit" verliert. Die Frage, welcher Mensch wann und wo den ersten vierrädrigen Wagen "aus dem Dreck gezogen hat", lässt sich soweit mir bekannt nicht exakt beantworten (offenes Problem der Technikgeschichte; über den Ursprung der Vier-Rädrigkeit liegen ebenfalls keine Befunde vor, während die Erfindung des Rades auf den Zeitraum vor etwa 6000 Jahren eingegrenzt werden kann).

In analoger Weise ist die historische Rekonstruktion der Proto (= Vorläufer)-Zellen ein noch nicht befriedigend gelöstes Problem der Evolutionsforschung (Kapitel 1). Dieses Schlüsselereignis der Stammesentwicklung vollzog sich in den warmen Ozeanen des Archaikums (vor etwa 4000 Millionen Jahren) und markiert den Übergang von der chemischen zur biologischen Evolution.

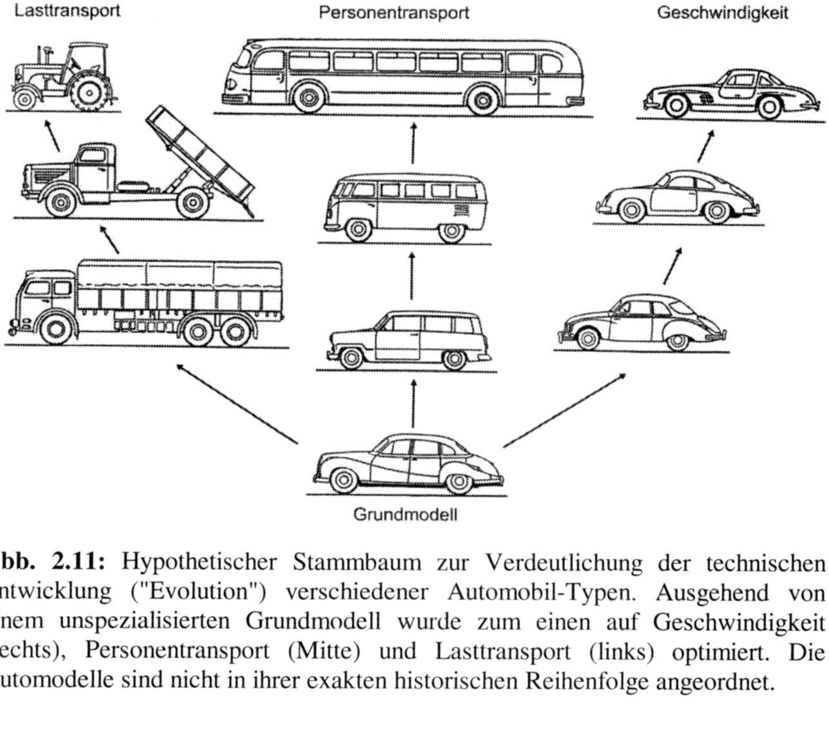

Abb. 2.11: Hypothetischer Stammbaum zur Verdeutlichung der technischen Entwicklung ("Evolution") verschiedener Automobil-Typen. Ausgehend von einem unspezialisierten Grundmodell wurde zum einen auf Geschwindigkeit (rechts), Personentransport (Mitte) und Lasttransport (links) optimiert. Die Automodelle sind nicht in ihrer exakten historischen Reihenfolge angeordnet.

Die technischen Entwicklungen verschiedener Auto-Typen, ausgehend von dem unspezialisierten Grundmodell (Abb. 2.10 C), ist in der Abb. 2.11 in Form eines idealisierten Stammbaumes dargestellt. Wie bereits erwähnt, erfüllt der basale PKW (Grundmodell) drei Funktionen: Personen- und Last-Transport bei angemessener Fahrgeschwindigkeit (maximaler Transportweg pro Zeiteinheit). Das Grundmodell ist jedoch als "Design-Kompromiss" zu bewerten: maximal fünf erwachsene Personen können mit 4 vollen Koffern bei einer Geschwindigkeit von bis zu 150 km/h transportiert werden. Eine Optimierung auf die Größe "Transportgeschwindigkeit" zeigt die Abstammungsreihe im rechten Bildteil (Endstufe: Zweisitzer). Es wurden nach und nach immer stromlinienförmigere Sportwagen entwickelt, auf Kosten der Transportmasse (Personen, Koffer). Der Parameter "Personentransport" ist in der mittleren Entwicklungsreihe optimiert (Endstufe: Omnibus), während die linke Abstammungslinie zu Fahrzeugen führt, die bevorzugt schwere Lasten transportieren können (Endstufe: Traktor, d. h. ein rudimentäres Auto, das einen Wagen ziehen kann) (Abb. 2.11).

Diese "Evolutionslinien" belegen, dass Auto-Designer – ausgehend von weniger spezialisierten Grundmodellen – immer auf Vorläuferformen zurückgegriffen haben und diese durch Konservierung des Bewährten und Innovationen abänderten (Prinzip der Deszendenz mit Modifikation). Ein modernes Auto ist somit das derzeitige Endprodukt einer langen Abstammungsreihe, die sich über die Pferdekutsche in der Vorzeit verliert. Wir werden bei der Diskussion des "Intelligent Design"-Arguments auf dieses Kapitel der Technikgeschichte zurückkommen (Analogie: biologische Evolution/Auto-Entwicklung).

Evolutionsbiologie als angewandte Wissenschaft

Der Wissenschaftshistoriker und Philosoph M. Ruse, Autor zahlreicher Bücher zum Thema Evolution, äußerte sich vor einiger Zeit einmal wie folgt: "Versuchen Sie einmal, an einer Universität einen Kurs zum Thema Evolution abzuhalten. Nein, heißt es dann, die Studenten brauchen Genetik, sie brauchen Mikrobiologie, aber keine Evolution. Schließlich wollen sie einen Job bekommen". Diese Aussage kann ich in vollem Umfang aus eigener Erfahrung als Hochschullehrer bestätigen. In diesem Kapitel haben wir dargelegt, dass die Evolutionsforschung von einer "Freizeitbeschäftigung" zur harten naturwissenschaftlichen Disziplin "evolvierte". Es ist jedoch weniger bekannt, dass die Grundprinzipien, nach denen die biologische Evolution abläuft, seit vielen Jahren in der Praxis ausgenutzt werden.

Die Biologen J. J. Bull und H. A. Wichman (2001) haben eine zusammenfassende Darstellung zum Thema "Angewandte Evolution" verfasst, aus der einige der nachfolgenden Beispiele entnommen sind. Auf dem Gebiet der molekularen Epidemiologie hat sich das Prinzip der Erstellung evolutionärer Abstammungslinien als unabdingbares Werkzeug erwiesen. So konnte z. B. der Ursprung der Immunschwächekrankheit AIDS (acquired immune deficiency syndrome) eindeutig entschlüsselt werden. Diese Krankheit war bis 1981 unbekannt. Zwanzig Jahre später waren weltweit etwa 30 Millionen Menschen infiziert und 16 Millionen verstorben. AIDS wird durch das Retrovirus HIV (human immunodeficiency virus) verursacht, das in zwei Varianten existiert, HIV-1 und HIV-2. Obwohl sich die HIV-Epidemie heute durch Transfer von Mensch zu Mensch ausbreitet, zeigen molekularphylogenetische Studien, dass HIV-1 ursprünglich vom Schimpansen (*Pan troglodytes*) und das weniger häufige HIV-2 von einer anderen Affenspezies stammt. Evolutionäre Stammbaumanalysen haben gezeigt, dass HIV-1- und HIV-2-Übertragungen von afrikanischen Affen auf Menschen mehrfach unabhängig voneinander erfolgt sind. Da das HIV-Virus besonders rasch neue, an veränderte Umweltbedingungen (z. B. Chemikalien) adaptierte Mutanten hervorbringt, sind viele Medikamente nach wenigen Jahren wieder unwirksam. Diese rasche Evolution der HIV-Viruspartikel ist ein Grund für die zahlreichen AIDS-Todesfälle. Die molekulare HIV-Epidemiologie hat zur Aufklärung der Ursache zahlreicher AIDS-Fälle geführt (Identifikation des Infektionsherds). So konnte z. B. ein an AIDS erkrankter Dentist im US-Bundesstaat Florida als Infektionsquelle von acht seiner inzwischen HIV-positiven Patienten ausgemacht werden.

Die Domestikation freilebender Tiere und Pflanzen durch jagend umherziehende Menschenhorden setzte gegen Ende der letzten Eiszeit, d. h. vor etwa 10 000 Jahren, ein (z. B. Hunde, Schafe, Ziegen; Weizen, Reis). Dieser mehr oder weniger gerichtete Evolutionsprozess begann vermutlich mit einer Zähmung wilder Tiere, gefolgt von einer Kreuzung in Gefangenschaft, und endete letztendlich in künstlicher Zuchtwahl selektierter Individuen, die vom Menschen gewünschte Eigenschaften zeigten (z. B. Schafe mit besonders dichtem Wollkleid). Diese frühen Domestikationen waren die ersten gezielt ausgeführten Evolutionsexperimente der Menschheit. Die dokumentierte Umwandelbarkeit der Arten im Verlauf weniger Jahrtausende überzeugten C. Darwin (1859) vom Prinzip der Abstammung mit Abänderung. Sie bildeten somit einen der Stützpfeiler des klassischen Darwinismus.

Das in der Tier- und Pflanzenzucht mit Erfolg angewandte Prinzip der künstlichen Selektion wird heute auch in der Evolutionären Bio -

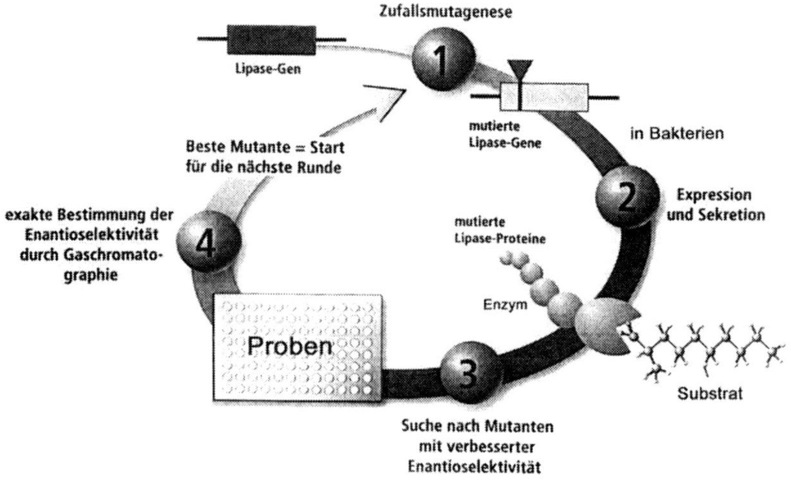

Abb. 2.12: Prinzip der gerichteten Evolution. Die Enantioselektivität eines Enzyms (Fähigkeit des Biokatalysators, zwei spiegelbildliche Varianten eines künstlichen Substratmoleküls voneinander zu unterscheiden) konnte in mehreren Zyklen (1 – 4) immer weiter verbessert werden. Durch Zufalls-Mutagenese (1) entsteht eine Vielzahl verschiedener Enzym (d. h. Lipase)-Gene, die dann in Bakterienzellen eingeschleust und exprimiert werden (mutierte Lipase-Proteine, 2). Durch Screening-Verfahren (3) werden die Enzym-Bibliotheken abgesucht, getestet (4) und die Mutante mit der besten Selektivität für die nächste Runde ausgewählt. (Nach Dillinger, R.: Forschen in Jülich 1: 22 – 23, 2003).

technologie eingesetzt (als Versuchsmaterial verwendet man isolierte DNA-Moleküle, d. h. Gene, oder verschiedene Bakterienstämme;

Evolution findet in vitro bzw. in vivo statt, s. u.). So konnten z. B. Wissenschaftler am Institut für molekulare Enzymtechnologie der Universität Düsseldorf bestimmte Biokatalysatoren (Enzyme) im Reagenzglas in eine definierte Richtung optimieren: Das Prinzip der biologischen Evolution wurde auf Moleküle, die u. a. außerhalb der Zelle (in vitro) analysiert werden, angewandt.

Durch gerichtete Evolution im Reagenzglas gelang es der oben genannten Forschergruppe, aus einem natürlich vorkommenden Enzym (fettspaltende Lipase), isoliert aus dem weit verbreiteten Bakterium *Pseudomonas aeruginosa,* eine neue Variante zu erzeugen. Das ursprüngliche Enzym kann nicht zwischen zwei Formen eines *künstlichen* Substrats unterscheiden (d. h. es besteht keine Enantioselektivität; diese ist jedoch bei Anwesenheit eines *natürlichen* Substrats ausgebildet). Man konnte sowohl eine Variante evolvieren, die nur das "Bild" des künstlichen Substratmoleküls umsetzt und somit die gewünschte S-Säure produziert, als auch eine Variante, die stattdessen bevorzugt das "Spiegelbild" desselben Substrats umsetzt, wobei dann die R-Säure entsteht. Dieses Prinzip der gerichteten Evolution im Reagenzglas ist in Abb. 2. 12 dargestellt. Durch künstliche Erzeugung mutierter Gene (Mutagenese) entstehen zahlreiche Enzym-Konstruktionsplan-Varianten (genetisch veränderte DNA-Sequenzen). Diese mutierten Gene werden im zweiten Schritt in Bakterien eingeschleust (Plasmid-Einbau, Aufnahme in die Zelle). Danach werden die Bakterienzellen auf Nährmedium vermehrt.

In jeder dieser Zellen wird die DNA-codierte Erbinformation (das Gen) in ein Enzym übersetzt, wobei die meisten Bakterien-Zellkolonien jeweils eine andere mutierte Lipase produzieren. In vier hintereinander geschalteten Mutationszyklen werden 1000 bis 3000 veränderte Enzyme mit hoch effizienten Such (Screening)-Verfahren durchmustert. Die Wissenschaftler fanden Enzym-Varianten, die im Vergleich eine sehr viel höhere Enantioselektivität zeigten als die Ausgangsvariante des Biokatalysators (Urform). Das Ur-Enzym produziert bei Zugabe eines natürlichen Substrats nur die S-Form, bei Applikation eines künstlichen Substrats jedoch eine 1:1-Mischung aus R- und S-Säuren (s.o.).

Es gelang durch Kombination verschiedener Mutagenese-Methoden (Schaffung einer Vielzahl unterschiedlicher Varianten), aus dem natürlichen (unselektiven) Enzym zwei hoch enantioselektive

Biokatalysatoren zu evolvieren. Bei Zugabe eines künstlichen Substrats wird dann nur noch die S-Form der Säure erzeugt: Dieses Endprodukt wird bei der Herstellung von Arznei- und Pflanzenschutzmitteln in der modernen Biotechnologie benötigt. Im Jahr 2003 wurde ein von der Europäischen Union (EU) gefördertes Projekt gestartet, das unter dem Titel "Gerichtete Evolution enantioselektiver Biokatalysatoren" geführt wird. Man bezeichnet diesen Zweig der Lebenswissenschaften auch als *Evolutionäre Biotechnologie* (Anwendung von Prinzipien der biologischen Evolution zur Erzeugung bestimmter Produkte unter Einsatz lebender Zellen oder Komponenten derselben).

Als besonders markantes Beispiel für eine rasche Evolution mit praktischen, für den Menschen negativen Konsequenzen sei an dieser Stelle auf die Entstehung Antibiotika-resistenter Bakterienstämme mit humanpathogener Wirkung verwiesen. Diese nicht therapierbaren bakteriellen Infektionen können zum Tod von Krankenhauspatienten führen. Wären die Lebewesen (Bakterien) mit konstanten (unveränderbaren) Eigenschaften ausgestattet, dann gäbe es diese Problematik nicht. Die Evolution der Mikroben schreitet jedoch seit 3500 Mio J. stetig voran, mit der beschriebenen Konsequenz für immungeschwächte Patienten (morphologisch haben sich Bakterien nur wenig verändert, biochemisch jedoch deutlich).

Diese und zahlreiche andere Praxisberichte zeigen, dass die Abstammungslehre von C. Darwin und A. R. Wallace innerhalb weniger Jahrzehnte eine rasche "Evolution" in Richtung praktischer Anwendung durchlaufen hat: Sie entwickelte sich von der Freizeitbeschäftigung dieser beiden Naturalisten über eine rein akademische bis hin zur angewandten Wissenschaftsdisziplin (Bull und Wichman 2001).

Bionik und Evolutionstechnik

Lebewesen haben in einem Jahrmillionen langen Daseinswettbewerb (struggle for existence) einen hohen Grad an Anpassung (Adaptation) an die Umwelt erreicht, die ihnen ein genetisches Überleben in Form der Hinterlassung eines Überschusses an Nachkommen gewährleistet. Perfekte Organismen gibt es allerdings nicht; Lebewesen stellen immer eine Kompromisslösung des umweltabhängigen Problems "wie überdauere ich widrige Umstände und pflanze mich erfolgreich fort?" dar. Diese Strategien zum Überleben in Form Eltern-ähnlicher Nachkommen können zu einer Optimierung bestimmter Parameter führen (z. B. Strömungswiderstand des Vogel- oder Fischkörpers), jedoch zu keiner Perfektion des lebenden Systems (Organismus) als Ganzes (Kutschera und Niklas 2004).

Der Universalgelehrte Leonardo da Vinci (1452 – 1519) publizierte im Jahr 1505 ein Buch mit dem Titel *Über den Vogelflug.* Auf dieser Grundlage konstruierte er eine Flugmaschine, die jedoch in der Praxis versagte. Dennoch war dies die Geburtsstunde eines interdisziplinären Wissenschaftszweiges, der heute als *Bionik* bezeichnet wird. Dieses Kunstwort ist aus den Begriffen Biologie und Technik zusammengesetzt. Als naturwissenschaftliche Disziplin befasst sie sich ganz allgemein mit der technischen Umsetzung von Konstruktions-, Verfahrens- und Entwicklungsprinzipien, wie sie in der belebten Natur (d. h. bei den rezenten Organismen) realisiert sind. Nach Prof. W. Nachtigall, einem der "Urväter der modernen Bionik", bedeutet dies für den Biotechniker "lernen von der Natur für technisch-eigenständiges Weitergestalten". Vor einiger Zeit wurde die *Gesellschaft für Technische Biologie und Bionik* gegründet. Das Motto auf dem

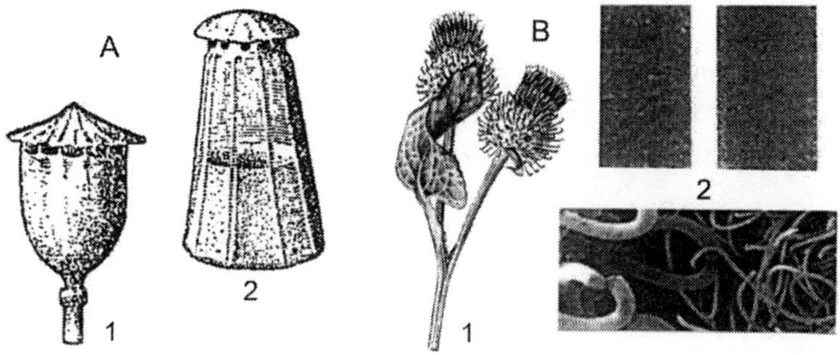

Abb. 2.13: Das älteste und das bekannteste patentierte Produkt der Bionik: Mohnkapsel (1) als Vorbild für einen Universal-Streuer (2) von R. Francé aus dem Jahr 1920 (A). Frucht der Klette (1) als Vorbild für den Klettverschluss (2), patentiert 1955 (B).

Logo dieser Vereinigung lautet wie folgt: "Zukunftstechnik lernt von der Natur". Die Bionik kann etwas präziser wie folgt definiert werden: "Das Studium von Ergebnissen der biologischen Evolution aus der Sicht des Ingenieurs" sowie die Umsetzung dieser Erkenntnisse in die Praxis.

Im Rahmen der sogenannten *Konstruktionsbionik* wird im ersten Schritt versucht, bestimmte Organe oder Strukturen von ausgewählten Organismen im Sinne einer "technischen Biologie" zu interpretieren. Diese Erkenntnisse werden dann auf praktische Probleme angewandt. Als ältestes Beispiel sei der einer Mohnkapsel nachgebildete Streuer von R. Francé genannt (Abb. 2.13 A). Dieser Naturforscher hatte sich die Aufgabe gestellt, Bodenproben gleichmäßig mit Partikel zu übersäen. Nach Versuchen mit verschiedensten Zerstäubern erkannte er, dass die Kapsel des Klatschmohns (*Papaver rhoeas*) diese Aufgabe optimal erfüllt. Der "neue Streuer" von R. Francé wurde beim Deutschen Patentamt im Jahr 1920 angemeldet. Im Jahr 1948 wurde von dem Erfinder G. de Mestral (1907 – 1990) das Prinzip des Klettverschlusses entdeckt. Der Forscher kam mit seinem Hund von der Jagd zurück und war, wie sein Haustier, mit Kletten (Früchte des Korbblütengewächses *Actium tomentosum)* besetzt. Daraufhin untersuchte de Mestral diesen hoch effizienten Anheft-Mechanismus. In mehrjähriger Kleinarbeit gelang es dem Erfinder, den bemerkenswerten, in der pflanzlichen Evolution entstandenen Haltemechanismus nachzubauen. Der Klettverschluss wurde im Jahr 1955 patentiert und zählt bis heute zu den wichtigsten Produkten der Bionik. Als drittes, aktuelles Beispiel sei auf den sogenannten "Lotus-Effekt" hingewiesen (mikrokristalline Noppung der Blattoberfläche bei der Lotusblume als Modell für selbstreinigende Oberflächen-Lacke, patentiert im Jahr 1995).

Noch deutlicher wird der Bezug der "biologischen Ingenieurwissenschaften" zu den Postulaten der modernen Synthetischen Theorie auf dem Gebiet der *Evolutionsbionik*. Diese auch als *Evolutionstechnik* bezeichnete Disziplin kann nach Prof. I. Rechenberg (Freie Universität Berlin) wie folgt definiert werden: "Entwicklung technischer Systeme nach den Prinzipien der biologischen Evolution". Hierbei werden in der Natur etablierte Evolutionsstrategien (z. B. Mutationsschritt/Selektion im Verlauf vieler Generationen) auf technische Probleme und Entwicklungen angewandt. Als Beispiele seien genannt: Entwicklung widerstandsminimaler Strömungskörper, die Auslegung von Leichtbau-Brücken-Konstruktionen oder die Mischung von Galvanik-Rezepturen. Diese evolutionsstrategischen Optimierungen technischer Systeme erfolgen in Analogie zum grundlegenden Mechanismus der biologischen Evolution (Kapitel 1). Die hier dargestellte *Evolutionstechnik* ist ein junger Wissenschaftszweig, der – wie die *Evolutionäre Biotechnologie* – in den nächsten Jahrzehnten an Bedeutung gewinnen wird.

Nach diesen beiden einleitenden Kapiteln wollen wir uns nun dem Thema "Anti-Evolutionismus gestern und heute" zuwenden.

3. Christlicher Glaube, Darwinismus und Design

Nach der christlichen Glaubenslehre ist der von Gott erschaffene Mensch als biologische "Sonderschöpfung" zu betrachten. Der "Über-Spezies" *Homo sapiens* wurde ein Recht auf Beherrschung all seiner Mit-Lebewesen erteilt. Das folgende Zitat aus dem ersten Buch Moose (Genesis, die Schöpfung: 1, 28) soll diese Aussage belegen: "Gott sprach: Füllet die Erde und machet sie Euch untertan und herrschet über die Fische im Meer und über die Vögel unter dem Himmel und über das Vieh und alles Getier, das auf der Erde kriecht". Interessanterweise wird die Pflanzenwelt in diesem Gebot nicht erwähnt. Dies liegt vermutlich darin begründet, dass erst die moderne Forschung gezeigt hat, dass auch die grünen Pflanzen "vollwertige" Lebewesen sind (Kutschera 2002). Die Gewächse reagieren, ähnlich wie die Tiere, auf Umweltreize wie z. B. Licht, die Schwerkraft oder Temperaturänderungen und zeigen messbare Reaktionen.

Es ist in Anbetracht des oben wiedergegebenen Bibelzitats heute verständlich, dass nach Veröffentlichung der Hauptwerke von Charles Darwin, in denen der Biospezies *Homo sapiens* eine Sonderstellung

Abb. 3.1: Charles Darwin als Orang-Utan. Derartige Karikaturen wurden in zahlreichen britischen Zeitungen abgedruckt (aus *The Hornet*, March 22, 1871).

im System der Organismen aberkannt wurde, heftige Gegenreaktionen erfolgten. Darwin wurde als atheistischer Begründer der "Affen-Abstammungshypothese" in Karikaturen auf abfällige Art und Weise dargestellt (Abb. 3.1). Aus Privataufzeichnungen des großen Naturforschers können wir jedoch schließen, dass Darwin diese Darstellungen nicht ungern gesehen hat: Er interpretierte diese abfälligen Zeichnungen als Dokumente für die wachsende Popularität seiner Deszendenztheorie.

In diesem Kapitel ist zunächst der vermutete Ursprung der Weltreligionen, der im Zusammenhang mit der Evolution des Menschen gesehen wird, rekapituliert. Daraufhin wird der Glaube der Christenheit dargelegt und auf einige religiöse Sondergemeinschaften eingegangen, die noch heute das Generalthema der Biowissenschaften ablehnen und verbal bekämpfen. Im letzten Abschnitt wird dann die historische Wurzel des "Intelligent Design" (ID)-Arguments aufgesucht, dessen Inhalt erläutert, und der naturalistischen Argumentation von Darwin (1859, 1872) gegenübergestellt.

Ursprung der Religionen

Überall dort, wo Gruppen von Menschen gelebt haben, können wir aus den erhaltenen Dokumenten Rückschlüsse auf das Verehren und Anbeten von Gegenständen ziehen, die mystisch-symbolische Bedeutung haben. Diese in Stein gemeißelten, in Felsen geritzten oder auf Tongegenstände geschriebenen (oder gezeichneten) Belege für das Kommunizieren der Menschen mit übernatürlichen Mächten, Kräften und Gottheiten sind ein Beweis dafür, dass der Spezies *Homo sapiens* ein metaphysisches Bedürfnis innewohnt. Der Philosoph Arthur Schopenhauer (1788 – 1860) hat daher den Menschen in treffender Weise als ein *Animal Metaphysicum* bezeichnet.

Dieses Bedürfnis nach dem Anrufen und Anbeten von Gottheiten, die eine Verbesserung der diesseitigen Lebensbedingungen erwirken und eine Perspektive für das "Dasein nach dem Tode" eröffnen soll, ist uralt und offensichtlich fest verankert. Wir finden Dokumente des metaphysischen Verlangens bei vielen Naturvölkern und in Hochreligionen unterschiedlichster Kulturen.

Im allgemeinen wird das metaphysische Bedürfnis der Menschen durch eine Religion (Heiligkeitsverehrung) befriedigt, was in aller

Regel mit einer entsprechenden Erziehung einhergeht. Während der frühen Kindheit werden dem Heranwachsenden gewisse feststehende, nicht hinterfragbare Glaubenssätze (Dogmen) beigebracht, die der junge, noch nicht zur Kritik fähige Mensch dann verinnerlicht. Diese religiöse Prägung haftet dann meist zeitlebens und wird oft im Zuge der kulturellen Evolution an die eigenen Kinder weitergereicht. Es ist ungleich schwieriger, eine erwachsene Person von neuen Glaubenssätzen zu überzeugen, obwohl der Erfolg der zahlreichen religiösen Sekten beweist, dass auch dies möglich ist. Schon immer gab es jedoch einzelne Menschen, die – ohne Nachteile für Leib und Seele – ein geringes oder gar kein Verlangen nach mystisch-religiösen Dogmen verspürt haben. Diese Ungläubigen (Agnostiker oder Atheisten) bilden insbesondere unter den Biowissenschaftlern seit Jahrzehnten zahlenmäßig die dominierende Mehrheit (Kutschera 2001). Daraus folgt, dass manche moderne Menschen offensichtlich ihr Bedürfnis nach Welterklärung rational-logisch zufrieden stellen: Für sie reichen Naturgesetze und wissenschaftliche Fakten aus, um im Leben zurecht zu kommen. Dieser Personenkreis der sachlich-nüchternen Denker ist jedoch, gemessen an der Erdbevölkerung, sehr klein.

Zum Ursprung der Religionen gibt es eine Reihe verschiedener Theorien, die nach F. König (1985) wie folgt zusammengefasst werden können.

1. Naturmythologien. Diese Vorstellung ist mit der Erforschung der Indogermanischen Sprachen verbunden. Das hierbei ausgewertete Mythen-Material lieferte die entsprechenden Belege. Hauptaussage: Naturphänomene wie z. B. Stürme, Hagelschauer oder Gewitter (Blitze, Donner) wie auch verschiedene Himmelserscheinungen haben die Fantasie urtümlicher Menschen nachhaltig angeregt. Wie auch die Elemente Feuer, Wasser und Luft besitzen diese Naturschauspiele mythenbildende Kraft. Aus diesen Naturbeobachtungen wurden Gottheiten entwickelt, die dann für entsprechende Phänomene einzustehen hatten. Da der Mensch im Urzustand sämtlichen Naturkräften ausgesetzt war, ist es denkbar, dass es im Verlauf der Jahrtausende zur Ausbildung religiöser Verehrungen von Gegenständen und somit zur Entwicklung verschiedener Religionen gekommen ist.

2. Astralmythologien. Bei unbedecktem Himmel und Vollmond erscheint die Nacht in einem mystischen Licht, wobei auch der moderne Mensch diesem einmaligen Naturschauspiel gegenüber nicht unbeeindruckt bleibt. Das Sternenlicht ist in Abwesenheit künstlicher Beleuchtung besonders intensiv und hat die Phantasie unserer Vorfahren angeregt. Gemäß dieser Theorie soll die mythenbildende Kraft der Gestirne, insbesondere des Mondes, zur Religionsbildung beigetragen haben. Ausgehend von der Analyse entsprechender Dokumente der Assyrer und Babylonier wurde in den leuchtenden Himmelskörpern der Urgrund religiöser Mythenbildung gesehen. Die hier umrissene Theorie wurde zum sogenannten Pan-Babylonismus ausgebaut, dem zufolge alle menschliche Mythologie von Babylon ausgegangen sein soll. Dieses Postulat wird allerdings von Fachleuten weitgehend abgelehnt.
3. Manismus. Der bereits zitierte englische Sozialphilosoph H. Spencer hat in einigen seiner Schriften eine eigene Theorie der Religionsbildung formuliert. Gemäß dieser Vorstellung ist der Totenkult (Häuptlings- und Stammesahnenkult) als weltweites Phänomen der Ursprung aller Religionen. Nach dem Tod soll ein Teil des Menschen (die Seele) weiterleben: Die Hinterbliebenen organisierten für dieses "Geistwesen" des verstorbenen Stammesgenossen einen mythischen Kult (Bestattung, Opfer usw.). Aus diesem Szenario soll sich im Verlauf der Jahrtausende eine Verehrung gewisser Gottheiten entwickelt haben. Diese Divinisierung könnte sich zu verschiedensten Religionsformen, bis hin zum Monotheismus, verdichtet haben.
4. Animismus. Gemäß dieser Theorie, die von dem Ethnologen E. Tylor entwickelt wurde, gibt es einen einheitlichen Seelenbegriff des Abendlandes. Eine Universal-Seele (*anima*) – personifiziert als unkörperliches Geistwesen – soll in den Träumen unserer stammesgeschichtlichen Vorfahren tote Gegenstände belebt haben. Aus der daraus abzuleitenden Natur- und Ahnenverehrung soll sich der Poly- und später der Monotheismus entwickelt haben. Als höchste Stufe erlangten die Urmenschen ein Gefühl und Bewusstsein für das Gute und das Böse (Ursprung von Ethik und Moral).
5. Fetischismus. Die magisch-religiöse Anbetung von Gegenständen ist insbesondere in Westafrika verbreitet. Sie basiert auf dem Glauben an eine mystische "Lebenskraft". Dieses "geistige Elixier" wird von

den Stammesahnen ererbt und soll im Verlauf der Zeit zu einer Religionsbildung beigetragen haben. Diese Theorie wird heute nur noch von wenigen Religionshistorikern akzeptiert.

6. *Totemismus.* Der Glaube an die Verwandtschaft einer bestimmten Gruppe von Menschen (Clan) mit gewissen Tiergattungen (Totem) ist gut dokumentiert. Nach Vorstellung einiger Forscher sollen sich daraus rituelle Verhaltensweisen und Tabuisierungen entwickelt haben, welche zum Urgrund der Weltreligionen wurden. Diese Hypothese gilt als weitgehend überholt.

7. *Dynamismus.* Die Vorstellung, dass allem Geschehen unpersönliche Mächte innewohnen, wird auch als Magismus bezeichnet. Diese sogenannte "Zaubertheorie" wurde von verschiedenen Wissenschaftlern aufgestellt. Die Autoren formulierten die These, Religion sei aus der Magie (Zauberei) entstanden oder zumindest mit dieser untrennbar verbunden. Begründung: Der Urgrund des Religiösen liege im Irrationalen, d. h., dem der Vernunft und dem Verstand Widersprechenden. Außergewöhnliche Gefahren und Ereignisse sollen dazu führen, dass Menschen widersinnige (irrationale) Maßnahmen ergreifen, um sich davon Erlösung zu versprechen. Diese geheimnisvollen Ur-Kräfte, deren sich der "Wissende" bedienen könne, sollen den Urgrund der Religionen bilden: im Verlauf der Zeit wurden diese Kräfte personifiziert und zu Gottheiten erhoben.

8. *Monotheismus.* Der prä-animistische Hochgottglaube (Verehrung eines einzigen höchsten Wesens) konnte durch umfassendes Forschungsmaterial bei Naturvölkern belegt werden. Die anderen, zum Teil recht ungewöhnlichen Religionsformen, die neben dem Monotheismus zu beobachten sind, erklärt diese Theorie als Abfall bzw. Abweichung vom Hochgottglauben, der ohne speziellen Kult entwickelt wurde.

Die hier angesprochenen acht Theorien zum Ursprung der Religionen ergänzen sich zum Teil und ergeben in etwa das folgende Bild. Der den Naturphänomenen ausgesetzte, zum abstrakten Denken fähige, anatomisch moderne Mensch im Urzustand hatte im wahrsten Sinne des Wortes im "Daseinswettbewerb" mit rohen Kräften zu kämpfen. Bei Unwettern kamen immer wieder Mitglieder des entsprechenden Clans zu Tode oder wurden schwer verletzt; Überschwemmungen, Dürre- oder Kälteperioden konnten nur von den Gesündesten überlebt werden und forderten zahlreiche Opfer. Als vor etwa 10 000 Jahren die Sesshaftigkeit einzelner Menschenhorden zur Etablierung kleiner Dörfer geführt hat, war diese strikte Abhängigkeit gelindert, aber bei weitem nicht aufgehoben. Es ist leicht nachvollziehbar, dass eine Divinisierung (Vergöttlichung von Naturgewalten, Erscheinungen oder Gegenständen) ein Erbe dieser evolutionären Phase der Menschheitsentwicklung ist. Vermutlich liegt der Urgrund der Religionen auch im magisch-irrationalen Denken phantasiebegabter Menschen. Eine abschließende Bewertung der oben aufgelisteten Theorien kann im Rahmen dieses Kapitels nicht vorgenommen werden.

Im nächsten Abschnitt werden wir auf die christliche Religion eingehen und an diesem Beispiel die Etablierung eines seit über 2000 Jahren stabilen Glaubensgebäudes kennen lernen.

Christliche Glaubenslehre, der Papst und die Evolution

Das Christentum ist diejenige große Weltreligion, zu der sich die Mehrzahl der Menschen in Europa und Amerika bekennen: Es gibt weltweit etwa zwei Milliarden Christen, darunter etwa eine Milliarde Katholiken. Der Glaube der Christenheit aller Konfessionen und Kirchen hat seinen Urgrund in Begebenheiten der antiken Welt, die sich zu Beginn unserer Zeitrechnung ereignet haben: er ist mit dem Leben und Sterben eines jüdischen Mannes verbunden, des Messias (Christus) Jesus aus Nazareth. Das kurze Erdenleben und das grausame Sterben am Kreuzesgalgen ist allgemein bekannt und soll hier nicht näher ausgeführt werden. Zwei Dokumente zum Christentum, ein Symbol Christi und der Taufe sowie eines der Turiner Grabtücher, sind in Abb. 3.2 gegenübergestellt.

Die zentralen Grundaussagen des christlichen Glaubens sind in einem dreiteiligen Taufbekenntnis, das sich um das Jahr 140 n. Chr. in Rom durchgesetzt hat, zusammengefasst: "Ich glaube an Gott, den Vater, den Allmächtigen; und an Christum Jesum, seinen eingeborenen Sohn, unseren Herrn, der geboren ist aus dem Heiligen Geist und Maria, der Jungfrau, der unter Pontius Pilatus gekreuzigt und begraben ist, am dritten Tag auferstanden von den Toten, aufgefahren gen Himmel, sitzend zur Rechten des Vaters, von wo er kommen wird, zu richten die Lebendigen und die Toten; und an den Heiligen

Geist, eine heilige Kirche, Vergebung der Sünden, Auferstehung des Fleisches. Amen".

Dieses Glaubensbekenntnis der jungen christlichen Kirche gilt noch heute in nahezu wörtlicher Form. Es soll an dieser Stelle auf die gravierenden Widersprüche zu den Erkenntnissen der modernen Biologie hingewiesen werden (Jungfernzeugung, d. h. Parthenogenese, ist z. B. bei Stabheuschrecken und Wüstenechsen, nicht jedoch bei Säugetieren nachgewiesen; Organismen stehen nach dem Tod nicht wieder auf, sondern leben, wenn sie sich fortgepflanzt haben, in ihren Nachkommen weiter).

In diesem Abschnitt soll der Bezug der beiden großen deutschen christlichen Amtskirchen zum Thema Evolution rekapituliert werden. Zum Verständnis der nachfolgenden Ausführungen muss allerdings zunächst zusammengetragen werden, welche Kirchengesetze, von denen Christus und die Apostel nichts wissen konnten, im Verlauf der letzten zwei Jahrtausende erlassen wurden. Die nachfolgende Auflistung ist nicht vollständig und wurde aus verschiedenen Quellen

Abb. 3.2: Symbole des Christentums: Der Adler versinnbildlicht die Wiedergeburt durch die Taufe und Christi Himmelfahrt, während der Fisch als Symbol von Jesus Christus und der Taufe gilt (A). Ein Turiner Grabtuch mit dem vermuteten Abbild von Jesus aus Nazareth (B).

(Zeitschriftenbeiträge, Monographien) zusammengestellt.

Im Jahre 120 n. Chr. wurden die Bußungen eingeführt; 200 n. Chr. erfolgte die Etablierung der Priesterweihe, 325 die Kindertaufe, 348 kamen die Mönche auf, 364 folgte die Einführung des Sonntags, den Kaiser Konstantin 321 gesetzlich befohlen hatte; 394 folgte die lateinische Messe und 397 die Reliquienverehrung; 431 wurde die Verehrung der Maria als Mutter Gottes eingeführt; 449 forderte der Papst das Primat ein und erhob sich somit im Rang über die anderen Bischöfe; 529 wurde der erste Mönchsorden gegründet (Benediktiner); 536 Maria Lichtmesse, 538 wurde die Vorrangstellung des Papstes uneingeschränkt durchgesetzt; 550 die letzte Ölung, 593 die Lehre von dem Fegefeuer; 600 der Weihrauch, 678 Maria Himmelfahrt, 880 die Heiligsprechung, 1000 die Glockentaufe, 1015 die Ehelosigkeit der Priester, 1019 der Ablass, 1200 die Lossprechung von Sünden durch Priester, 1204 die Ketzergerichte (Abb. 3.3), 1215 die Ohrenbeichte, der Rosenkranz, die Wandlung, 1220 die Anbetung der Hostie; im Jahr 1231 setzte Papst Gregor IX. den gefürchteten Gerichtshof der Heiligen Inquisition ein (Abb. 3.4), 1311 folgte die dreifache Krone und das Fronleichnamsfest, 1854 die unbefleckte Empfängnis (Junferngeburt); 1870 die Unfehlbarkeit des Papstes und 1950 die leibliche Himmelfahrt Mariens.

Zwei Ereignisse, die in Form von Kirchengesetzen als göttliche Bestimmungen sanktioniert wurden, haben als moderne Schlagworte noch heute direkten Bezug zur Evolutionsdebatte. Der Begriff "Ketzer" (Person, die durch Verkündung und Ausübung sogenannter Irrlehren, die im Widerspruch zu christlichen Glaubenssätzen standen, verfolgt wurde) und die "Inquisition" (im Mittelalter eingerichtete Behörde der katholischen Kirche, deren Aufgabe darin bestand, Ketzer zu verfolgen und zu verurteilen). In den Abb. 3.3 und 3.4 sind historische Dokumente zur Veranschaulichung dieser dunkelsten Phasen der Kirchengeschichte dargestellt. Diese Bilder sollen verdeutlichen, wohin ein dogmatisch-fanatisches Festhalten an religiösen Glaubenssätzen führen kann. Die Ketzergerichte und die "Heilige Inquisition" haben in der jüngeren Geschichte zu den größten Grausamkeiten gegen die Menschlichkeit beigetragen.

Nach diesem Exkurs soll nun die offizielle Position der katholischen Kirche zum Thema Glaube/Evolution dargestellt werden. Im Jahr 1870 wurde die noch heute gültige dogmatische Definition der

"Unfehlbarkeit des Papstes" (des Bischofs von Rom) auf dem I. Vatikanischen Konzil gegen eine heftige Opposition durchgesetzt. Aus diesem einmaligen Dokument der Kirchengeschichte sollen die folgenden Passagen zitiert werden: "Zur Ehre Gottes, unseres Heilandes, zur Erhöhung der katholischen Religion, zum Heile der christlichen Völker lehren und erklären wir endgültig als von Gott geoffenbartem Glaubenssatz, in treuem Anschluss an die von Anfang des christlichen Glaubens her erhaltene Überlieferung, und der Zustimmung des heiligen Konzils: Wenn der römische Bischof in höchster Lehrgewalt ... spricht, d. h., wenn er seines Amtes als Hirt und Lehrer aller Christen waltend in höchster, apostolischer Amtsge-

Abb. 3.3: Im Mittelalter wurden sogenannte Ketzer, die christliche Glaubenssätze hinterfragt hatten, durch das "reinigende Feuer" grausam hingerichtet. Da die Irrlehren nach damaligem kirchlichen Verständnis ewige Verdammnis zur Folge hatten, wurde diese Strafe verhängt und auch bald auf Hexen, Zauberer und Juden ausgedehnt (Gravierung aus dem 15. Jahrhundert).

walt endgültig entscheidet, eine Lehre über Glauben oder Sitten sei von der ganzen Kirche festzuhalten, so besitzt er aufgrund des göttlichen Beistandes, der ihm im heiligen Petrus verheißen ist, jene

Unfehlbarkeit, mit der der göttliche Erlöser seine Kirche ... ausgerüstet haben wollte. Diese endgültigen Entscheidungen des römischen Bischofs sind daher aus sich und nicht aufgrund der Zustimmung der Kirche unabänderlich".

Dieses religiöse Dogma wurde von zahlreichen katholischen Theologen kritisiert; die Amtskirche blieb jedoch bei ihrem Glaubenssatz und handelte umgehend. So entzog z. B. die vatikanische Glaubenskongregation im Jahr 1979 dem Tübinger Theologen H. Küng den kirchlichen Lehrauftrag, weil er wiederholt das Dogma von der Unfehlbarkeit des Papstes in Frage gestellt hatte. Der katholischen Theologin U. Ranke-Heinemann (Universität Duisburg) wurde 1987 die Lehrerlaubnis entzogen, weil sie an der Jungferngeburt Marias gezweifelt hatte.

Auch die evangelische Kirche von Deutschland beruft sich auf religiöse Dogmen, die bei Infragestellung zu entsprechenden personellen Konsequenzen führen können. Der Rechtsstreit um den Göttinger Theologieprofessor G. Lüdemann führte u. a. zur Veröffentlichung des folgenden Dokuments, das hier mit Genehmigung des Theologen wiedergegeben ist: "Auszug aus dem Schreiben ('Sofortige Vollziehung') der Universität Göttingen an meinen Rechtsanwalt vom 7. Juni 1999, in dem begründet wird, warum ein besonderes öffentliches Interesse daran besteht, mich aus den Studiengängen zur Ausbildung des theologischen Nachwuchses (einschließlich Lehramt an Gymnasien) mit allen sich daraus ergebenden Konsequenzen zu entfernen: 'Sowohl nach Abschnitt I Artikel 1 Nr. 1 der Verfassung der Vereinigten Evangelisch-lutherischen Kirchen Deutschlands vom 08.07.1948 ... als auch nach der Präambel der Grundordnung der Evangelischen Kirchen Deutschlands vom 13.07.1948 ... ist Grundlage der Evangelischen Kirche in Deutschland das Evangelium von Jesus Christus, wie es uns in der Heiligen Schrift Alten und Neuen Testaments gegeben ist. Hierzu gehören u.a. die Gottessohnschaft Jesu, die Auferstehung Jesu, die Wiederkunft Jesu zum Gericht und die Auffassung der Bibel als Wort Gottes. Von alledem hat sich Ihr Mandant (Prof. G. Lüdemann) in aller Öffentlichkeit entschieden losgesagt. Es muss davon ausgegangen werden, dass ihr Mandant auch entsprechend seiner dem Bekenntnis der Kirche entgegenstehenden Erkenntnisse lehren und prüfen und damit die Studierenden der Theologie gesetzeswidrig ausbilden würde.

Zudem können die Studierenden der Theologie kein Interesse an einer den kirchlichen Dogmen entgegenstehenden Lehre haben. Und was soll ein Student auf die Frage des Prüfers Lüdemann antworten, ob Jesus auferstanden ist? Es liegt nicht im öffentlichen Interesse, dass die künftigen Pfarrerinnen und Pfarrer sowie Religionslehrerinnen und Religionslehrer von einem Professor unterrichtet werden, der gar nicht mehr an das glaubt, was als Bekenntnis der Kirchen an die Christen weitergegeben werden soll. Damit ist ihr Mandant als Theologieprofessor untragbar".

Der Streit um den Theologen G. Lüdemann ist auf einer Internet-Seite des Hochschullehrers dokumentiert (s. Anhang).

Abb. 3.4: Historische Darstellungen zur "Heiligen Inquisition": Ein Spion (links) und ein Henker (rechts), die als "Spürhunde Gottes" aktiv waren.

Im Jahr 1950 äußerte sich die katholische Kirche in einem ausführlichen Dokument zum Thema Evolution. Da der Papst dann 1996 auf dieses Schreiben Bezug nahm, soll es hier in Auszügen wiedergegeben werden. Die *klassische* Lehrmeinung der katholischen Kirche zum Thema Evolution ist im nächsten Absatz zusammengefasst.

In dem Brief "Humani Generis" verkündete (der unfehlbare) Papst Pius XII. im Jahr 1950 per Rundschreiben mit dem Titel: "Einige falsche Ansichten, welche die Grundlagen der katholischen Lehre zu untergraben drohen" das Folgende: "Christgläubige dürfen sich nicht der Auffassung anschließen, deren Anhänger entweder behaupten, nach Adam habe es hier auf Erden wirkliche Menschen gegeben, die nicht auf ihn als den Stammvater aller durch natürliche Zeugung zurückgingen, oder Adam bezeichne eine Vielzahl von Stammvätern. Genau wie in den biologischen und anthropologischen Wissenschaften, so durchbrechen auch in der Geschichte einige Gelehrte mutwillig die von der Kirche errichteten Schranken und Vorsichtsmaßregeln". Zum Alten Testament äußerte sich Papst Pius XII. in der oben genannten Schrift wie folgt: "Wenn je die Verfasser des Alten Testamentes aus volkstümlichen Erzählungen geschöpft haben (was man durchaus zugeben kann), so darf man doch nie vergessen, dass sie dies unter dem Beistand göttlicher Eingebung getan haben, der sie bei der Auswahl und Beurteilung jener Dokumente vor jedem Irrtum bewahrte. Die aus volkstümlichen Erzählungen in die Heilige Schrift übernommenen Bestandteile dürfen also keineswegs auf die gleiche Stufe gestellt werden mit Mythologien oder anderen derartigen Erzeugnissen, die eher dem Spiel der Einbildungskraft entsprießen als dem Bestreben um Wahrheit und Einfachheit".

Im Jahr 1996 wurde diese Aussage von Papst Johannes Paul II. zurückgenommen. Da dieses Dokument von großer Bedeutung für die aktuelle Evolutionsdebatte ist, soll es in Auszügen wiedergegeben werden. Unter dem Titel "Christliches Menschenbild und moderne Evolutionstheorien" verkündete der amtierende Papst eine Botschaft an die Mitglieder der Päpstlichen Akademie der Wissenschaften anlässlich ihrer Vollversammlung am 22. Oktober 1996 in Rom: " Ich freue mich über das ernste Thema, das Sie gewählt haben, nämlich: Der Ursprung des Lebens und die Evolution. Es handelt sich um ein außerordentlich wichtiges Thema, das für die Kirche von großem Interesse ist, da Ihrerseits die Offenbarung Erklärungen über die Natur und den Ursprung des Menschen enthält. Wie kann man die Ergebnisse, zu denen die verschiedenen Disziplinen der Wissenschaft kommen, in Einklang bringen mit dem, was in der Botschaft der Offenbarung enthalten ist? ... In seiner Enzyklika 'Humani Generis' aus dem Jahr 1950 hatte schon mein Vorgänger Pius XII. dargelegt, dass die Evolution und das, was der Glaube über den Menschen und seine Berufung lehrt, nicht im Gegensatz zueinander stehen unter der

Bedingung, dass man einige Fixpunkte nicht aus den Augen verliert. ... In Anbetracht des wissenschaftlichen Fortschrittes der Zeit und der Erfordernisse der Theologie betrachtete die Enzyklika (1950) die Lehre vom 'Evolutionismus' als Ernst zu nehmende Hypothese, die es ebenso wie die gegenteilige Annahme verdiente, genauer untersucht und bedacht zu werden. ... Heute, ein halbes Jahrhundert nach dem Erscheinen der Enzyklika, geben neue Erkenntnisse dazu Anlass, in der Evolutionstheorie mehr als eine Hypothese zu sehen. Es ist in der Tat bemerkenswert, dass diese Theorie nach einer Reihe von Entdeckungen in unterschiedlichen Wissensgebieten immer mehr von der Forschung akzeptiert wurde. Ein solches unbeabsichtigtes und nicht gesteuertes Übereinstimmen von Forschungsergebnissen stellt schon an sich ein bedeutsames Argument zu Gunsten dieser Theorie dar. ... Genauer genommen muss man eher von Evolutionstheorien sprechen als von der Theorie der Evolution. Diese Vielfalt entspricht einerseits den unterschiedlichen Ansätzen, die vorgeschlagen wurden, um den Mechanismus der Evolution zu erklären. ... Das Lehramt der Kirche ist unmittelbar von der Frage der Evolution betroffen, denn sie betrifft das Menschenbild. Die Offenbarung lehrt uns, dass der Mensch nach Gottes Ebenbild geschaffen wurde (vgl. Genesis 1,27). ... Sie hat daran erinnert, dass der Mensch 'auf Erden die einzige von Gott um ihrer selbst Willen gewollte Kreatur ist'. ... Der heilige Thomas stellt fest, dass die Ähnlichkeit des Menschen mit Gott vor allem in seiner spekulativen Intelligenz begründet ist ... Eben weil sie eine Geistseele hat, besitzt die gesamte menschliche Person einschließlich des Körpers eine solche Würde. Der menschliche Körper hat seinen Ursprung in der belebten Materie, die vor ihm existiert. Die Geistseele hingegen ist unmittelbar von Gott erschaffen. ... Folglich sind diejenigen Evolutionstheorien nicht mit der Wahrheit über den Menschen vereinbar, die – angeleitet von der dahinterstehenden Weltanschauung – den Geist für eine Ausformung der Kräfte der belebten Materie ... halten. Diese Theorien sind im übrigen nicht im Stande, die personale Würde des Menschen zu begründen".

Der Papst (und somit die katholische Kirche) hat im Oktober 1996 *im Prinzip* das Generalthema der Biowissenschaften anerkannt, wobei jedoch *im Detail* noch immer gravierende Widersprüche zu den Erkenntnissen der modernen Biologie feststellbar sind (z. B. der Geist als materieloses Wesen; Evolution als von Gott geleitete Kausalkette). Dieses Zugeständnis des "Heiligen Vaters" hat dazu geführt, dass Papst Johannes Paul II. in der Zeitschrift *Nature* (Vol. 383, 31. Oktober 1996, S. 753) mit einem eigenen Kurzbeitrag bedacht wurde (Abb. 3.5).

Eine Anfrage an das Sekretariat der Deutschen Bischofskonferenz aus dem Jahr 2001 erbrachte die folgende Antwort: "Die Evolutionstheorie steht zum biblisch geoffenbarten Schöpfungsglauben nicht im Widerspruch". Diese Aussage deckt sich meines Wissens auch mit der Ansicht der Evangelischen Kirche von Deutschland (EKD).

Fazit: Beide Großkirchen in unserem Land haben ihre ideologischen Widerstände gegen die Evolution inzwischen weitgehend aufgegeben, so dass der moderne Christ im Evolutionisten heute in der Regel keinen intellektuellen Gegner mehr sieht.

Papal confession: Darwin was right about evolution

Munich. Pope John Paul II has acknowledged the existence of evolution, nearly 150 years after Charles Darwin introduced the world to the idea that humans may not date back to God's seven days of creation.

In a statement last week to the Pontifical Academy of Sciences, an international body of about 80 prominent scientists, the Pope accepted that the overwhelming volume of experimental evidence in support of evolution could no longer be ignored. "Observational sciences describe and measure with ever increasing precision the multiple manifestations of life and inscribe them in an [evolutionary] timescale," he said.

Darwin had never been subject to the prolonged vilification that Galileo Galilei suffered from the Roman Catholic Church

because of his rejection of Ptolemy in favour of Copernicus. Galileo was rehabilitated by John Paul II four years ago.

The strongest message from the Vatican on the theory of evolution had been in a encyclical letter issued by Pope Pius XII in 1950. The letter, called *Humani Generis* (*Of the Human Species*), warned of the threat Darwinism posed to central tenets of the Catholic faith. But it said that evolutionary theory was generally acceptable, provided that it was presented only as a hypothesis and not as a doctrine.

Pope John Paul II has now indicated that the Catholic Church is ready formally to accept scientific evidence that evolution is more than just a hypothesis — something that has been accepted in practice by most Catholic theologians for many years.

But, in his statement to the academy, the Pope drew a firm line between the material and the spiritual. He said that it is acceptable to believe that "the human body originates from living matter which predates it", but not that "the spirit is also a product of matter". The latter would lead to an unresolvable conflict between science and faith.

Alison Abbott

NATURE · VOL 383 · 31 OCTOBER 1996

Abb. 3.5: Beitrag in *Nature* zum Thema "Der Papst und die Evolution".

Religiöse Sondergemeinschaften

Wie die Auflistung im letzten Abschnitt gezeigt hat, entfernte sich die römisch-katholische Kirche von den Grundsätzen ihres Urvaters Jesus Christus im Verlaufe der Jahrhunderte Schritt für Schritt. Es ist daher verständlich, dass sich durch Aufspaltung und Abtrennung aus dem Urchristentum zahlreiche Sondergemeinschaften herausgebildet haben. So sind z. B. die russisch-orthodoxe, die alt-katholische und die reformatorische (evangelische) Kirche "Spaltprodukte" der ältesten christlichen Glaubensgemeinschaft. Zur sogenannten "evangelischen Kirchenfamilie" gehören heute neben den lutherischen, reformierten und unierten Landeskirchen (EKD) die sogenannten Freikirchen. Deren Ziel ist es, das urchristliche Gemeindeleben zu erneuern. Auf zwei dieser evangelischen Freikirchen, die Adventisten und die Baptisten, soll hier etwas näher eingegangen werden.

Die Gemeinschaft der *Siebenten-Tags-Adventisten* wurde im Jahr 1863 als protestantische Freikirche gegründet und hat heute weltweit etwa 13 Millionen Mitglieder. In Deutschland gibt es ca. 35 000 Adventisten, die an Jesus Christus glauben und in der Heiligen Schrift (Bibel) die einzige Grundlage für den religiösen Glauben und das Leben sehen. Da im biblischen Gott der "Schöpfer aller Dinge" erkannt wird, können manche Adventisten die Evolution nur mit Schwierigkeiten in ihr Weltbild aufnehmen. So fand z. B. im Jahr 2002 in einer Adventisten-Gemeinde ein öffentlicher Vortrag statt, der unter dem folgenden Titel angekündigt war: Evolutionstheorie: Wissenschaft oder Behauptung ? Aus dem mir vorliegenden Informationsmaterial geht hervor, dass in diesem Beitrag ein skeptisch bis negatives Bild von der Evolution vermittelt wurde.

Die *Baptisten* werden unter der Bezeichnung "Bund der evangelisch-freikirchlichen Gemeinden in Deutschland" geführt. Die erste Baptistengemeinde wurde in England im Jahr 1612, in Deutschland 1834, gegründet. Weltweit gibt es etwa 40 Millionen Anhänger dieser protestantischen Freikirche. Zur Zeit gibt es in unserem Land über 800 Gemeinden. Die Mitgliederzahl ist mir nicht bekannt. Unter den ausgewiesenen Evolutionsgegnern, die dieser freikirchlichen Glaubensgemeinschaft angehören, sei hier stellvertretend auf den Ingenieur und Kreationisten W. Gitt (Braunschweig) verwiesen. Dessen unakzeptablen Ausführungen zum Thema Evolution wurden an anderer Stelle kommentiert (Kutschera 2001).

Nach Informationen der Evangelischen Nachrichtenagentur *idea e.V.* gibt es in Deutschland über 20 verschiedene religiöse Sondergemeinschaften (Sekten). Unter den biblisch orientierten Sekten, die von den beiden christlichen Amtskirchen abgelehnt werden, sollen hier die Neuapostolische Kirche, die Mormonen und die Zeugen Jehovas angesprochen werden. Die *Neuapostolische Kirche* wurde im Jahr 1848 in Berlin gegründet und umfasst weltweit etwa 10 Millionen Anhänger. In Deutschland ist sie mit 400 000 Mitgliedern die größte Sekte. Aus den publizierten Glaubensartikeln dieser Vereinigung kann geschlossen werden, dass ein wörtliches Bibelverständnis vertreten wird, wobei die Gläubigen dann mit dem Thema Evolution in Konflikt geraten. So wird z. B. von einer Neuapostolischen Gemeinde (Gelsenkirchen) die folgende Internetseite beworben: "Evolution? Eine Glaubensfrage: Eine sehr interessante Seite, die sich mit der Diskrepanz zwischen Gottes Schöpfung und wissenschaftlicher Entwicklungstheorie befasst".

Im Jahr 1830 wurde in den USA die *Kirche Jesu Christi der Heiligen der Letzten Tage* gegründet, die heute weltweit etwa 12 Millionen Mitglieder umfasst. In Deutschland zählen die als Mormonen bezeichneten Anhänger dieser Sekte mit etwa 36 000 Mitgliedern zu den größeren biblisch orientierten Glaubensgemeinschaften. Die Botschaft der Mormonen berichtet über eine Erscheinung Jesu, die nach seiner Auferstehung in den USA erfolgt sein soll. Diese religiöse Neuoffenbarung wurde im "Buch Mormon – ein weiterer Zeuge von Jesus Christus" niedergeschrieben, das damit aus der Bibel ein Werk zweiten Ranges macht. Nach der eigenen Schöpfungsgeschichte der Mormonen erschuf Gott z. B. an Tag 3 die Gräser und Bäume und an Tag 4 die Sonne. Dieses Dogma widerspricht der biblischen Reihenfolge. Aus verschiedenen Schriften prominenter Mormonen, die ich im Detail studiert habe, muss der Schluss gezogen werden, dass diese christliche Sekte die Evolution als wissenschaftliche Tatsache ablehnt.

Die *Zeugen Jehovas* (ZJ) bilden nach Auskunft der *Evangelischen Zentralstelle für Weltanschauungsfragen* die größte christlich-religiöse Sekte Deutschlands. Im Jahr 1881 als "Ernste Bibelforscher" in den USA gegründet, nahmen sie 1931 den Namen "Jehovas

Zeugen" an. An der Spitze steht seit Jahrzehnten die "Wachturmgesellschaft" sowie seit 1971 eine sogenannte "leitende Körperschaft". Der Begründer dieser Sekte hat den Glaubenssatz von einer Berechenbarkeit des Weltendes eingeführt: Zunächst wurde das Ende der Welt für das Jahr 1872/73 mit der sichtbaren Wiederkunft Christi erwartet; als dieser Termin verstrichen war, hoffte man auf das Jahr 1874, jedoch vergeblich.

Ab dem Jahr 1879 wird die Zeitschrift *Zion's Watch Tower* , später in *Wachturm* umbenannt, herausgegeben. Weltweit gibt es derzeit 5,5 Millionen Sektenmitglieder, die als "Verkünder" zur Mission verpflichtet sind. In Deutschland muss man mit etwa 166 000 Verkündern rechnen, die über eine perfekt und straff organisierte Propaganda praktisch in allen Städten präsent sind. Die ZJ-Zentrale für Deutschland befindet sich in Selters/Taunus. Die *Zeugen Jehovas* berufen sich auf eine spezielle Übersetzung der Bibel, in der an 237 Stellen der angebliche Gottesname "Jehova" in den Text des Neuen Testaments aufgenommen wurde. Die Sektenmitglieder halten sich für die einzigen wahren Christen und bezeichnen andere Kirchen u. a. als "Organisationen Satans". Die *Zeugen Jehovas* glauben an eine bald stattfindende Apokalypse. Die einzigen Überlebenden dieser als "Harmageddon" bezeichneten Endschlacht werden *Jehovas Zeugen* sein. Nach Übernahme der Herrschaft durch Gott wird eine Zwei-Klassen-Gesellschaft von Überlebenden entstehen, mit 144 000 gemeinsam mit Christus regierenden "ZJ-Königen". Der Rest der überlebenden *Zeugen* muss sich mit einem einfachen Erdenleben begnügen. Die zur Mission verpflichteten Mitglieder (Verkünder) dieser Endzeitsekte lehnen religiöse Fest, Geburtstagsfeiern, Bluttransfusionen sowie staatliche Feiern ab. Die Evolutionstheorie wird als "Teufelswerk" verdammt (s. verschiedene Ausgaben des ZJ-Organs *Der Wachtum* und *Erwachet!*, zitiert in Kotthaus 2003). Aus einer ZJ-Internetseite (2003) soll das folgende Zitat wiedergegeben werden: "Die Wissenschaft ist auf eine Vielzahl untrüglicher Anzeichen von intelligenter Planung gestoßen". Wie in Kapitel 7 ausgeführt wird, glauben manche Mitglieder dieser Sekte, dass der "Intelligente Designer" mit dem Gott *Jehova* gleichzusetzen ist.

William Paley: Design und der Designer

Nach Darlegung der Position christlicher Kirchen und einiger Sekten soll in diesem Abschnitt das zentrale Argument der modernen Anti-Evolutionisten referiert werden, wobei aus der "Urquelle" – den Gründungsschriften von W. Paley – zitiert wird.

Der englische Theologe William Paley (1745 – 1805) wurde in Peterborough geboren und besuchte ab dem Jahr 1758 das Christ's College (Cambridge) mit dem Ziel eines Priesteramtes in der Anglikanischen Kirche. Nach Abschluss seiner Studien (1763) und einer Zwischenbeschäftigung an einer Akademie in Greenwich wurde er 1766 zum Fellow und Tutor seines alten Colleges ernannt. Paley (Abb. 3.6) wurde im Jahr 1767 zum Priester ordiniert und hatte bis zu seinem Tod wichtige Ämter der Anglikanischen Kirche inne.

Der vielseitig begabte Theologe publizierte zahlreiche Bücher, die zum Teil aus seinen Vorlesungen hervorgegangen sind und in mehreren Auflagen zum Standard-Lehrmaterial wurden.

In seinem bekanntesten Werk *Natural Theology* (1802, 5. Aufl. 1803) begründete Paley ausführlich das Konzept vom (intelligenten) Design, indem er u. a. eine Uhr mit einem Stein verglich: "When we come to inspect the watch, we perceive ... that its several parts are framed and put together for a purpose, e. g. that they are formed and adjusted as to produce motion, and that motion so regulated as to point out the hour of the day ... The inference, we think, is inevitable; that the watch must have a maker; ... who comprehended its construction, and designed its use" (Paley 1803). Im Gegensatz zur Uhr ist nach Ansicht dieses Theologen ein Stein nur ein Naturprodukt ohne Ziel, Plan und Design.

Aus dieser Darlegung folgen zwei Schlüsse, auf die Paley in seinem Buch im Detail eingeht. Verglichen mit einem Stein ist die Uhr durch ein hohes Maß an Komplexität gekennzeichnet – der Zufall kann niemals ein derartiges Produkt hervorbringen: "What does chance ever do for us ? In the human body, for instance, chances, i. e. the operation of causes without design, may produce a wen, or a wart, a mole, a pimple, but never an eye" (Paley 1803). Am Körper des Menschen können somit z. B. ein Geschwulst (wen), eine Warze (wart), ein kleines Muttermal (mole) oder ein Hautpickel (pimple) entstehen; ein Auge kann jedoch nicht "durch Zufall" gebildet werden (zur Evolution von Augen gemäß dem Prinzip Variation / natürliche Selektion, s. Kutschera und Niklas 2004). Es ist offensichtlich, dass nach dieser Logik Komplexität, die mit einem Endziel entstanden ist (funktionstüchtige Uhr) einen intelligenten Konstrukteur, d. h. einen sogenannten "Designer", erfordert. An entscheidender Stelle lesen wir bei Paley (1803) das Folgende: "There cannot be design without a designer; ... arrangement, without anything capable of arranging". Daraufhin zog Paley den Analogieschluss vom Uhrmacher zum übernatürlichen Schöpfer (Gott in der Bibel), der die Lebewesen erdacht und erschaffen haben soll: "... for every manifestation of design, which exists in the watch, exists in the work of nature". Im letzten Kapitel seines Buches fasste der Theologe seine Argumentation nochmals in klaren Worten zusammen und setzte den "designer" mit dem Gott in der Bibel gleich: "The marks of design are too strong to be got over. Design must have a designer. That designer must have been a person. That person is God".

An anderer Stelle seines Buches benutzte der Autor u. a. die Begriffe "creative intelligence, wisdom of the Deity, the Creator". Daraus folgt, dass Paleys "Intelligenter Designer" eindeutig mit dem Gott in der Bibel gleichzusetzen ist: Historisch betrachtet ist somit das Design-Argument aus der christlichen Glaubenslehre hervorgegangen. Es ist weitgehend in Vergessenheit geraten, dass der Philosoph David

Abb. 3.6: William Paley (1745 – 1805), der Begründer des Design-Konzepts.

Hume (1711 – 1776) in seiner wenig bekannten, posthum publizierten Schrift *Dialogues Concerning Natural Religion* (1779) bereits Jahre vor W. Paley (1803) das Design-Argument diskutiert und im Grundsatz widerlegt hat: "The curious adapting of means to ends, throughout all nature, resembles exactly ... the productions of human contrivance".

Menschliche Erfindungsgabe (contrivance) wird somit mit den Anpassungen der Organismen in der Natur verglichen. In einem als Dialog formulierten Abschnitt weist Hume dann allerdings nach, dass die Analogie "menschliche Schöpfung in der Technik" und den "Geschöpfen in der Natur" logisch unhaltbar ist. In die heutige Zeit übertragen: Ein moderner PKW ist vom "intelligenten menschlichen Auto-Designer" nicht von "A – Z" neu erdacht worden, sondern als Weiterentwicklung einer Vorläuferform entstanden (Kapitel 2). Wir werden im letzten Kapitel des Buches auf diesen unzulässigen Vergleich (Design in der Natur/in der Technik) zurück kommen.

Darwins Antwort

In seinem Werk *On the Origin of Species* publizierte Darwin (1859, 1872) zahlreiche Sätze, die gezielt gegen den biblischen Schöpfungsglauben gerichtet waren. Eine kleine Auswahl aus der letzten Auflage von Darwins Werk (1872) soll den Anti-Kreationismus des Urvaters der Evolutionsbiologie dokumentieren.

1. Das Wort "Schöpfung" bedeutet "wir wissen nicht wie": ..."by the word 'creation' the zoologist means 'a process he knows not what'".
2. Die Ansicht der meisten Naturforscher, Arten wären unabhängig voneinander erschaffen worden, ist falsch: "the view which most naturalists until recently entertained ...namely, that each species has been independently created, is erroneous".
3. Ich betrachte alle Lebewesen nicht als spezielle Schöpfungen, sondern als direkte Nachkommen einiger weniger präkambrischer Formen: "I view all beings not as special creations, but as the lineal descendants of some few beings which lived long before the first bed of the Cambrian system was deposited".
4. Solche Fälle wie das Vorhandensein spezieller Fledermausarten auf ozeanischen Inseln und die Abwesenheit aller anderen Landsäuger können mit der Schöpfungstheorie nicht erklärt werden: "Such cases as the presence of peculiar species of bats on oceanic islands and the

absence of all other terrestrial mammals, are facts utterly inexplicable on the theory of independent acts of creation".
5. Arten werden durch langsame und noch heute wirksame Ursachen gebildet und ausgelöscht, nicht jedoch durch wundersame Schöpfungsakte: "Species are produced and exterminated by slowly acting and still existing causes, and not by miraculous acts of creation".
6. Nach der naiven Vorstellung der unabhängigen Schöpfungsakte können wir sagen, dass es so ist und dass es den Schöpfer erfreut hat, all die Tiere und Pflanzen in den großen Klassen nach einem einheitlichen Plan zu konstruieren, aber das ist keine wissenschaftliche Erklärung: "On the ordinary view of the independent creation of each being, we can only say that so it is; – that it has pleased the Creator to construct all the animals and plants in each great class on a uniform plan; but this is not a scientific explanation".

Am Ende seines Artenbuchs schrieb Darwin, der Schöpfer hätte vor Jahrmillionen einigen wenigen Urformen das Leben eingehaucht. Dieses Zugeständnis an die Kreationisten seiner Zeit hat der Naturforscher jedoch in privaten Briefen an seine Kollegen und Freunde nicht vertreten: Darwin postulierte, das Leben sei vor langer Zeit in einem warmen Tümpel aus unbelebten Substanzen entstanden (Junker und Hoßfeld 2001, Kutschera 2001).

In seiner Selbstbiographie betonte Darwin, dass er als Student der Theologie die Werke von W. Paley mit Gewinn gelesen und zur Vorbereitung auf das Abschlussexamen benutzt hat. Das "Design-Argument" betrachtete Darwin jedoch als überholt, da die Selektionstheorie eine naturalistische Erklärung für den Artenwandel geliefert hat: "The old argument of design in nature, as given by Paley, which formerly seemed to me so conclusive, fails, now that the law of natural selection has been discovered. We can no longer argue that, for instance, the beautiful hinge of a bivalve shell must have been made by an intelligent being, like the hinge of a door by man". Ein Scharnier (hinge) einer Muschelschale (bivalve shell) kann somit nicht als Analogon des Türscharniers, erfunden vom intelligenten Menschen, angesehen werden.

Letztendlich legte Darwin den Glauben an das "göttliche Design" des Schöpfers ganz beiseite, indem er das Folgende schrieb: "There seems to be no more design in the variability of organic beings and in the action of natural selection, than in the course which the wind blows" (Barlow 1958). Es existiert nicht mehr "Design" in der Variabilität der Lebewesen und der Wirkung der natürlichen Selektion als in der (willkürlichen) Richtung, in welcher der Wind weht. Für Darwin war die Diskussion bezüglich des ID-Arguments hiermit beendet.

4. Anti-Evolutionismus aktuell: Vom Schöpfer zum Designer

Im November 2002 wurde von einem professionellen Meinungsforschungsinstitut eine Umfrage zum Thema Evolution/Schöpfung durchgeführt. Je 500 Frauen und Männern im Alter zwischen 15 und 74 Jahren wurden in den drei deutschsprachigen Länder Deutschland, Österreich und Schweiz befragt. Die Ergebnisse zeigten, dass 21,1 % dieser Personen die Meinung vertraten, das Universum, die Erde und das Leben seien durch Gottes Schöpfung innerhalb der letzten 10 000 Jahre entstanden (Deutschland: 18,1 %, Österreich: 24,4 %, Schweiz: 21,8 %). Ein ähnlich hoher Prozentsatz (21,2 %) gab an, an einen von Gott gesteuerten Entwicklungsprozess zu glauben (theistische Evolution). Rund 40 % vertraten die Ansicht, dass die Darwinsche Abstammungslehre (ohne Eingreifen eines Gottes) die Entstehung der Lebensformen erklären würde, während der Rest (18,7 %) andere Meinungen hatte bzw. sich nicht konkret äußerte (Quelle: *IHA-Gfk-Meinungsforschungsinstitut*, Hergiswil, Schweiz; publiziert in der Zeitschrift *factum* 3/2003). Dieses Ergebnis deckt sich weitgehend mit einer älteren Umfrage (1996) des *Instituts Allensbach*, in der etwa 20 % der angesprochenen Deutschen die Evolution aus weltanschaulichen Gründen strikt abgelehnt hatten. In den USA haben ähnliche Umfragen wiederholt zu dem Resultat geführt, dass nahezu 50 % der Bevölkerung dem Thema Evolution aus religiöser Überzeugung ablehnend bis feindselig gegenüber stehen (Kutschera 2001).

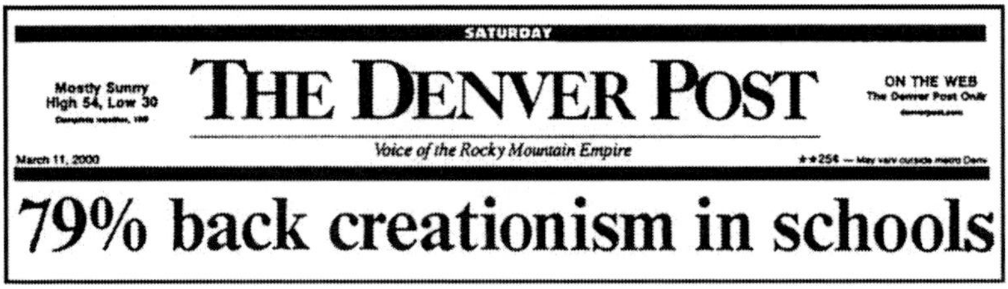
SATURDAY

Mostly Sunny
High 54, Low 30

THE DENVER POST

ON THE WEB

March 11, 2000

Voice of the Rocky Mountain Empire

79% back creationism in schools

Abb. 4.1: Schlagzeile aus einer US-Zeitung zum Thema Kreationismus: 79% der Befragten unterstützten im Jahr 2000 das Lehren der Schöpfungsgeschichte in öffentlichen Schulen (Biologieunterricht).

In diesem Kapitel werden wir den modernen Anti-Evolutionismus, der sich seit etwa 1990 unter dem Deckmantel des "Intelligent Design" einen wissenschaftlichen Anstrich verpasst hat, kennen lernen. Als Schwerpunkt sollen die Verhältnisse in den USA dargelegt werden (Abb. 4.1).

Definitionen: Das Kreations-Evolutions-Kontinuum

Wie bereits in Kapitel 1 erörtert wurde, lieferte C. Darwin (1859) eine erste Definition zum Anti-Evolutionismus, indem er von der "theory of creation" (Schöpfungstheorie) sprach. Gemäß dieser klassischen Umschreibung ist ein *Kreationist* somit als Anhänger des wörtlich genommenen biblischen Schöpfungsglaubens zu bezeichnen.

In der aktuellen (internationalen) Evolutionsdebatte wird der Term *Kreationismus* weit gefasst. Die Autoren E. C. Scott (1997) und R. T. Pennock (2003) veröffentlichten die folgenden Begriffsbestimmungen: "Creationism generally refers to the idea that a supernatural entity created the universe and humankind" bzw. "Creationism refers to any view that rejects evolution in favour of the action of some personal, supernatural creator". Aus diesen Sätzen folgt, dass der *Kreationismus* allgemein als Anti-Evolutionismus definiert werden muss, wobei anstelle der naturalistischen Erklärung ein übernatürliches Schöpferwesen für die Entstehung aller Lebensformen (insbesondere des Menschen) angenommen wird. Es ist offensichtlich, dass der biblische Schöpfungsglaube nur eine Form des Kreationismus darstellt. Andere Religionen haben eigene Schöpfungsmythen. So gibt es gewisse Hindu-Sekten, wie z. B. die Hare Krishnas, die die Evolution ablehnen und nicht-christliche Erzählungen aus der Urzeit des Menschen zur Erklärung der heutigen Artenvielfalt heranziehen.

Da das Konzept der Evolution im christlichen Abendland – im wesentlichen von dem examinierten Theologen Charles Darwin – etabliert wurde, sollen hier die zahlreichen anderen Religionen nicht berücksichtigt werden.

Nach E. C. Scott (1997) kann in der umfassenden Literatur ein "Kreations-Evolutions-Kontinuum" identifiziert werden, das aus den nachfolgend aufgelisteten Personengruppen besteht.

1. Flache-Erde-Kreationisten: Diese konservativste Vereinigung von Evolutionsgegnern wird als "junge- und flache-Erde-Kreationisten-Gruppe" bezeichnet. Gemäß der Weltanschauung dieser Menschen ist die Erde nicht rund, sondern eine flache Scheibe, weil dies so in der Bibel stehen soll. Die *International Flat Earth Society* hat jedoch derzeit nur etwa 200 Mitglieder, so dass diese Extremposition in der Kreationistenbewegung noch keine Rolle spielt.
2. Geozentristen: Diese Schöpfungsgläubigen lehnen – wie die *Flat Earthers* – nahezu alle Erkenntnisse der modernen Physik, Chemie und Biologie ab. Sie akzeptieren jedoch, dass die Erde rund ist, aber bestreiten das heliozentrische Planetensystem mit der Sonne im Mittelpunkt (sie sind Vertreter des Ptolemäischen Weltbildes, s. S. 49). Diese Gruppe bibeltreuer Christen ist jedoch relativ klein und daher unbedeutend.
3. Junge-Erde-Kreationisten: Die Flache-Erde- und Geozentrist-Kreationisten glauben an ein Erdalter von 6000 bis 10000 Jahren, wie es im 17. Jahrhundert von Bischof J. Ussher berechnet wurde. Sie sind ohne Ausnahme "Junge-Erde-Kreationisten"; dieser Begriff wird jedoch in der Regel für die Anhänger des Ingenieurs H. Morris verwandt, der 1963 mit einem Koautor das Buch *The Genesis Flood* publiziert hat. In diesem populären Werk wurde ein wörtliches Bibelverständnis propagiert, wobei die Schöpfungsgeschichte (Genesis) und die Arche Noah als "wissenschaftlich belegte Tatsachen" dargestellt sind. H. Morris gründete Anfang der 1970er Jahre das *Institute for Creation Research* (ICR), das heute von seinem Sohn geleitet wird und als einflussreichste Kreationisten-Plattform der USA angesehen werden muss. Die ICR-Kreationisten akzeptieren eine runde Erde und das heliozentrische Planetensystem. Sie lehnen jedoch das dokumentierte Erdalter und die Evolution aus christlich-religiöser Grundhaltung ab.
4. Alte-Erde-Kreationisten: Nachdem um die Mitte der 1850er Jahre ein Erdalter von mehreren Millionen Jahren dokumentiert werden konnte (s. Kapitel 1), gab es in den Kreisen konservativer Katholiken zunächst einige Widerstände, die sich jedoch bald legten. Moderne katholische Christen akzeptieren das wissenschaftlich belegte Alter unseres Planeten (ca. 4600 Mio. J.) und sehen darin keinen Widerspruch zum biblischen Schöpfungsbericht, der nicht wörtlich interpretiert wird (im Alten Testament der Bibel findet man nach-

einander zwei sich widersprechende Schöpfungsmythen, wobei eine Entscheidung für die Versionen 1 oder 2 willkürlich ist).

Die Gruppe der Alte-Erde-Kreationisten zerfällt in verschiedene Unterabteilungen, wobei hier nur zwei angesprochen werden sollen. Die Anhänger des "24h-Tage-in Jahrmillionen-Mythos" glauben, die sechs biblischen Schöpfungstage seien als Äonen (lange geologische Zeiträume) zu interpretieren, während die "progressiven Alte-Erde-Kreationisten" eine Reihe wissenschaftlicher Fakten (z. B. das Erdalter) akzeptieren. Diese zuletzt genannten Schöpfungsgläubigen gehen von dem Dogma aus, der Gott in der Bibel habe "Großgruppen" oder "Grundtypen" von Lebewesen erschaffen, die dann über Mikroevolutionsprozesse die heutige Biodiversität hervorgebracht haben sollen. Diese Form einer "Theo-Biologie" wird u. a. von den deutschen Kreationisten vertreten (s. Kapitel 5). Zu dieser Kategorie 4 zählen auch die weiter unten dargestellten ID-Kreationisten.

5. *Theistische Evolution*: Der progressive Kreationismus kann als Vorstufe einer sogenannten "Theistischen Evolutionslehre" angesehen werden. Diese postuliert einen von Gott initiierten und begleiteten Evolutionsprozess: Abstammung mit Abänderung (C. Darwin), verbunden mit der "lenkenden Hand" des biblischen Schöpfers. Das Konzept der theistischen Evolution ist weitgehend deckungsgleich mit dem Standpunkt von Papst Johannes Paul II. und der katholischen Kirche (s. Kapitel 3).

6. *Naturalistische Evolution*: Gemäß der bereits dargelegten Grundposition des Naturwissenschaftlers (methodischer Naturalismus) können übernatürliche Kräfte, Mächte, intelligente Designer, Schöpfergötter etc. keine Bausteine wissenschaftlicher Theorien werden. Der Naturalismus ist die Basis aller Naturforschung und hat sich weltweit als "Generalkonsens" in den seriösen Wissenschaften etabliert. Die moderne (synthetische) Evolutionstheorie ist somit per Definitionem naturalistisch und schließt z. B. "Geistwesen" aller Art strikt aus. Diese spirituellen Entitäten werden in die Glaubenswelt des Wissenschaftlers verwiesen, wo sie ihre Berechtigung haben.

Gerichtsurteile zur Evolutionsdebatte in den USA

Zum Thema Anti-Evolutionismus/Kreationismus wurden eine Reihe zusammenfassender Darstellungen publiziert, auf die an dieser Stelle verwiesen werden soll (Mahner 1986, Jeßberger 1990, Kutschera 2001, Kotthaus 2003). In diesem Abschnitt sind Gerichtsurteile beschrieben, die u. a. einem Artikel des Biologen R. Moore (2003) entnommen sind und zur Darlegung der Situation in den Vereinigten Staaten beitragen soll.

Das bis heute bekannteste US-Gerichtsurteil zur Evolutions-Kreationismusdebatte ist der sogenannte "Affenprozess" (Monkey Trial), der 1925 in Dayton (Tennessee) stattgefunden hat. In diesem Bundesstaat wurde ein Gesetz verabschiedet, welches in öffentlichen Schulen "jede Lehre, welche die göttliche Geschichte, wie sie die Bibel lehrt, verneint, und anstelle dessen lehrt, der Mensch stamme von einer niedrigeren Ordnung von Lebewesen ab", untersagte. Es ging hier ausschließlich um die Humanevolution. Nach Verabschiedung dieses Gesetzes hatte die 1920 gegründete "Amerikanische Vereinigung für bürgerliche Freiheiten" (*American Civil Liberties Union*, ACLU) in Tageszeitungen inseriert, sie würde jedem Lehrer juristisch beistehen, der es wage, dieses Gesetz herauszufordern, indem er durch Unterrichten der Evolutionslehre eine Festnahme provoziere. Die damals noch junge ACLU hatte es sich zum Ziel gesetzt, die in der amerikanischen Verfassung verankerten Bürgerrechte sowie die Umsetzung der Unabhängigkeitserklärung voran zu bringen.

Zunächst musste für dieses "Experiment" ein entsprechender Pädagoge gefunden werden. Der Lehrer John Scopes erklärte sich bereit, im Auftrag einer ACLU-Gruppe aus Dayton im Unterricht das Thema "Evolution des Menschen" zu behandeln. Kurz darauf kam es zu dem heraufbeschworenen "Scopes Trial": Dieser Schauprozess fand in Anwesenheit zahlreicher interessierter Bürger statt. Der mutige Lehrer wurde zu einer Geldstrafe von 100 US-Dollar verurteilt. Die ACLU legte Widerspruch ein, setzte sich jedoch letztendlich nicht durch. Der Lehrer J. Scopes musste somit für seine gesetzeswidrige Handlung bezahlen. Erst 1967 wurde im Bundesstaat Tennessee dieses Anti-Evolutionsgesetz aufgehoben. Nur sechs Jahre später (1973) wurde ein neues Gesetz zur Gleichbehandlung des biblischen Schöpfungsmythos mit der Evolutionslehre im Schulbuchbereich verabschiedet, das jedoch 1978 vom obersten US-Gerichtshof (Supreme Court) als verfassungswidrig erklärt und aufgehoben wurde. Seither gab es eine Flut an Urteilen zur Evolutionsdebatte, die nachfolgend in Kurzform zusammengetragen sind (Fragen und die entsprechenden juristischen Antworten).

1. *War es jemals verboten, das Thema Evolution in den USA zu unterrichten* ? Nein. Es gab niemals ein Gesetz, das die Behandlung der Evolutionslehre als Ganzes untersagt hätte. Die Bundesstaaten Tennessee, Arkansas und Mississippi verabschiedeten in den 1920er Jahren jedoch Gesetze, die das Unterrichten der Humanevolution verboten haben (s. o.). Im Gerichtsurteil *John Scopes v. The State of Tennessee* fand sich die folgende Passage: "... es ging dem Gesetzgeber ausschließlich darum, die Lehrmeinung zu verbieten, gemäß welcher der Mensch sich aus niederen Tieren entwickelt haben soll... Das Unterrichten der Evolution nicht-menschlicher Organismen war niemals verboten".

2. *Gab es weitere Urteile gegen Lehrer, die das Thema Humanevolution unterrichtet haben* ? Nein. Nachdem im Jahr 1927 das Urteil gegen John Scopes bestätigt wurde, versuchte die ACLU einen weiteren Freiwilligen, der durch Unterrichten der Humanevolution den Gesetzgeber herausfordern sollte, zu finden. Es erklärte sich jedoch kein Lehrer mehr bereit. John Scopes blieb der einzige, der für sein "Vergehen", dokumentierte Fakten zu unterrichten, zu einer Geldstrafe verurteilt wurde. Erst 40 Jahre später wurde das Anti-Humanevolutionsgesetz in den drei oben genannten Bundesstaaten aufgehoben.

3. *Ist es noch immer illegal, irgendwo in den USA das Thema Humanevolution zu unterrichten* ? Nein. Im Jahr 1968 hat der oberste US-Gerichtshof einstimmig beschlossen, dass es keinem Bundesstaat gestattet ist, Glaubensinhalte religiöser Gruppen in der Schule zu lehren und den Lehrern das Unterrichten der Evolutionstheorie zu untersagen. (*Epperson v. Arkansas*). 1970 wurde in Mississippi (als letztem US-Bundesstaat) das Verbot, Humanevolution zu unterrichten, aufgehoben.

4. *Manche Schüler behaupten, Evolution stünde im Widerspruch zu ihrem religiösen Glauben. Sind Lehrer dann verpflichtet, die Inhalte zu verändern, um das Recht auf religiöse Selbstbestimmung einzu-*

halten ? Nein. Im ersten 1978 von Kreationisten angestrebten Gerichtsverfahren (*Wright v. Houston Independent School District*) wurde von einer Mutter behauptet, die Schule hätte einen Verfassungsgrundsatz verletzt, da das Lehren der Evolution ohne Erwähnung anderer Ursprungstheorien den Schöpfungsglauben ihres Kindes untergraben hätte. Das Gericht entschied u. a., dass das Recht auf freie Religionsausübung nicht einschließt, dass die Schüler von wissenschaftlichen Erkenntnissen isoliert werden dürfen, die religiösen Glaubensinhalten widersprechen. Im Urteil *Segraves v. State of California* wurde dieser Standpunkt 1978 bekräftigt: Die Diskussion der Evolutionstheorie im Schulunterricht verletzt nicht das Grundrecht der Jugendlichen auf freie Religionsausübung.

5. *Darf die Regierung öffentliche Mittel aufwenden, um das Lehren der Evolutionstheorie zu fördern ?* Ja. Im Jahr 1973 verklagte der Evangelist W. Willoughby – angeblich im Interesse von 40 Millionen evangelischen Christen der USA – u. a. den Direktor der *National Science Foundation* wegen der Finanzierung bestimmter Pro-Evolutions-Schülbücher. Der Evangelist behauptete, die Verwendung von Steuergeldern zur Unterstützung der Biologiebücher würde einen "säkularen (d. h. weltlichen) Humanismus" als offizielle Religion in den USA etablieren. Die Klage wurde im selben Jahr abgelehnt, da die Verbreitung wissenschaftlicher Erkenntnisse (einschließlich der Evolutionstheorie) keine religiöse Komponente enthält (*Willoughby v. Stever*). Das Gericht entschied weiterhin, dass Biologie-Schulbücher keine religiösen Inhalte vermitteln dürfen. Im Urteil *Moeller v. Schrenko* (Georgia Court of Appeals, 2001) wurde festgelegt, dass der Satz "Kreationismus ist keine Theorie, die mit wissenschaftlichen Methoden bewiesen oder widerlegt werden kann", in Biologie-Büchern stehen kann.

6. *Darf die Regierung neben Ausstellungen zur Verbreitung der Evolutionstheorie auch Veranstaltungen unterstützen, die den Kreationismus bewerben ?* Nein. Der Missionar D. Crowley Jr. behauptete, dass eine Ausstellung mit dem Titel "Die Entstehung des Menschen: Dynamik der Evolution" im *Smithonian Institution of Natural History* die Religion des "säkularen Humanismus" fördere. Fundamentalisten werden daher in eine Konfliktsituation gebracht: Sie können entweder unter Verletzung ihrer religiösen Ansichten das Museum betreten oder ihr Recht auf Nutzung öffentlichen Eigentums

aufgeben. Der Missionar forderte, entweder die Ausstellung zu schließen, oder das Museum solle den gleichen Geldbetrag (und Räume) für eine Alternativ-Ausstellung bereitstellen, in der die biblische Schöpfungsgeschichte gezeigt wird. Das Gericht entschied, dass das *Smithonian Institution* Evolution als Wissenschaft und nicht als Religion behandelt hatte, und dass der Kläger auch im Museum seine religiösen Glaubensinhalte mit sich tragen könne.
7. *Müssen Lehrer, die das Thema Evolution unterrichten, eine gleiche Zeitspanne für den Kreationismus aufwenden ?* Nein. Im Jahr 1982 entschied der US-Supreme-Court, dass das Arkansas-Gesetz, nach dem "equal time" für die Schöpfungslehre vorgesehen war, verfassungswidrig ist (*McLean v. Arkansas Board of Education*). Fünf Jahre später (1987) entschied dieselbe Instanz, dass das entsprechende Louisiana-Gesetz ("balanced treatment: evolution/ creation") ebenfalls verfassungswidrig ist. Die Richter begründeten die Entscheidung u. a. mit dem Argument, dass im Biologie-Lehrplan kein bestimmter religiöser Standpunkt, wie z. B. das Schöpfungsdogma, vertreten werden darf.
8. *Welchen Status hat die Schöpfungswissenschaft ?* Im Verfahren *McLean v. Arkansas Board of Education* (1987) wurde der von US-Evolutionsgegnern geprägte Begriff "Creation Science" wie folgt beurteilt: Die "Schöpfungswissenschaft" hat weder erzieherischen Wert, noch den Rang einer Naturwissenschaft. Kreationisten sind keine Wissenschaftler; ... eine "Theorie", die aus biblischen Glaubenssätzen abgeleitet ist und nun bestätigt werden soll, zeigt die folgenden Eigenschaften: Sie ist dogmatisch, absolutistisch und niemals revisionsfähig; sie ist daher keine wissenschaftliche Theorie. Weiterhin schrieben die US-Richter 1987 das Folgende: "Creation Science" ist keine Wissenschaft, ist nicht an Naturgesetze gebunden, ist weder überprüf- noch belegbar.

Zum Unterschied Creation/Evolution äußerten sich die Juristen 1994 folgendermaßen: Der oberste US-Gerichtshof hat einstimmig beschlossen, dass der Glaube an einen göttlichen Schöpfer des Universums einen religiösen Glaubenssatz darstellt, während die Theorie, dass höher organisierte Lebewesen aus niederen Formen hervorgegangen (evolviert) sind, keine Religion ist (*John E. Peloza v. Capistrano Unified School District*).

9. *Können Lehrer gezwungen werden, einen Disclaimer zu verlesen, der besagt, das Lehren der Evolutionstheorie soll nicht die biblische Schöpfungsgeschichte in Frage stellen ?* Nein. Im Jahr 1999 wurde von einem Gericht beschlossen, dass derartige " Disclaimer" die folgenden Konsequenzen hätten: a) Schutz und Aufrechterhaltung eines bestimmten religiösen Standpunktes, d. h. der Glaube an die biblische Schöpfungsgeschichte; b) Verhinderung der Förderung des kritischen Denkens; c) sie fördern keine Toleranz bezüglich anderer Glaubenssätze; d) sie vermitteln die unzutreffende Botschaft, Evolution sei ein religiöser Standpunkt, der im Widerspruch zu anderen Glaubensansichten stehe (*Freiler v. Tangipahoa Parish Board of Education*). Im Jahr 1999 wurde im Bundesstaat Kansas auf Druck konservativer Christen der Begriff "Makroevolution" aus den Schul-Lehrplänen entfernt. Nach einem zweijährigen Rechtsstreit wurde im August 2000 dieses sogenannte "Kansas-Urteil" revidiert.
10. *Welchen Stellenwert haben Kreationismus und Intelligentes Design im Biologieunterricht ?* Eine Behandlung der biblischen Schöpfungsgeschichte in "science classes" (d. h. im naturwissenschaftlichen Unterricht) widerspricht der US-Verfassung. Biologiebücher, die auf kreationistischen Inhalten basieren, sind verfassungswidrig (*Hendren v. Campbell*), da ein bestimmter religiöser Standpunkt unterstützt wird und hierdurch die Forderung christlicher Fundamentalisten nach Indoktrination im Biologieunterricht gefördert würde. Im Jahr 1999 wurde im Urteil *Freiler v. Tangipahoa* (s. o.) wie folgt entschieden: Das Lehren der "Intelligent-Design-Theorie" ist gleichwertig mit der Präsentation der "Schöpfungswissenschaft" (Creation Science), d. h. ID-Vertreter sind Kreationisten im erweiterten Sinne. Aus dieser Serie von Gerichtsurteilen können eine Reihe allgemeiner Schlussfolgerungen gezogen werden, die im nächsten Abschnitt dargelegt sind.

US-Kreationismus: Von der Bibel zum Designer

Auf Grundlage der Urteile 1 – 10 kann die "Evolution" des Kreationismus in den USA folgendermaßen rekonstruiert werden.
1. *Phase des klassischen Kreationismus.* Diese Ära umfasst den Zeitraum von 1925 (J. Scopes trial) bis etwa 1980. Mit den Schriften des

Ingenieurs H. Morris und Gründung des "Instituts für Schöpfungsforschung" (*Institute for Creation Research*, ICR) Anfang der 1970er Jahre war eine Organisation etabliert, die als "Vorkämpfer-Vereinigung" für den Junge-Erde-Kreationismus bezeichnet werden kann. Als Gründungsschrift wird üblicherweise das Buch von Whitcomb and Morris (1963) angegeben. Das ICR hat nach E. C. Scott (1997) einen eigenen Buchvertrieb (Masterbooks), eine Privat-Graduiertenschule zum Erwerb eines Master-Degrees (Diplom) in "Science" (und "Science Education") und ein öffentliches Museum. Die meisten anderen Young Earth - Kreationistenvereinigungen in den USA vertreiben ICR-Bücher, Zeitschriften, Pamphlete, Videofilme und andere Medien zur Verbreitung der biblischen Schöpfungsgeschichte. Weiterhin veranstaltet das ICR regelmäßig sogenannte "Back-to-Genesis-Revivals" in verschiedenen Kirchen, wobei die "ICR-Faculty members" den biblischen Kreationismus in der Bevölkerung verbreiten. Über verschiedene christliche Radiosender werden die Parolen gegen die Evolutionstheorie bzw. für den Schöpfungsglauben unter das Volk gebracht. Das ICR-Graduiertenkolleg wurde 1990 von einem unabhängigen Naturwissenschaftler-Gremium evaluiert. Zur wissenschaftlichen Reputation wurde das folgende Urteil gefällt: Kein Mitglied des ICR hat seit Dienstantritt ein aktives Forschungsprogramm fortgeführt und wissenschaftliche Arbeiten veröffentlicht. Das ICR kann daher nicht als wissenschaftliche Forschungseinrichtung bezeichnet werden (Scott 1997). Die Niederlagen vor den US-Gerichten veranlassten den Leiter des ICR dazu, seine politische Strategie zu ändern: Die Ära des klassischen Kreationismus ging um 1980 zu Ende.

2. Phase des wissenschaftlichen Kreationismus. Der Begriff "Schöpfungswissenschaft (Creation Science)" wurde Anfang der 1980er Jahr eingeführt, um dem klassischen Kreationismus unter einem neuen wissenschaftlichen Anstrich Einzug in den US-Schulunterricht zu verschaffen. Man versuchte, die direkten Bezüge zur Bibel zu begrenzen und eine spezielle Schöpfung, die wissenschaftlich erforscht werden könne, zu etablieren. Über diese Änderung in der Strategie versuchte man, die entsprechenden Gerichtsurteile zu unterwandern. Als Gründungsschriften dieser zweiten Ära des US-Kreationismus werden üblicherweise die Bücher von Morris und Parker (1982) *What is Creation Science* ? und Morris

(1985) *Scientific Creationism* genannt. Die Phase der "Schöpfungswissenschaft" ist bis heute nicht abgeschlossen. Das von J. Morris (Sohn des Begründers H. M.) geleitete ICR, der Verein *Answers in Genesis (AiG)*, sowie zahlreiche kleinere kreationistische Gruppierungen, fördern kontinuierlich die Verbreitung der "Creation Science" in den USA. Aus dieser Bewegung hat sich Ende der 1980er Jahre ein neuer Zweig des Anti-Evolutionismus entwickelt, der unter den Begriffen "ID-Theorie" und "the Wedge strategy" den Biologen derzeit große Probleme bereitet.
3. *Die Intelligent Design-Bewegung.* Anfang der 1990er Jahre wurde unter der Führung des Juraprofessors P. Johnson (University of California) eine neue Version des Anti-Evolutionismus etabliert, wobei dem damals populären Sachbuch des Juristen, *Darwin on Trial* (1991), eine besondere Bedeutung zukommt. Aus einer Anzeige sei die folgende Charakterisierung und Motivation wiedergegeben: "Ein kontroverses Buch, das die Wissenschaftlergemeinschaft wachgerüttelt hat; es zeigt, dass die Evolutionstheorie auf Glaube und nicht auf Fakten basiert – der Glaube an den philosophischen Naturalismus. Der Autor P. Johnson argumentiert, dass es nicht genügend Belege und Daten zur Absicherung der Evolutionstheorie gibt". Als persönlicher Kommentar soll angemerkt werden, dass ein Jurist in der Regel auch nicht über die entsprechende biologische Sachkompetenz verfügt, um eine derartig anspruchsvolle Fragestellung (wissenschaftlicher Status der fünf Darwinschen Theorien) zu bewerten. Das Buch von Johnson enthält die üblichen Argumente der klassischen Kreationisten, wobei insbesondere das fehlende Detailwissen hervorsticht.

Die oben zitierten Sätze sind einer Buchanzeige des *Discovery Institute* (Seattle) entnommen. Dessen *Center for Science and Culture* ist seit Mitte der 1990er Jahre das inoffizielle Zentrum und Förderorgan der ID-Bewegung in den USA. Die Argumente und Strategien dieser modernen Evolutionsgegner sind im nächsten Abschnitt zusammengefasst.

Die ID-Bewegung: Strategien und Konzepte

In einem Interview mit der Zeitschrift *Christianity Today*, das 1998 publiziert wurde, gab der Urvater der ID-Bewegung P. Johnson seine Grundmotivation preis, indem er sinngemäß sagte: "Menschen unterschiedlicher theologischer Ansichten sollten lernen, wer ihnen nahe steht, Allianzen bilden, und ihre Konflikte beiseite legen ... Es geht darum, die Evolutionisten zu bekämpfen. Die grundlegende Strategie hinter der ID-Bewegung lautet 'the Wedge' (d. h. der Keil). Es geht hierbei nicht nur um die Widerlegung der Evolutionstheorie, sondern um viel mehr: Der methodische Naturalismus und somit die Grundlage aller Wissenschaft soll durch einen christlichen Theismus ersetzt werden. Unsere Kultur soll erneuert werden, so dass der Mensch wieder als Ebenbild Gottes gesehen wird".

Das US-*Center for Science and Culture* (CSC) des *Discovery Institute* hat seine "Keil-Strategie" als internes Manifest zusammengefasst. Dieses Dokument wurde im Jahr 2000 im Internet publiziert und u. a. von R. T. Pennock (2003) der weltweiten Wissenschaftlergemeinschaft bekannt gegeben. Die wesentlichen Glaubensinhalte des CSC können somit wie folgt zusammengefasst werden: " Die Aussage, Menschen seien als Abbild Gottes geschaffen worden, ist Grundlage der westlichen Zivilisation. Der Einfluss dieses Grundsatzes kann in vielen Bereichen erkannt werden, so z. B. im Prinzip der Demokratie, den Menschenrechten, des freien Handels und den Fortschritten in den Künsten und Wissenschaften. Dieser Grundgedanke wurde jedoch vor über 100 Jahren von Intellektuellen, die sich auf Entdeckungen der modernen Wissenschaften beriefen, angegriffen: Unter Missachtung der traditionellen Konzepte von Gott und dem Menschen wurde unsere Spezies von Denkern wie Charles Darwin, Karl Marx und Siegmund Freud nicht als moralisch-geistiges Wesen, sondern als Tier oder Maschine betrachtet, die durch unpersönliche Kräfte geleitet wird und deren Verhalten und Gedanken durch biologisch-chemische Prinzipien und die Umwelt gesteuert werden. Diese materialistische Sichtweise der Realität infizierte letztlich alle Bereiche unserer Kultur, von der Politik/Wirtschaft bis zur Literatur/Kunst". Das Ziel der ID-Bewegung wurde am Ende des "Keil-Manifests" wie folgt umrissen: "Es geht um die Überwindung des Materialismus und seiner kulturellen Implikationen und darum, diese Sichtweise durch ein theistisches Verständnis der Natur zu ersetzen".

Welche Bedeutung hat der Begriff "the Wedge" ? Es geht den ID-Vertretern darum, den soliden, aus einem Stück bestehenden "Baumstamm" *Naturalismus-Materialismus-Naturwissenschaften* über kleine Risse, die man erkannt zu haben glaubte, durch Eintreiben eines "Keils" zu spalten: Die Einheit der modernen Wissenschaften und deren Monopolstellung in der modernen Welt soll zerstört und durch eine christlich-religiöse Alternative ersetzt werden.

Der amtierende Direktor des CSC und frühere Führer der ID-Bewegung, S. C. Meyer, publizierte 1999 einen Aufsatz mit dem Titel "The return of the God hypothesis". In diesem Beitrag des Philosophen werden u. a. der methodische Naturalismus und die Evolution im oben dargelegten Sinne verteufelt.

Obwohl diese Fakten eindeutig belegen, dass hinter dem "Intelligenten Designer" der Gott in der Bibel gesehen wird, bemüht man sich mit allen Mitteln, nicht als Anhänger des Schöpfungsglaubens (d. h. als Kreationisten) zu erscheinen, sondern als "Wissenschaftler" in der belebten Natur "Anzeichen von ID" zu identifizieren und zu beschreiben.

Die Hauptaussagen der sogenannten "ID-Theorie" sind in den Büchern der Autoren P. Johnson (1991), M. J. Behe (1996), J. Wells (2000) und W. A. Dembski (2002) zusammengefasst. Bevor auf diese Inhalte eingegangen wird, sollte noch eine populäre Publikation erwähnt werden, die von E. C. Scott (1997) als Vorläufer der ID-Gründungsschriften angesehen wird. Im Jahr 1989 erschien ein Ergänzungsband zu US-Biologieschulbüchern, der den naiven Titel *Von Pandabären und Menschen (Of Pandas and People)* trägt. Dort wurde der Begriff ID erstmals eingeführt und auf populärem Niveau einer breiteren Öffentlichkeit vorgestellt.

Grundsätzlich basiert die ID-Literatur auf dem klassischen Argument von W. Paley (1803), das in Kapitel 3 dargelegt wurde ("design must have a designer"). Mit Ausnahme des o. g. Schulbuchs sind die ID-Publikationen jedoch auf einem höheren Niveau verfasst als die von H. Morris & Co. initiierten und propagierten Schriften zur "Creation Science". Unter den ID-Vertretern gibt es neben Philosophen (S. C. Meyer) und Juristen (P. Johnson) auch einige Naturwissenschaftler, wie z. B. den Biochemiker M. J. Behe. Dessen

Buch *Darwin's Black Box* (1996) enthält die anspruchsvollste Argumentationskette und soll hier – neben dem weniger präzise ausformulierten Werk des Mathematikers/Philosophen W. A. Dembski (2002) – als Basis dienen. Der bereits zitierte Gründungsvater der akademischen ID-Bewegung, P. Johnson, hat 1992 in einem Interview seinen theistischen Standpunkt wie folgt dargelegt: "Wenn Gott existiert, welchen Grund gibt es dann, an eine blinde, naturalistische Evolution zu glauben ?" (Scott 1997).

Bei Behe (1996) sucht man vergeblich nach derartigen christlich-religiösen Aussagen. Auf dem Buchcover wird behauptet, der Autor sei kein Kreationist (der Biochemiker ist jedoch bekennender Katholik). Behe referiert zahlreiche Beispiele für komplexe biochemische Stoffwechselwege und argumentiert dann, dass durch Ausfall einer Komponente das Gesamtsystem zusammenbrechen würde. Als anschauliches Beispiel wird u. a. die "Geisel" (d. h. Flagelle) von Bakterienzellen besprochen. Allgemein formuliert: Die Komplexität biologisch-chemischer Vorgänge sei derart hoch, dass diese nicht auf Teilprozesse zurückgeführt werden könnte. Dieses Konzept der "nicht reduzierbaren Komplexität (irreducible complexity)" soll dem Evolutionsprinzip widersprechen. Interessanterweise akzeptiert der Biochemiker das Darwinsche Prinzip der gemeinsamen Abstammung und gibt zu, dass Mikroevolutionsprozesse möglich seien. Die Entstehung neuer "Baupläne" schreibt er jedoch dem "großen Designer" zu. Diese Hybrid-Theorie (Design, kombiniert mit der Mikroevolution) bezeichnet Behe als "eine der größten Errungenschaften in der Geschichte der Naturwissenschaften" und vergleicht sie mit den Entdeckungen von Newton, Einstein, Pasteur und Darwin.

Nach Ansicht von W. A. Dembski (2002) ist es dem Biochemiker M. J. Behe gelungen, das Darwinsche Modell der Schritt-für-Schritt – Stammesentwicklung (Prinzip der Variation/Selektion im Verlauf zahlreicher Generationenabfolgen) logisch widerlegt und ad absurdum geführt zu haben. Obwohl M. J. Behe an das Postulat der gemeinsamen Abstammung glaubt und das dokumentierte Erdalter akzeptiert, lehnt er die belegten Mechanismen der Evolution ab. Aufgrund der "nicht reduzierbaren Komplexität " der Lebensprozesse soll ein "Intelligenter Designer" in die Evolutionsbiologie eingeführt werden, der sich u. a. die Bakterien-Flagelle und verschiedene

Stoffwechselwege "ausgedacht" hat. Nach Dembski (2002) könne aus Lücken (offene Fragen) im naturalistischen Evolutionsmodell auf das Wirken einer übernatürlichen "Intelligenz" geschlossen werden. Dieser Analogieschluss ist jedoch unzulässig: Es wird vom "Auto-Designer" auf den Gott in der Bibel geschlossen, der für die Schaffung der angeblich nicht reduzierbaren Komplexität verantwortlich sei (Abb. 4.2). Positive Belege für den "Intelligenten Designer" finden sich in den Schriften der oben genannten ID-Vertreter nicht (s. Kapitel 10).

Im Dezember 2003 fand im Institut für Religionsphilosophie der Universität Frankfurt/Main eine internationale Tagung zum Thema "Science and Religion" statt, an der ich mit einem Vortrag vertreten war. Während einer Diskussion mit dem ID-Anhänger D. Ratzsch (Professor für Philosophie am Calvin College, USA) hatte ich nach der Identität des "Designers" gefragt. Als sich der Philosoph in die Ecke gedrängt fühlte, antwortete er, der "Designer" könne auch als "Marsmensch" oder ganz allgemein als "außerirdisches Wesen" gedacht sein: Würde man auf einem extraterristrischen Planeten z. B. ein eigenartig konstruiertes Fahrzeug finden, so würde man eindeutig auf "außerirdische intelligente Designer" schließen. Ähnliche Argumente wurden von anderen ID-Vertretern geäußert und mehrfach publiziert.

In den Schriften des Theologen W. Paley (1803) wird der "Designer" mit dem Gott in der Bibel gleichgesetzt. Aus den oben dargelegten Zitaten des CSC geht ebenfalls ohne Zweifel hervor, dass die Mehrzahl der modernen ID-Vertreter christliche Fundamentalisten sind, die als Privatpersonen den "Paleyschen Designer" verehren. Zwei Beispiele aus dem Internet sollen diese Schlussfolgerungen weiter unterstützen. Eine umfassende Homepage des *Intelligent Design and Evolution Awareness (IDEA) Club* , die von zwei Studenten betreut wird, behandelt u. a. die folgenden Themenbereiche: "Die Wissenschaft hinter ID, nicht reduzierbare Komplexität, schlechte Theologie und gutes Design". An einigen Stellen wird der "Designer" mit dem Gott in der Bibel in Verbindung gebracht. Am Ende aller Seiten findet sich kleingedruckt der folgende aufschlussreiche Satz: "Give thanks to the Lord, for he is good; his love endures forever (Psalm 118:1)".

Als weiterer Beleg sei ein Kommentar des Herausgebers des *World Wide Christian Web,* der unter dem Titel "Trends in Science in 2004" publiziert wurde, angeführt. In diesem Aufsatz sind sinngemäß die folgenden Aussagen zu finden: Die Darwinsche Evolutionstheorie (Gradualismus) wird derzeit von der ID-Bewegung attackiert. Möglicherweise wird im Jahr 2004 die ID-Theorie die breite Öffentlichkeit erreichen. Für jene, die ID nicht kennen, sei gesagt, dass die Herren P. Johnson, M. J. Behe, W. A. Dembski und J. Wells im Verlauf der letzten Jahre die Lücken der Evolutionstheorie erkannt und ausführlich über diese Problematik geschrieben und gesprochen haben. Die ID-Vertreter führen aus, dass der Evolutionstheorie die Beweise fehlen, und dass sie fälschlicherweise der Öffentlichkeit und den Schülern als Tatsache gelehrt wird. Fakt ist jedoch, dass die Natur in hohem Maße das Merkmal eines Designs zeigt und natürliche Evolutionsprozesse keine Fortschritte in den Organismen bewirken können. Diese Entwicklung kann nur gestoppt werden, wenn ehrliche Wissenschaftler ihren religiösen Glauben einbringen und die missglückte Theorie fallen lassen ... Zusammenfassend sieht es aus, als würde 2004 ein gutes Jahr für einen neuen christlichen Intellektualismus werden".

Fazit: Die ID-Bewegung in den USA ist als neue Strategie zu bewerten, um den biblischen Schöpfungsglauben als Alternative zur naturalistischen Evolutionstheorie im Schulunterricht zu etablieren und einer breiten Öffentlichkeit darzubieten. Es ist daher sachlich korrekt, vom ID-Kreationismus zu sprechen (Scott 1997, Pennock 2003, Kutschera 2003 a).

Es wurde bereits dargelegt, dass das *Discovery Institute (Center for Science and Culture)* als wichtigste US-Gruppierung zur Verbreitung des ID-Kreationismus bewertet werden muss. Mit einem geschätzten Jahresetat von etwa 2,5 Millionen US-Dollar ist diese Vereinigung als finanzkräftige Organisation zur Verbreitung einer neuen "theistischen Sicht" der Natur zu bewerten. Auf der Internetseite (Stand Dezember 2003) werden u. a. die folgenden Fragen angesprochen: What is intelligent design ? Is there evidence for design ? What are key problems with Darwinism ?

Als "Senior Fellows" sind u. a. die ID-Vertreter M. J. Behe, W. A. Dembski, S. C. Meyer und J. Wells aufgeführt. Unter den "Fellows" ist neben zahlreichen US-Wissenschaftlern auch ein deutscher

Hochschullehrer mit Portrait vorgestellt. Es handelt sich um den Mikrobiologen Prof. S. Scherer, der als Evolutionskritiker seit Mitte der 1980er Jahre bundesweit bekannt ist. Auf der CSC-Homepage ist eine Bemerkung abgedruckt, die belegt, dass der "Arm" des SCS bis nach Deutschland reicht: "[S. Scherer] is the first author of a multi-author college-level German biology textbook titled *Evolution – Ein kritisches Lehrbuch* (1998, Weyel Biologie)". Dieses von R. Junker und S. Scherer verfasste (und herausgegebene) Buch hat unter den deutschen Biologen viel Unruhe und Besorgnis ausgelöst. Wesentliche Inhalte dieses Schulbuchs werden im nächsten Kapitel vorgestellt und diskutiert.

Abb. 4.2: Der Intelligente Designer bei der Arbeit: Erschaffung der Erde durch Gottes Planung (Nach einer Bibel aus dem Jahr 1478).

5. Die Evangelikalen und das evolutionskritische Schulbuch

Im Juli 2001 erschien im *Gießener Anzeiger* ein Artikel mit dem Titel "Steht die evangelische Kirche noch auf biblischem Boden ?" In diesem Beitrag wurde berichtet, der Pressesprecher der *Evangelischen Allianz* in Gießen, Herr U. Weyel, habe sich über die Einstellung der Evangelischen Kirche von Hessen und Nassau zu Ehen zwischen gleichgeschlechtlichen Menschen geäußert. Ein Probst hatte diesen Paaren den kirchlichen Segen erteilt; dies wurde vom Pressesprecher U. Weyel u. a. mit dem folgenden Zitat aus dem Neuen Testament der Bibel kommentiert: "Denkt daran: Für Menschen, die Unrecht tun, ist kein Platz in Gottes neuer Welt!" (1. Kor. 6,11). Die *Evangelische Allianz* ist ein weltweit verbreitetes Netzwerk von Menschen und Gruppierungen, die als Gemeinschaft gläubiger Christen leben und wirken wollen. Zur *Deutschen Evangelischen Allianz* zählen zur Zeit mehr als 1200 örtliche Gruppen und etwa 170 unabhängige Werke mit sozial-diakonischen und christlichen Schwerpunkten. Grundlage der Kooperation über konfessionelle Grenzen hinweg ist das gemeinsame Bekenntnis zu Jesus Christus (Abb. 5.1), formuliert in der Glaubensbasis. Diese wird am Ende des Kapitels vorgestellt.

Abb. 5.1: Jesus Christus als Kind der Mutter Maria mit den Weisen aus dem Morgenland (aus einer katholischen Schulbibel, 1930).

Zu den angeschlossenen Gießener Gemeinden zählen u.a. die *Baptisten.* Diese evangelisch-freikirchliche Gruppierung wurde bereits erwähnt (Kapitel 3), wobei betont werden soll, dass auch Anhänger des wörtlich verstandenen biblischen Schöpfungsglaubens (d. h. Kreationisten) dieser christlichen-konservativen Vereinigung angehören.

Der Pressesprecher der *Evangelischen Allianz* ist ein erfolgreicher Verleger, der u. a. das Schulbuch von R. Junker und S. Scherer (1992, 1998) vertreibt. Dieses populäre Werk der deutschen Kreationisten soll in diesem Kapitel im Detail analysiert werden. Zunächst wollen wir einige Informationen zur Entwicklung des Anti-Evolutionismus in Deutschland rekapitulieren, um am Ende auf die eingangs dargestellten evangelischen Gemeinden in Gießen zurück zu kommen.

Schöpfungsglaube im Nachkriegsdeutschland

Nach Ende des zweiten Weltkriegs begann in Deutschland auf breiter, gut koordinierter Front eine Zeitungs- und Bücherkampagne gegen die angeblich mit der Nazi-Ideologie verwandte Naturwissenschaft Biologie. Unter Stichworten wie z. B. "der Mensch stammt nicht vom Affen ab" sollte die naturwissenschaftlich weitgehend ungebildete Bevölkerung gegen Charles Darwin und seine Theorien vereinnahmt werden. Die damalige Lehrmeinung der katholischen Kirche wurde bereits dargestellt (Kapitel 3).

An dieser Stelle soll erwähnt werden, dass der *Verband Deutscher Biologen* (Vdbiol) während dieser Hochphase des Anti-Evolutionismus gegründet wurde (September 1954). Als Ziel wurde u. a. vereinbart, das Fach Biologie an Schulen und Universitäten in voller Breite zu verankern und der hier dargestellten wissenschaftsfeindlichen Strömung entgegen zu wirken. Ein Höhepunkt aus dieser Nachkriegsperiode ist im Folgenden dargestellt.

Ein heute nur noch in Fachkreisen bekannter Autor und studierter Biologe veröffentlichte 1959 ein populärwissenschaftliches Sachbuch, das unter dem Titel: R. Nachtwey: *Der Irrweg des Darwinismus*, im Morus-Verlag, Berlin erschienen ist. Aus dem Vorwort: "Während die Vertreter der materialistisch eingestellten Naturwissenschaft, besonders in den kommunistisch regierten Ländern, den 100. Geburtstag von Darwins 'Entstehung der Arten' in außergewöhnlicher Weise feiern, hat sich der Verfasser den Kampf gegen den Darwinismus und jede materialistische Deutung der Welt zu seiner Lebensaufgabe gemacht".

Im ersten Kapitel mit dem Titel "Menschheit am Abgrund" steht u. a. das Folgende: "Manche Naturforscher sagen, dass ein geistloser Zufall den Menschen ins Dasein rief; ein blinder, sinnloser Zufall und der brutale tierische Kampf, diese beiden hätten zusammengewirkt und die vollendete Bestie geschaffen, die sich Mensch nennt. Naturforscher waren es, die dem Menschen zuriefen: Durch reinen Zufall bist du Mensch aus dem Affen geworden! Du bist nichts weiter als eine komplizierte Maschine! [....] Du bist ein willenloser Roboter, nichts weiter !" Aus derartigen Sätzen lässt sich das folgende Bild vom Evolutionisten herauslesen: "Der Darwinist" befürwortet die Abstammungslehre, lehnt eine Vererbung erworbener Eigenschaften ab, ist ein gottloser Atheist und Materialist, leugnet die Seele, kennt keine Zielstrebigkeit, sondern nur den Zufall, ist zweck- und wertblind, ein Barbar und Anhänger der Raubtierethik, Volks- und Weltverderber u.s.w. Die Darwinsche Lehre erklärt nach Ansicht des Autors nichts: "Es ist völlig unmöglich, die Entwicklung und Sonderstellung des Menschen zu erklären. Der Darwinismus erklärt nur die Entstehung von Missbildungen. Er versagt vor diesen so wesentlichen Fragen wie vor dem Problem der Typogenese". An anderer Stelle argumentiert Nachtwey wie folgt: "Die moderne Forschung erlöst die gesamte Biologie aus der hundertjährigen Hypnose, aus der schweren verhängnisvollen Suggestion, die sich 'Darwinismus' nennt".

Als Alternative zur "Darwinschen Zufallstheorie" unterbreitet der Autor dem Leser den sogenannten "schöpferischen Lamarckismus". An entscheidender Stelle wird diese Weltanschauung wie folgt zusammengefasst: "Nicht aus ihrer materiellen Grundlage sind die Lebenserscheinungen und Entwicklungsvorgänge der Organismen zu erklären, sondern einzig und allein aus einem rätselhaften, schöpferischen und zielstrebigen Prinzip, das schon in jeder einzelnen Zelle am Werke ist". Der Ursprung und die Wirkungsweise dieses mystischen Glaubensprinzips wird vom Biologen R. Nachtwey allerdings nicht näher erläutert.

In einem Kapitel mit dem Titel "Darwin-Nietzsche-Hitler" wird behauptet, die Darwinsche Lehre hätte im Gehirn des Philosophen Friedrich Nietzsche (1844 – 1900) eine "biologische Verirrung" angerichtet, der dieser Denker rettungslos verfallen sei. Nietzsches gesamtes Denken soll nach R. Nachtwey (1959) nur noch um den Begriff der "Züchtung" gekreist haben. Der Diktator Adolf Hitler (1889 – 1945) soll "auf das Stärkste durch die Schriften Nietzsches beeinflusst worden sein". Mit dieser konstruierten Argumentationskette wird die Darwinsche Abstammungslehre mit den Verbrechen der Nationalsozialisten in Verbindung gebracht. Diese unhaltbare Verbindung wird in Kapitel 9 diskutiert.

In den nächsten Abschnitten sind die geistigen Produktionen der intellektuellen Nachfahren des Evolutionsgegners R. Nachtwey (1959) dargestellt.

Anti-Evolutionismus im deutschsprachigen Raum

Im Jahr 1984 wurde in der Zeitschrift *Geo* ein Artikel mit dem Titel "Darwinismus: Der Irrtum des Jahrhunderts" publiziert. Dieses Pamphlet, verfasst von einem wenig sachkompetenten Journalisten, kann als ein erster Vorläufer der hier beschriebenen antinaturwissenschaftlichen Bewegung angesehen werden.

In den Jahren 1990 bis 2003 waren in Deutschland u. a. die folgenden fünf Gruppierungen und Vereinigungen mit evolutionskritischen Schriften und Büchern vertreten:

1. *Zeugen Jehovas* (Deutscher Zweig: Selters/Taunus). Auf die Weltanschauung dieser Endzeit-Sekte wurde in Kapitel 3 eingegangen. Weiterführende Darlegungen befinden sich in Kapitel 7.
2. Das *Missionswerk Werner Heukelbach* (Bergneustadt) definiert sich als Vereinigung zur Verbreitung des christlichen Glaubens: "Die gute Nachricht von Jesus Christus soll u. a. durch Radiosendungen, Telefonandachten und Literaturarbeit bekannt gemacht werden". Das Missionswerk wirbt keine Mitglieder und distanziert sich von sektiererischen Gruppierung. Aus einem Werbeprospekt: "Grundlage für unsere überkonfessionelle Arbeit ist allein Gottes Wort, die Bibel". Auf einige der Schriften, in denen die Evolutionstheorie verunglimpft wird, wurde bereits eingegangen (Kutschera 2001). Neuerdings

verbreitet das Missionswerk ihre naiven kreationistischen Thesen auch im Internet. Als Probe sei aus einem *Heuckelbach*-Flyer mit dem Titel "Die Affentheorie" zitiert (Stand: Januar 2004): "Bekannte Wissenschaftler haben ... schwerwiegende Zweifel an der Richtigkeit der Lehre Darwins... also muss die Information, die in den Zellen der Lebewesen vorhanden ist, von einer genialen Intelligenz stammen, die wir Schöpfer nennen". Des weiteren wird auf den amerikanischen Biochemiker M. J. Behe verwiesen und dessen Prinzip der "nicht reduzierbaren Komplexität" vorgestellt: "Weil sich solche Systeme nicht entwickeln konnten, müssen sie von einem intelligenten Schöpfer gemacht worden sein". Eine weitere Argumentationskette sei in abgekürzter Form zitiert: "Die Theorie Darwins hat zu einem total falschen Weltbild geführt. Und genau das diente als Grundlage des Atheismus, der Leugnung eines Schöpfergottes. Bis hinein in unsere Zeit wird der Mensch durch dieses Ohne-Gott-Weltbild betrogen. Die Lehre dieses falschen Weltbildes ist leider in allen Schulen und Universitäten zum Gesinnungsfach geworden".

3. In den 1990er Jahren wurde ein sogenanntes *Professoren-Forum* (Aßlar) gegründet, dessen teilweise erschreckend plumper Anti-Evolutionismus bereits kommentiert wurde (Kutschera 2001). Seit kurzem ist dieses christlich-konservative Forum auch im Internet präsent. In der Zeitschrift *Professorenforum-Journal* (Vol. 4/2003) sind drei Artikel des amerikanischen ID-Theoretikers W. A. Dembski im englischen Original abgedruckt: "Science and Design", "The Logical Underpinnings of Intelligent Design", und "ID as a Theory of Technological Evolution". Die Texte wurden u. a. aus den Büchern dieses amerikanischen Theoretikers zusammengestellt. Mit diesen Beiträgen soll dem Leser die Evolutionstheorie als "widerlegt" dargeboten und "Beweise" für die ID-Theorie geliefert werden. Am Ende des Textes sind die Mitgliedschaften von W. A. Dembski aufgelistet: Der Mathematiker/Philosoph mit Zusatzdiplom im Fach Theologie ist u. a. "Executive Director" der *International Society for Complexity, Information and Design*; "Senior Fellow" des *Discovery Institute* und "Member" der *Evangelical Philosophical Society* der USA. Dies zeigt, dass die "Evangelikalen" mit der ID-Bewegung in Verbindung stehen.

4. Das *Kuratorium Lebendige Vorwelt e.V.–* wissenschaftlicher gemeinnütziger Verein zur Förderung des Museums Lebendige

Vorwelt – (Hagen) gibt u. a. kreationistische Zeitschriften heraus, die weiter unten besprochen sind.

5. Die *Studiengemeinschaft Wort und Wissen e. V.* (Baiersbronn) ist die einzige Kreationisten-Vereinigung in Deutschland, die explizit einen wissenschaftlichen Anspruch erhebt. Sie gibt in regelmäßiger Folge Info-Blätter und eine Zeitschrift heraus und wird insbesondere durch die christlich-konservative Schweizer Zeitschrift *factum* beworben. Im nächsten Abschnitt sollen die Aktivitäten der beiden zuletzt genannten Organisationen dargelegt werden.

Biologische Fakten interpretiert aus biblischer Perspektive

Im Jahr 1982 wurde von J. Scheven eine Schrift publiziert, die Daten zur Evolutionslehre im Biologieunterricht enthalten sollte. Wie Jeßberger (1990) nachgewiesen hat, ist diese Abhandlung als das erste Kreationisten-Schulbuch der Nachkriegszeit zu bewerten. So wurden z. B. die seit langem als Fälschungen bekannten Fußspuren von Dinosauriern und Menschen "in den selben Gesteinsformationen" als Beweis gegen die Evolutionstheorie angeführt. Noch Ende der 1990er Jahre war ein vom Autor dieser Kreationistenschrift geleiteter Verein zur "Förderung des Museums lebendige Vorwelt" in Deutschland aktiv. Als Publikationsorgan diente die Zeitschrift *Leben. Deutsches Schöpfungs-Magazin.* Aus dem Inhalt (Heft Nr. 9, Oktober 1997): "Das Magazin bringt wissenschaftliche Informationen über Schöpfung und Sintflut in verständlicher Sprache ... Durch die Vielfalt ihrer nicht auseinander ableitbaren Köcherkonstruktionen und durch ihr fertiges Vorhandensein im Bernstein weisen Köcherfliegen auf einen Ursprung hin, der für viele Menschen in weite Ferne gerückt ist, nämlich auf Schöpfung! Das ins-Dasein-Treten durch den Schöpfer ist keine Erfindung menschlichen Denkens, sondern ein in der Bibel geoffenbarter Sachverhalt". Weiterhin sei an dieser Stelle auf ein Buch des ID-Kreationisten Dr. W.- E. Lönnig (1993), der am Max-Planck-Institut für Züchtungsforschung in Köln tätig ist, hingewiesen. In diesem umfassenden Sammelwerk wird das Konzept der "intelligenten Schöpfung" als Alternative zum naturalistischen Evolutionskonzept präsentiert (s. Kapitel 7).

Die wichtigste Kreationistenvereinigung im deutsprachigen Raum (*Studiengemeinschaft Wort und Wissen* e. V.) wird in der christlichen Presse als "evangelikale Gemeinschaft" beschrieben. Nach Auskunft des W+W-Mitarbeiters Dr. R. Junker ist diese Charakterisierung zutreffend, aber keine offizielle Bezeichnung. Die Studiengemeinschaft definiert sich als Zusammenschluss von Christen aus überwiegend wissenschaftlichen Berufsfeldern. Der Vorsitzende in den Jahren 2001/02, Prof. S. Scherer, lehrt das Fach Mikrobiologie an der TU München. Die Studiengemeinschaft wird als "Glaubenswerk" zum Großteil durch private Spenden finanziert, beschäftigt jedoch auch einige fest angestellte Mitarbeiter. Thematische Schwerpunkte: Bildungsarbeit und Grundlagenforschung im Spannungsfeld Naturwissenschaft und christlicher Glaube. Von besonderer Bedeutung sind hierbei offene Fragen zum Ursprung des Lebens (Evolution/Schöpfung) und des Verlaufs biblisch relevanter Ereignisse. Unter dem Stichwort "Forschung" werden theoretische und historische Erfahrungswissenschaften und die angrenzenden geistes- und humanwissenschaftlichen Disziplinen genannt. Ziel ist es, biblisch fundierte und wissenschaftlich testbare Alternativen zu den Vorstellungen unserer Zeit zu erarbeiten.

In Heft 56/2001 der Zeitung *Wort und Wissen-Info* brachte R. Junker die Intensionen seiner Vereinigung auf den Punkt: "... (es geht uns darum), mit der Schöpfungslehre einen Konkurrenten gegen das Evolutionskonzept zu etablieren". In Ausgabe 63/2003 erinnerte der Ehrenvorsitzende an die Anfänge der Studiengemeinschaft: "Beim 20. Jubiläum der Hauptkonferenz der S.g. Wort und Wissen werden Erinnerungen wach an die Zeit der Entstehung... insbesondere christliche Hochschullehrer bedrückte die Schwierigkeit, ihren Kollegen das Evangelium nahe zu bringen. ... Ergebnisse einer Befragung von Oberstufenschülern, die das Christentum bewusst ablehnten, halfen bei den weiteren Überlegungen. Als Hauptargument der Ablehnung des christlichen Glaubens wurde der Schöpfungsbericht der Bibel genannt. Man behauptete, allein die Lehre der Evolution gäbe das eigentliche Geschehen glaubwürdig wieder. ... Und so kam es, dass das Thema Evolution ins zentrale Blickfeld unserer Arbeit geriet. ... Trotz fundierter Kritik hat selbst die Gruppe der naturwissenschaftlichen Nobelpreisträger die Evolutionslehre als wissenschaftliche Theorie anerkannt. Es wurde von den für die

Schulen verantwortlichen Behörden beschlossen, dass in den Schulen nicht die Schöpfungslehre, sondern die Evolutionslehre als reine Wissenschaft zu lehren sei. ... Das schon in der Anfangsphase von J. Scheven aufgebaute Museum "Lebendige Vorwelt" leistete eine wesentliche Hilfe zur Verbreitung des Gedankengutes der Arbeit der Studiengemeinschaft". ... Von zentraler Bedeutung für die Aufnahme der Schöpfungslehre ist das Schulbuch *Evolution – Ein kritisches Lehrbuch* von R. Junker und S. Scherer, das schon in der Aufbauphase der Studiengemeinschaft entstanden ist und in seiner 5. Auflage sogar Auszeichnungen erhielt. ... An unserem heutigen Jubiläumstag dürfen wir unserem Herrn danken, dass er unsere Arbeit gegen härteste Widerstände reich gesegnet hat. Das ursprüngliche kleine Pflänzchen 'Wort und Wissen' ist bestens gediehen".

Der "Bildungsarbeit" von W+W kommt eine besondere Bedeutung zu. Durch öffentliche Vorträge, Seminare und Videofilme (s. Kapitel 8) soll erreicht werden, wissenschaftliche Fakten in einem biblischen Zusammenhang zu verstehen und Glaubenshindernisse auszuräumen. Als zentrales Publikationsorgan wird die evolutionskritische Zeitschrift *Studium Integrale Journal* herausgegeben. In dieser bunt gestalteten Heft-Reihe werden einerseits biologische Fakten referiert, andererseits jedoch Beiträge zur Verbreitung des Kreationismus abgedruckt. Insbesondere werden im Rahmen der Öffentlichkeitsarbeit allgemein verständliche, illustrierte Farb-Infohefte verbreitet (z. B. Stammt der Mensch von Adam ab ? Das Heft bietet eine alternative Deutung aus der Sicht der Schöpfungslehre; für Kinder: Die geschaffenen Arten kennen lernen; mit Kindern die Schöpfung entdecken usw.). Als wichtigstes Publikationsmedium dient der Studiengemeinschaft ein für die deutschen Schulen verfasstes reich bebildertes "Lehrbuch". Dieses Standardwerk des deutschen Kreationismus soll in den nächsten zwei Absätzen in Ausschnitten besprochen werden.

Evolution und Schöpfung in einem Schulbuch

Im Jahr 1986 wurde im U. Weyel-Lehrmittelverlag, Gießen, ein Buch mit dem Titel: R. Junker und S. Scherer: *Entstehung und*

Geschichte der Lebewesen publiziert, das den Untertitel trägt: *Daten und Deutungen für den Biologieunterricht*. Im Vorwort (zitiert nach der 3. Aufl. 1992) sprechen die Autoren ihre Intension klar aus: "Diese Arbeit ist der erste Versuch im deutschen Sprachraum, den in der Schule gebrauchten Argumenten für Evolution eine auf der Schöpfungslehre beruhende Gegenposition beizugeben". Dieses auf biblischen Dogmen basierende Schöpfungsmodell wird von den Autoren wie folgt umrissen: "Die heute lebenden Organismen gehen auf getrennt erschaffene Grundtypen von Lebewesen zurück: ihr Ursprung ist polyphyletisch. Die erschaffenen Arten waren von Anfang an perfekt organisiert und zu beschränkter Variation innerhalb bestimmter Grenzen (Mikroevolution) befähigt. Der Schöpfungsakt selber ist naturwissenschaftlich nicht nachvollziehbar. ... Aus der Annahme einer Schöpfung folgt die Voraussage, dass Zwischenformen zwischen Grundtypen niemals existierten und auch künftig nicht gefunden werden" (Junker und Scherer 1992).

Dieses Schulbuch fand einen so guten Absatz, dass 1992 bereits die 3. Auflage publiziert wurde. Die 1998 erschienene Neuauflage dieses Standardwerks des deutschen Kreationismus erhielt einen neuen Titel. Das Buch ist graphisch ansprechend gestaltet und bezüglich des Kaufpreises sehr günstig. Es wird vom Verleger U. Weyel u. a. aus weltanschaulich-religiösen Gründen vertrieben (s. Kapitel 6). Ob es Sponsoren aus dem In- oder Ausland gibt, die dieses "Theobiologische Glaubenswerk" finanziell unterstützen, ist unbekannt.

Im Folgenden sollen einige zentrale Argumente der Autoren diskutiert werden. Aus dem Vorwort der 4. Auflage: "Die meisten Biologen sind der festen Überzeugung, dass die beobachtbaren mikroevolutiven Prozesse schließlich zur Makroevolution führten, also eine ausreichende Erklärung dafür liefern, dass alle Lebewesen aus Einzellern in einem historischen Evolutionsprozess hervorgegangen sind". Die Autoren haben es sich zur Aufgabe gemacht, das durch Fakten untermauerte Prinzip der Makroevolution (additive Typogenese, d. h. zahlreiche Mikro-Evolutionsschritte führen zur Entstehung neuer Baupläne, s. Kutschera und Niklas 2004) als unhaltbar bzw. "unbewiesen" darzustellen. Als Alternative zur Makro-Evolution bieten die Autoren eine von der biblischen Offenbarung her motivierte "Schöpfungslehre" (Junker und Scherer 1998). In der Neuauflage sind graue Kästen abgedruckt, welche die Überschrift

Grenzüberschreitung tragen: "Grenzüberschreitungen werden ausdrücklich gekennzeichnet. Dies soll der angestrebten Trennung von Daten, Interpretation und Weltanschauung dienen und gleichzeitig dem ausschließlich naturwissenschaftlich orientierten Leser entgegenkommen, für den ein Denken in Kategorien der Schöpfung unbekannt, ungewohnt oder unerwünscht ist". Im nächsten Abschnitt sollen einige Behauptungen aus diesem Schulbuch analysiert werden.

Grundtypen-Biologie und Grenzüberschreitungen

Im ersten Kapitel wird die Naturwissenschaft Biologie wie folgt definiert: "Naturwissenschaften befassen sich mit Sachverhalten und Ereignissen, die prinzipiell jederzeit feststellbar bzw. wiederholbar (reproduzierbar) sind und unabhängig vom Beobachter bzw. Experimentator eintreffen" (Junker und Scherer 1998). Diese Charakterisierung der *Sciences* gilt im Prinzip für die Physik und die Chemie. Geologie, Astrophysik und Astronomie, zu deren Zielen es gehört, die Entstehung der Erde und ihrer Gebirge bzw. von Sternen und Galaxien zu rekonstruieren, sind ebenfalls originäre naturwissenschaftliche Disziplinen. Die Biologie ist – wie die Geologie – neben einer Experimental- auch eine Geschichtswissenschaft; ihre übergeordneten Ziele bestehen darin, die Funktion rezenter Organismen zu verstehen (Physiologie) und die Stammesgeschichte der Lebewesen zu rekonstruieren (Evolution). Die oben zitierte Definition ist somit unzutreffend. Dem heutigen Standard entsprechende Definitionen zum Begriff "Biowissenschaften" finden sich z. B. in den Büchern von Mahner und Bunge (1997) und in Kutschera (2001, 2002).

Im Unterkapitel "Evolutionslehre und Schöpfungslehre" wird in einer Abbildungslegende die kreationistische Grundposition der Autoren wie folgt zum Ausdruck gebracht: "Schöpfungsmodelle nehmen durch eine Grenzüberschreitung Bezug auf die biblische Offenbarung über die Entstehung der Lebewesen und postulieren eine unabhängige Entstehung zahlreicher Grundtypen durch Schöpfungsakte Gottes" (Junker und Scherer 1998). In der Zusammenfassung des Eingangskapitels steht der folgende Satz: "Falsch ist jedoch die Behauptung, dass es auf Grund der naturwissenschaftlichen Daten zwingend war, eine (Makro-) Evolutionslehre zu formulieren und falsch ist die Auffassung, durch Darwins Beobachtungen sei die Schöpfungslehre widerlegt worden" (Junker und Scherer 1998). Wie die in Kapitel 4 zitierten Sätze aus dem Hauptwerk von Charles Darwin zeigen, hat der Hauptbegründer der Abstammungslehre eine Fülle an Fakten und Dokumente geliefert, die mit der klassischen "theory of creation" des 19. Jahrhunderts nicht erklärbar waren. Die Aussage von Junker und Scherer (1998) entbehrt somit jeglicher Grundlage. Als besonderer didaktischer "Trick" verwenden die Autoren eigene Begriffe, die in der modernen Evolutionsbiologie unbekannt sind. So soll z. B. Evolution eine "Ursprungslehre" sein, die mit jeder beliebigen Glaubens-Mystik auf eine Stufe gestellt werden kann. Der Begriff "Evolutionslehre" wird heute nicht mehr benutzt; Junker und Scherer (1992, 1998) verwenden diesen Terminus jedoch, um dem Leser zu suggerieren, es gäbe zwei gleichberechtigte "Lehren vom Ursprung der Lebewesen": Evolution einerseits und Schöpfung andererseits. Wie bereits ausführlich dargelegt wurde, ist die Evolution der Organismen heute als dokumentierte Tatsache anerkannt, während es zahlreiche, sich widersprechende Schöpfungsmythen gibt, die in den Bereich des religiösen Glaubens gehören.

Im zweiten Teil des "kritischen Lehrbuchs" werden Grundbegriffe der Systematik referiert. Nach einer Darstellung des von E. Mayr (1988) begründeten Biospezies-Konzepts wird die Definition sogenannter "Grundtypen" eingeführt: "Alle Individuen, die direkt oder indirekt durch Kreuzungen verbunden sind, werden zu einem Grundtyp gerechnet". Als Beispiele werden u. a. aufgeführt: Hühnervögel, Entenvögel, Hundeartige, Pferdeartige, Weizenartige, Kernobstgewächse und Menschen. Grundtypen sind als Schöpfungseinheiten definiert; daraus folgt, dass der Mensch nach Ansicht der Autoren eine von Gott erschaffene Sonder-Spezies (d. h. ein separater Grundtyp) repräsentiert (Junker und Scherer 1998).

Nachfolgend sollen in Kurzform noch einige Behauptungen von R. Junker und S. Scherer aufgegriffen und kommentiert werden: Die biogenetische Regel wird als "falsch" bezeichnet; das Konzept der Endocytobiose als "hochgradig unwahrscheinlich" eingestuft. In einem Abschnitt zur Paläobiologie wird z. B. die folgende Information mitgeteilt: "Nach verbreiteter Annahme soll die Erde $4{,}6 \cdot 10^9$ Jahre alt sein"; in einer sogenannten Grenzüberschreitung wird behauptet, es gäbe fast keine unbestrittenen fossil erhaltenen Übergangsformen. Dieser entscheidende Punkt wird in dem Abschnitt "Der Ursprung der Säugetiere" konkretisiert. Nach ausführlicher Darlegung verschiedener Reptil-Säuger (u. a. *Thrinaxodon*, s. Kapitel 1) wird die folgende Schlussfolgerung gezogen: "Die Detailbetrachtung zeigt, dass in der Fossilüberlieferung plausible Bindeglieder beim Übergang vom Reptil zum Säuger fehlen. Auch in der vermuteten späteren Säugetier-evolution lassen sich zwischen den zahlreichen Säugetiergruppen keine historisch-verwandtschaftlichen Beziehungen ableiten".

Diesen Behauptungen ist das Folgende entgegen zu halten: 1. Die biogenetische Regel (früher einmal als Gesetz bezeichnet) ist eine Grunderkenntnis der Entwicklungsbiologie: alle bisher untersuchten Säugetiere durchlaufen z. B. ein "stammestypisches Grundstadium". 2. Die Endosymbiontentheorie wird durch eine Vielzahl solider Fakten untermauert und zählt zu den gesicherten Bausteinen der modernen Biowissenschaften. 3. Das Erdalter von etwa 4,6 Milliarden Jahren ist durch zahlreiche unabhängige Datierungsmethoden abgesichert. 4. Es gibt eine Reihe fossiler Bauplan-Mischtypen, die in aktuellen Übersichtsartikeln und Lehrbüchern zusammengetragen sind. Insbesondere der Übergang Reptil-Säuger ist durch zahlreiche Übergangsformen bestens dokumentiert (Futuyma 1998, Kemp 1999, Kutschera 2001, Kutschera und Niklas 2004).

Im Kapitel "Biologie und Weltanschauung" werden kreationistische Spezialbegriffe eingeführt. So unterscheiden die Autoren z. B. zwischen zwei Modellen: Langzeit- und Kurzzeit-Schöpfungslehre. In beiden Fällen wird eine übernatürliche "Schöpfung", d. h. das Unableitbare, durch "Gottes Wort" hervorgerufene Auftreten von Phänomenen (bzw. Lebewesen) auf der Erde postuliert. Das Problem ist, dass die Autoren einerseits die übernatürliche Entstehung von "Grundtypen" dogmatisch voraussetzen, andererseits diesen Glaubenssatz dann unter Umdeutung biologischer Fakten wieder beweisen wollen. Wir haben hier einen typischen Zirkelschluss vor uns, wie er auch in anderen Pseudowissenschaften üblich ist.

Abschließend werden dann nochmals eingehend die postulierten "Grundtypen als Schöpfungseinheiten" diskutiert. Das Schöpfungsmodell soll nach Ansicht der Autoren Forschungsimpulse vermitteln: Die rudimentären Organe (z. B. Beckenreste der Wale) müssen unter

Annahme einer Schöpfung eine sinnvolle Aufgabe erfüllen, die vom "Schöpfungs-Forscher" gesucht werden können. Der Zirkelschluss in dieser Argumentationskette ist offensichtlich.

Theo-Biologie und das Design-Konzept

Zunächst sollen die wesentlichen Aussagen des deutschen Kreationisten-Schulbuchs nochmals zusammengefasst werden:
1. Gemäß der biblisch inspirierten "Schöpfungstheorie" sollen auf übernatürliche Art und Weise zahlreiche "Grundtypen des Lebens" erschaffen worden sein. Die durch Fossilreihen dokumentierte Tatsache der Makroevolution (z. B. Übergang Reptil-Säuger oder Reptil-Vogel) wird als "unbewiesen" bezeichnet und durch religiöse Offenbarungen ersetzt.
2. Die "erschaffenen Grundtypen" sollen über natürliche Artbildungsprozesse (Mikroevolution) die heutige Formenvielfalt hervorgebracht haben.
Diese biblisch inspirierte Hybrid-Theorie (Mikroevolution basiert auf natürlichen Variations-/Selektionsprozessen; Makroevolution wird einem übernatürlichen "Schöpfungsakt" zugeschrieben) ist aus drei Gründen in sich widersprüchlich und daher unwissenschaftlich:
1. Die großen Evolutionslinien im Tier- und Pflanzenreich, vom Kambrium bis zum Holozän, sind im Prinzip durch (zum Teil lückenhafte) Fossilreihen dokumentiert (Futuyma 1998, Kutschera 2001, Kutschera und Niklas 2004).
2. Die Speziation (Artbildung) ist ein ebenso kreativer Prozess wie die evolutive Entstehung neuer Baupläne von Lebensformen im Verlauf der Jahrmillionen. Jeder sachkompetente Evolutionsbiologe weiß, dass die Mechanismen der Speziation (Mikroevolution) derzeit intensiv erforscht und noch immer kontrovers diskutiert werden. Bei der Betrachtung der freien Natur ist es noch immer kaum möglich, auch nur zwei rezente Tierarten zu nennen, deren *exakter* Mikroevolutions-Modus im Detail bekannt wäre (Ursache der reproduktiven Isolation).
3. Es gibt keine Belege für sogenannte "Makro-Mutationen bzw. -Rekombinationen". Das Konzept der additiven Typogenese (Aussage: zahlreiche Mikroevolutionsschritte führten im Verlauf der Jahrmillionen zur Entstehung neuer Baupläne, d. h. Makroevolution) gilt

als gesichertes Hypothesen-System (d. h. Theorie) und wird daher von der Mehrzahl der Evolutionsforscher akzeptiert (Futuyma 1998, Kutschera 2001, Kutschera und Niklas 2004).

Die oben zusammengefasste "kreationistische Formel" einer christlich geprägten "Theo-Biologie" bzw. "Bio-Theologie" (Mikroevolution = natürlicher, Makroevolution = übernatürlicher Vorgang) zeigt, dass diese irrationale, dogmatische Argumentationsweise außerhalb der Naturwissenschaften anzusiedeln ist. Wir müssen diese Denk- und Arbeitsweise daher in den Bereich der Pseudowissenschaften stellen: eine Vermischung übernatürlicher Offenbarungen mit erwiesenen Tatsachen führt zu einem "Gedanken-Brei", der für einen logisch-nüchtern-sachlich denkenden Wissenschaftler ungenießbar ist und darüber hinaus dem rationalen Denkvermögen widerspricht.

An mehreren Stellen des "evolutionskritischen Lehrbuchs" von R. Junker und S. Scherer (1998) sprechen die Autoren von sogenannten "Design-Signalen", die der Schöpfer angeblich seinen weniger intelligenten Geschöpfen (d. h. den forschenden "Theo-Biologen") übersendet. Aus derartigen Sätzen folgt, dass der "Intelligente Designer" inzwischen auch die deutschen "Junge-Erde-Kreationisten" erreicht hat. Diese Schlussfolgerung wird durch ein weiteres Buch von R. Junker (2002) unterstützt, indem der Autor das "Design-Konzept" in den Mittelpunkt seiner schöpfungstheoretischen Betrachtungen stellt. Es ist aus meiner Sicht daher angemessen, die wesentlichen Aussagen des hier besprochenen Schulbuchs unter dem Begriff "ID-Kurzzeit-Kreationismus" zusammen zu fassen.

Ein abschließender Vergleich der deutschen Standardwerke des ID-Kreationismus (Nachtwey 1959 als Vorläufer; Lönnig 1993, Junker und Scherer 1998, Junker 2002) zeigt, dass die "Schöpfungsforschung" im Verlauf der vergangenen Jahrzehnte keinen nennenswerten Erkenntnisgewinn erbracht hat. Das 1959 postulierte "rätselhafte schöpferische Prinzip" von Nachtwey konnte, trotz "intensiver "Suche", von Lönnig, Junker und Scherer bis heute nicht "gefunden" werden. Nach Aussage der Autoren Junker und Scherer ist der "Schöpfungsakt" naturwissenschaftlich nicht nachvollziehbar bzw. er kann nicht beschrieben werden. Hier liegt somit ein metaphysischer Glaubenssatz vor, dessen Ergründung per Definitionem mit wissenschaftlichen Methoden nicht möglich ist. Religiöse Glaubensinhalte und Faktenwissen sollten sauber auseinander gehalten werden. In Kapitel 6 werden weitere Teilaspekte der hier vorgestellten "Grundtypen-Biologie" diskutiert.

Evangelikale Christen und religiöser Fundamentalismus

Im Oktober 2003 konnte man in einer großen Tageszeitung die folgende Schlagzeile lesen: "Bibeltreue Eltern vor Gericht. Fünf schulpflichtige Kinder werden seit zwei Jahren nur von Vater und Mutter unterrichtet". In der hessischen Stadt Gießen musste sich ein bibeltreues Elternpaar, das seine schulpflichtigen Kinder aus religiösen Gründen nicht zur Schule geschickt hatte, vor einem Landgericht verantworten. Ihre christlichen Erziehungsgrundsätze wie z. B. unabdingbarer Gehorsam gegenüber den Eltern, würden von öffentlichen Schulen unterwandert, kritisierte der angeklagte Vater. Das Ehepaar störte sich besonders an der "unkritischen und ausschließlichen" Weitergabe der Evolutionstheorie im Biologieunterricht. Sie begründeten Ihre Ansicht mit den folgenden Worten: "Unsere Kinder sollen lernen, dass Gott die Welt erschaffen hat, wie es in der Bibel steht – ohne Ausflüchte". Die beiden angeklagten Eltern, die die Bibel wörtlich nehmen, gehören nach eigenen Angaben "einer kleinen evangelisch-reformierten Gemeinde" in Gießen an.

Die Frage, ob diese nicht namentlich genannte christliche Gemeinde mit der *Evangelischen Allianz* in Gießen, dessen Pressesprecher U. Weyel als erfolgreicher christlicher Verleger tätig ist, in Verbindung steht, ist unbeantwortet. Es ist jedoch wahrscheinlich, dass ein Zusammenhang zwischen diesem dokumentierten christlichen Fundamentalismus eines Elternpaares und dem Anliegen mancher "Evangelikalen" zu konstatieren ist.

Der Begriff "evangelikal" (vom englischen *evangelical*) bedeutet im heutigen Sprachgebrauch nicht etwa "einer evangelischen Kirche zugehörend", sondern etwas ganz anderes: Das junge Wort "evangelikal" ist ein feststehender Begriff für ein in seinem Selbstverständnis auf radikale Weise bibeltreues Christentum geworden. Unabhängig von ihrer Konfession werden als "Evangelikale" jene Christen bezeichnet, die sich auf die Bibel als einzige Glaubensgrundlage berufen. Evangelikale gibt es in fast allen Konfessionen, wobei der

Anteil in sogenannten Freikirchen größer ist als in den beiden Amtskirchen. Nach Informationen, die ich einer anonymen Internetseite entnommen habe, sind in den evangelischen Landeskirchen etwa 9 % der Mitglieder Evangelikale, während der Prozentsatz in der katholischen Kirche weniger als 1 % beträgt. Auf internationaler Ebene haben sich die Evangelikalen zu der bereits eingangs vorgestellten *Evangelischen Allianz* zusammengeschlossen. Die Frage, ob die Evangelikalen als christliche Fundamentalisten zu bezeichnen sind, wird kontrovers diskutiert. Da sie jedoch in aller Regel ein starkes Bedürfnis nach Missionstätigkeit auszeichnet (sie wollen Nicht-Gläubige mit ihren Argumenten überzeugen), ist der Übergang zum christlichen Fundamentalismus fließend. Der Grundkonsens der Evangelikalen ist in der sogenannten "Glaubensbasis" festgelegt. Diese wurde bei der Gründungskonferenz der *Evangelischen Allianz* 1846 in London beschlossen. Als wesentliche Inhalte seien in Stichworten hervorgehoben:
"Wir bekennen uns zur Allmacht und Gnade Gottes, des Vaters, des Sohnes und des Heiligen Geistes in Schöpfung, Offenbarung, Erlösung, Endgericht und Vollendung; – zur göttlichen Inspiration der Heiligen Schrift, ihrer völligen Zuverlässigkeit und höchsten Autorität in allen Fragen des Glaubens und der Lebensführung ... – zum Werk des Heiligen Geistes, welcher Bekehrung und Wiedergeburt des Menschen bewirkt, im Gläubigen wohnt und ihn zur Heilung befähigt, ... – zur Erwartung der persönlichen, sichtbaren Wiederkunft des Herrn Jesus Christus in Macht und Herrlichkeit; – zum Fortleben der von Gott gegebenen Personalität des Menschen; – zur Auferstehung des Leibes zum Gericht und zum ewigen Leben der Erlösten in Herrlichkeit" (Abb. 5.2).

Aus diesen Darlegungen ergibt sich das folgende abschließende Bild. Das erfolgreiche Schulbuch von R. Junker und S. Scherer (1992, 1998) wird vom Pressesprecher der *Evangelischen Allianz* U. Weyel offensichtlich mit großen Enthusiasmus vertrieben und beworben, wobei die evangelikale *Studiengemeinschaft* die wesentlichen Autoren stellt. Im nächsten Kapitel werden wir aktuelle kontroverse Diskussionen um die "Theo-Biologie" der Evangelikalen kennen lernen.

Abb. 5.2: Anschauliche Darstellung der christlichen Glaubensinhalte, mit der Jungfrau Maria und dem Sohn Gottes im Mittelpunkt (nach einer katholischen Schulbibel, 1930).

6. Kontroverse Diskussionen und Interviews

Ist Evolution eine Tatsache ? Mit dieser Schlagzeile waren in den Jahren 1998 bis 2001 Anzeigen aus dem Weyel-Lehrmittelverlag (Gießen) überschrieben, in denen die 4. Auflage des "Kritischen Lehrbuchs" von R. Junker und S. Scherer beworben wurde. Als Spezifikum des bunten Kreationisten-Bestsellers wurden hervorgehoben: "Nachschlagewerk zur biologischen Evolutionslehre und Evolutionskritik: detailliert, umfassend, aktuell". Als Adressaten sollte das Buch "Schüler, Studenten, Lehrer und an der Ursprungsfrage Interessierte" erreichen. Unter den behandelten Themen wurde explizit das Wortpaar "Evolution und Schöpfung" genannt. Wie bereits im letzten Kapitel dargelegt, wird mit diesem preiswerten, didaktisch geschickt aufgemachten Bilderbuch ein Zerrbild der modernen Evolutionsbiologie präsentiert. Die von den Autoren identifizierten "Lücken im Evolutionsmodell" werden vom biblischen Schöpfer (bzw. Designer) gefüllt. Insgesamt betrachtet wird das Thema Evolution dem Leser mit negativem Unterton und zahlreichen, angeblich ungeklärten (und unklärbaren) Fragen versehen dargeboten. (Abb. 6.1). In einem Kapitel mit der Überschrift "Grenzüberschreitung", Absatz "Grundtypen als Schöpfungseinheiten", ist ein Zitat aus der Bibel abgedruckt:

Abb. 6.1: Propaganda-Zeichnung zum Thema Evolution, verändert aus einer christlichen Internet-Seite.

"Und Gott machte die Tiere des Feldes, ein jedes nach seiner Art, und das Vieh nach seiner Art und alles Gewürm des Erdbodens nach seiner Art. Und Gott sah, dass es gut war (1. Buch Mose, Kapitel 1,25)". Dieser Bibelspruch hat in einem "Biologie-Lehrbuch" keine Berechtigung; nimmt man jedoch dieses Zitat ernst, so drängt sich die Frage auf, warum z. B. die Pflanzen, Pilze und Bakterien nicht erwähnt sind.

Die Autoren vermitteln eine verwirrende Mischung aus biologischen Fakten und christlich-religiösen Dogmen, wobei der bereits eingeführte Begriff "Theo-Biologie" zur Charakterisierung dieser Art von Wissensvermittlung angemessen erscheint. Die eingangs zitierten Buchanzeigen wurden u. a. in der Zeitschrift *Natur & Kosmos* und der *Praxis der Naturwissenschaften/Biologie* veröffentlicht. Das zuletzt genannte Lehrer-Journal hat in den Jahren 2000 bis 2003 eine Reihe von Beiträgen publiziert, die eindeutig als Bewerbung des biblischen "Grundtypenmodells" anzusehen sind.

In diesem Kapitel werden wir die Kontroversen zum Thema Evolution/Schöpfung aus dieser Erfolgsperiode des deutschen Kreationismus kennen lernen, wobei auch auf den sogenannten "Deutschen Schulbuchpreis" eingegangen wird.

Eine alternative Lehrerfortbildung und die Folgen

Im Januar 1999 fand an der staatlichen *Akademie für Lehrerfortbildung und Personalführung* in Dillingen an der Donau (Bayern) ein einwöchiger Lehrgang statt, der unter dem Titel "Schöpfung oder Evolution ?" angekündigt war. Der Tagungsleiter, Dr. K.-H. Scharf, hatte dazu u. a. fünf Referenten der *Studiengemeinschaft Wort und Wissen* eingeladen: Dr. R. Junker (zwei Referate: Prozesse der Artbildung und das Grundtypkonzept in der Biologie; Fossilien: Gibt es connecting links ?), Prof. S. Scherer (Molekulare Grundlagen der Evolution), Dr. H. Binder (Woher kommt das Leben ?), Dr. H. Ullrich (Das biogenetische Grundgesetz auf dem Prüfstand) und Dr. M. Brandt (Hypothesen zum Ursprung der Menschheit). Wie mir einer der 20 Teilnehmer (ein Gymnasiallehrer) mitgeteilt hat, wurde in diesen sechs Referaten in erster Linie "Evolutionskritik" geübt und die "Schöpfungsakte des biblischen Gottes" beworben. In weiteren Beiträgen wurden spezielle Aspekte zur Evolutionstheorie behandelt.

Die Diskussionen verliefen, wie erwartet, höchst kontrovers, da die meisten Teilnehmer nicht mit einer derart harten Evolutionskritik gerechnet hatten. So betonte z. B. eine Lehrerin entrüstet, sie sei wohl im "falschen Film", als in einem Vortrag zum Thema Embryologie die "Deutung durch Schöpfung" vorgestellt wurde. Die (unzutreffende) Aussage des Mikrobiologen S. Scherer, die molekularen Mechanismen der Evolution seien weitgehend unbekannt, wurde noch unwidersprochen hingenommen. Beim Thema "Evolution des Menschen" (Referat von M. Brandt), in dem behauptet wurde, es gäbe keine eindeutigen fossilen Übergangsformen zwischen Menschenaffen und der Spezies *Homo sapiens*, gab es Proteste aus dem kleinen Kreis der Zuhörer.

Trotz dieser wenig positiven Aufnahme der Thesen unserer christlich-religiösen "Theo-Biologen" wurde über den Tagungsleiter K.-H. Scharf erreicht, dass einige Beiträge in der Zeitschrift *Praxis der Naturwissenschaften/Biologie* (PdN) veröffentlicht wurden. Das Heft 6/49. Jahrgang 2000 der PdN lief unter dem Titel "Evolution und Schöpfung". In diesem speziellen Themenheft einer angesehenen deutschen Biologielehrer-Fachzeitschrift wurden vier ausgearbeitete Tagungs-Referate der W+W-Mitglieder R. Junker, H. Binder, H. Ullrich und (als Ersatz für den Beitrag von M. Brandt) von S. Hartwig-Scherer publiziert. Über die Inhalte und die sich anschließende Debatte wird in den folgenden Abschnitten berichtet.

Evolutionskritik in einer Lehrerzeitschrift

Im Vorwort des PdN-Themenheftes "Evolution und Schöpfung", das unter dem Titel "Schöpfung und/oder Evolution – ein Thema für den Unterricht ?!" verfasst wurde, begründete der Herausgeber K.-H. Scharf diese u. a. wie folgt: " Um dieses ... interessante und sicher auch (in der Schule) kontrovers zu diskutierende Thema allen interessierten Kolleginnen und Kollegen zugänglich zu machen, ist dieses Themenheft entstanden. ... Dabei sollte es heute selbstverständlich sein, dass Naturwissenschaftler Alternativen, wie sie in den Beiträgen über die Grundtypenbiologie vorgestellt werden, offen diskutieren können. ... Nicht selten hat man das Gefühl, dass es gerade Naturwissenschaftlern schwer fällt, die Motivation für eine Theorie sowie deren Kritik einerseits und fachliche Begründungen andererseits auseinander zu halten. ... Wahrscheinlich werden Sie beim Lesen der einzelnen Beiträge nicht immer sofort sagen können, ob er von einem Anhänger der Schöpfungslehre oder von einem Naturwissenschaftler, der möglicherweise Agnostiker ist, verfasst wurde". Mit diesen Worten wurde für eine ernsthafte Diskussion des kreationistischen "Grundtypenmodells" geworben, und das in einer den Naturwissenschaften verpflichteten Fachzeitschrift. Mit dieser "Grenzüberschreitung" begab sich die Redaktion bereits auf das Gebiet der Pseudowissenschaft.

In einem einführenden Beitrag des Wissenschafts- und Evolutionstheoretikers Prof. F. W. Wuketits (Universität Wien) mit dem Titel "Biologie und Religion – Warum Biologen ihre Nöte mit Gott haben" kommt der Autor u. a. zu der Schlussfolgerung, dass Naturwissenschaft und Religion nicht nur voneinander verschieden, sondern auch unvereinbar sind. Ein Folgeartikel von Dr. R. Kötter (Universität Erlangen-Nürnberg) bringt zum Ausdruck, dass die kreationistische Schöpfungslehre kein wissenschaftliches Forschungsprogramm darstellt. Es schließen sich vier Beiträge der W+W-Mitarbeiter H. Binder, R. Junker, H. Ullrich und S. Hartwig-Scherer an, in denen u. a. die folgenden Behauptungen abgedruckt sind (Zitate aus dem Beitrag von R. Junker): "Von der Reptilschuppe zur Feder – weder fossil noch theoretisch schlüssig überbrückt". In dieser Darstellung wird dem Leser suggeriert, die hochentwickelten Schuppen rezenter Reptilien (z. B. Eidechsen) wären die phylogenetischen Vorläufer der Federn unserer Vögel. Es ist jedoch eine Trivialität, dass heute lebende Tiere, wie z. B. Eidechsen, nicht die stammesgeschichtlichen Urahnen gleichzeitig existierender Organisationsformen (z. B. Vögel) sein können (dieser logische Fehler findet sich auch wiederholt im "Evolutionskritischen Lehrbuch").Wir wissen heute, dass Federn evolutionäre Neuheiten darstellen, die nicht von Reptilienschuppen abstammen. Weiterhin behauptet der Autor R. Junker, dass sich echte Fossilreihen nur im Rahmen der Mikroevolution bewegen und dass Mosaikformen (z. B. gefiederte Dinosaurier) als "eigene Grundtypen" verstanden werden können.

Im Aufsatz "Problemfelder in der Humanevolution" von S. Hartwig-Scherer wird die folgende Schlussfolgerung gezogen: "Dieser Hintergrund erlaubt es, eine Abgrenzung der Gattung *Homo* als eigenen Grundtyp zu postulieren" (letzter Satz aus der Zusammenfassung).

Es ist offensichtlich, dass diese Bewerbung der "Grundtypen-Biologie" heftige Gegenreaktionen ausgelöst hat. In der PdN 1/51. Jahrgang 2002 war ein kritischer Beitrag des Biologiedidaktikers Prof. K.-H. Berck abgedruckt, der unter der Überschrift "Anmerkungen zum Praxisheft Evolution und Schöpfung" angekündigt war. In diesem äußerst lesenswerten Aufsatz geht der Didaktiker auf die Aktivitäten der Kreationisten ein, ohne allerdings die Autoren R. Junker und S. Scherer namentlich zu nennen. Es wird u. a. zum Ausdruck gebracht, dass "die Evolutionstheorie allen Anforderungen entspricht, die man an eine gut begründete wissenschaftliche Theorie stellen kann – Kreationismus kann grundsätzlich keine wissenschaftliche Theorie sein, da er ... von einem Schöpfungsakt ausgeht. Selbst wenn Kreationismus Beweise für Evolution widerlegen könnte (was bis heute nicht in einem einzigen Fall gelungen ist), er wäre aus diesem Grund noch immer keine wissenschaftliche Theorie".

Am Ende des Aufsatzes von K.-H. Berck wurde auf S. 38 vom Herausgeber der Zeitschrift der folgende Hinweis abgedruckt: "Als Erwiderung auf diesen Beitrag finden Sie auf S. 39 in diesem Heft einen Beitrag von R. Junker mit dem Titel 'Die Deutung von Ähnlichkeit' ". Dieser weitere Höhepunkt in den Werbeaktivitäten der Deutschen "Theo-Biologen" ist im nächsten Absatz besprochen.

Praxis-Magazin: Supranaturalistische Deutungen

Die Herausgeber von Heft 1/51. Jahrgang 2002 der Lehrerzeitschrift PdN (W. Jungbauer und U. Gansloßer) hielten es für notwendig, auf den hier kurz referierten Aufsatz des Kurzzeit-Kreationisten R. Junker besonders hinzuweisen. In dieser erstaunlichen Publikation finden sich u. a. die folgenden Aussagen: "Die hypothetische vergangene Geschichte des Lebens kann nicht durch experimentell gewonnene Daten falsifiziert werden, gleichgültig, ob das Leben in einer (hypothetischen !) Ursuppe oder durch Gottes schöpferisches Wort seinen Anfang genommen hat. Eine Testbarkeit ist nur im Sinne einer nachträglichen Passung von Daten und Theorie gegeben. In diesem Sinne kann auch Schöpfung sehr wohl Basis für testbare Theorien sein".

Diese Aussage ist unakzeptabel, da "Schöpfungsakte" übernatürliche Glaubenssätze darstellen, während wissenschaftliche Theorien auf Fakten (Daten) basieren. Die Beckenknochen-Rudimente der Wale werden vorgestellt und wie folgt interpretiert: "Sieht man den Knochen an, dass sie umgewandelte Beckenknochen von Landsäugetieren sind ? Nein, sie werden vielmehr unter der Vorgabe der Evolutionstheorie so interpretiert. Sie können genauso gut als Belege eines 'Schöpfungsplans' interpretiert werden." Es sei an dieser Stelle vermerkt, dass die Abstammung der Wale von urtümlichen Landsäugern (Huftiere) durch Fossilreihen, die mehrere "connecting links" enthalten, belegt ist (Kutschera und Niklas 2004).

Zum Thema "homologe Organe" schreibt R. Junker das Folgende: "Für einen Naturforscher, der das Ähnlichkeitsmuster unter einem schöpfungstheoretischen Vorverständnis interpretiert, ist es ebenso ein plausibler Analogieschluss, aus ähnlichen Konstruktionen auf denselben Urheben zu schließen". Der "Intelligente Designer", hier als "Urheber" bezeichnet, wird im Text ausdrücklich zur Sprache gebracht. In diesem PdN-Aufsatz geht R. Junker weiterhin von der falschen Annahme aus, die Biologie sei ausschließlich eine Experimentalwissenschaft. Wie bereits dargelegt wurde, ist dies jedoch nicht der Fall. Das Prinzip der historischen Rekonstruktion hat in den Biowissenschaften dasselbe Gewicht wie die Laborexperimente.

Ergänzend sei angemerkt, dass der Ingenieur M. Neukamm (TU München, Garching) in Heft 7/50. Jahrgang 2001 der PdN einen "Kommentar zu dem Lehrbuch 'Evolution – Ein kritisches Lehrbuch' " publiziert hat. In diesem Aufsatz werden die bereits angesprochenen logischen Fehler in diesem Standardwerk aufgezeigt: "So ist etwa die Deutung historischer Befunde zugunsten von Schöpfung zirkulär, weil die Schöpfungstheorie dogmatisch vorausgesetzt wird. Diese ist aber nicht prüfbar, erklärt alles und nichts, daher kommt ihr kein wissenschaftlicher Status zu", so schreibt Neukamm. In einer im selben Heft abgedruckten "Stellungnahme der Autoren zum Kommentar von M. Neukamm" schreiben R. Junker (Baiersbronn) und S. Scherer (TU München) u. a. das Folgende: "... wir sind den Herausgebern von 'Praxis der Naturwissenschaften – Biologie' dankbar, uns als Hauptautoren die Möglichkeit zu einer kurzen sachlichen Erwiderung zu geben". In diesem Artikel finden sich u. a. die folgenden Sätze: "Unsere darauf beruhende Annahme, dass an der

Basis heutiger Biospezies-Gruppen (Grundtypen) genetisch polyvalente Ausgangsformen gestanden haben könnten ... So wird in der Evolutionsforschung Makroevolution schon längst als nicht hinterfragbare Tatsache vorausgesetzt. Oder gibt es noch Evolutionstheoretiker, die versuchen, Makroevolution zu widerlegen ? ... Es ist deshalb eines unserer Hauptanliegen, die seit Darwin weitgehend vorherrschende emotionale und unsachliche Diskussion auf eine sachliche Ebene zu bringen. Beide Seiten suchen doch nach 'Wahrheit', und in der Regel tun sie das aus lauteren Motiven".

Zu diesen Aussagen sei das folgende vermerkt: 1. Die "Grundtypen des Lebens" stellen einen Versuch dar, biblische Dogmen in die Biologie zu integrieren (s. u.); 2. Makroevolution ist eine durch Fossilreihen dokumentierte Tatsache, wobei allerdings die Mechanismen noch immer Gegenstand intensiver Forschungsbemühungen sind; 3. Seit Darwin (1859, 1872) hat sich die Biologie von einer "Kräuter- und Käfersammelkunst" zu einer "harten" Naturwissenschaft entwickelt. Emotionale und unsachliche Diskussionen werden von religiös inspirierten "Theo-Biologen" geführt, nicht jedoch im Kreise echter Naturforscher, die nach der objektiven Wahrheit suchen und wissenschaftliche Theorien formulieren.

Die Hinwendung zum Naturalismus

Diese offensichtliche Bewerbung des übernatürlichen (supranaturalistischen) Mythos von den "erschaffenen Grundtypen" in der Zeitschrift PdN veranlasste mich dazu, im Februar 2002 einen Brief an die Redaktion zu schreiben. Dort habe ich u. a. die folgende Kritik geäußert: "Einige kompetente Fachkollegen haben die Beiträge von R. Junker und S. Scherer in der PdN mit Verwunderung gelesen. Offensichtlich ist Ihre Didaktik-Zeitschrift kreationistischen Ideologien gegenüber positiv eingestellt. Dies ist aus meiner Sicht sehr bedenklich... In Ihrer Zeitschrift sollten anti-naturwissenschaftliche Bestrebungen nicht beworben werden". Als Antwort wurde mir mitgeteilt, dass mein Schreiben an den zuständigen Schriftleiter des entsprechenden Heftes weitergeleitet wurde. Von diesem habe ich bis zum heutigen Tag keine Erwiderung erhalten. Die einzige in gedruckter Form vorliegende direkte Gegendarstellung zum Beitrag von R. Junker in der PdN 1/51. Jahrgang 2002 hat der Biologielehrer T. Waschke (Herborn) in einem kurzen Leserbrief unterbringen können. In diesem Aufsatz wird zum Ausdruck gebracht, dass R. Junker ... "Nirgendwo ein Argument dafür bringt, warum gerade eine Schöpfungsvorstellung irgendeinen Erklärungsansatz bieten könnte ... Ich hoffe, dass Sie in einer Zeitschrift, die ernst genommen werden will, in Zukunft auf Artikel rein spekulativen Inhalts verzichten oder wenigsten ein kommentierendes Vorwort mit abdrucken" (PdN 4/51. Jahrgang 2002). Diesen klaren Worten möchte ich hinzufügen, dass eine Gleichstellung des auf Wunder und Offenbarungen basierenden "Grundtypenmodells" mit der dokumentierten Tatsache Evolution einen ersten Schritt in Richtung Pseudowissenschaft darstellt. Wird ein derartiger Erosionsprozess der naturalistischen Basis aller Naturforschungen nicht aufgehalten, so sind gravierende Konsequenzen – bis hin zum Rückfall in mittelalterlichen Aberglauben – zu befürchten (s. Kapitel 10). Etwa zeitgleich mit diesem Leserbrief habe ich in meinem Nachruf zu Stephen J. Gould (1941 – 2002) in der Zeitschrift *Biologen heute* (Heft 4/2002) auf die unakzeptablen Zustände in der PdN-Redaktion hingewiesen (s. Kapitel 7).

Die "Wende" vollzog sich im Frühjahr 2003. Eine Herausgeberin der PdN, Frau Dr. E. Rottländer (Rottenburg) forderte mich auf, für ein Themenheft mit dem Titel "Strittige Theorien und Hypothesen" einen Beitrag zum Thema "Biologischer Artbegriff und Grundtypen-Modell" zu verfassen. In diesem Aufsatz, der in der PdN 8/52. Jahrgang 2003 erschienen ist, habe ich nach ausführlicher Darlegung des biologischen Artbegriffs und dem Verfahren einer Artbeschreibung am Beispiel zweier von mir entdeckt und beschriebener Ringelwurm-Spezies u. a. das Folgende ausgeführt:

"Die Autoren beabsichtigen, der Evolution eine auf der biblischen Schöpfungslehre beruhende Alternative entgegen zu setzen. Dieses auf religiösen Glaubenssätzen basierende 'Schöpfungsmodell' wird von R. Junker und S. Scherer (1992, 1998) wie folgt umrissen: Alle heute lebenden Organismen sollen auf getrennt erschaffene 'Grundtypen' zurückgehen. Die erschaffenen Arten waren von Anfang an perfekt organisiert und zu beschränkter Variation befähigt. Der Schöpfungsakt ist 'naturwissenschaftlich nicht nachvollziehbar'. Aus dem Schöpfungsmodell folgt die Voraussage, dass Zwischenformen zwischen Grundtypen niemals existierten und auch künftig nicht gefunden werden. Diese Bauplan-Mischtypen sind jedoch ... dokumentiert und in der aktuellen Literatur beschrieben (Kutschera und Niklas 2004). Die Autoren liefern die folgende 'Art'-Definition: 'Alle Individuen, die direkt oder indirekt durch Kreuzungen verbunden sind, werden zu einem Grundtyp gerechnet'. Als Beispiele werden u. a. genannt: Hühnervögel, Entenvögel, Hundeartige, Weizenartige und Menschen ('Schöpfungseinheit' *Homo sapiens*). Aus diesen 'erschaffenen Urformen' sollen sich die rezenten Arten entwickelt haben (Mikroevolution). Nun könnte man ein durch Kreuzungsversuche verifizierbares Art (bzw. Grundtypen)-Konzept durchaus als naturwissenschaftlich haltbare Alternative zur Biospezies ansehen. Aus den folgenden Hintergrundinformationen, die ich der Internetseite (Homepage) der *Studiengemeinschaft Wort und Wissen* entnommen habe, folgt jedoch, dass hier ausschließlich christliche Glaubenssätze, und nicht naturwissenschaftliche Intensionen, als Leitmotiv gedient haben. In einem Werbetext zu dem W+W-Buch *Typen des Lebens* findet sich folgende Aussage: 'Arten können durch natürliche Vorgänge (Mikroevolution) entstehen, doch das steht nicht im Widerspruch zum Schöpfungsbericht. Die Autoren zeigen, dass man Lebewesen in Grundtypen einteilen kann. Vielleicht handelt es sich dabei um die Schöpfungseinheiten des Lebens'. Noch deutlicher wird der 'harte Kern' der 'Grundtypen-Biologie', wenn wir die folgenden Aussagen von R. Junker berücksichtigen. In der 'Arbeitsgruppe Wissenschaftstheorie' der *Studiengemeinschaft* wurde eine Serie von Postulaten zur Schöpfungslehre formuliert, die für alle Wissensgebiete zugrunde gelegt wird. In der Grundtypenbiologie werden daraus folgende Aussagen als 'harter Kern' herausgegriffen bzw. konkretisiert: 1. Die Lebewesen existieren von Beginn ihrer Existenz an als diskrete Schöpfungseinheiten (Grundtypen). 2. Die Lebewesen kamen in der Schöpfungswoche ('gleichzeitig') durch Gottes Wort ins Dasein – Die Grundtypen existieren seit ca. 10000 Jahren – Die Grundtypen sind nur begrenzt veränderlich. 3. In der Grundtypenbiologie geht es darum, zu zeigen, – dass sich Grundtypen nach vorgegebener Definition voneinander abgrenzen lassen, – dass es Variationsmechanismen gibt, durch die die heutige Vielfalt innerhalb von Grundtypen aus einer polyvalenten Stammform entstehen konnte, so dass es auch zu zahlreichen Artenaufspaltungen (Artbildung) innerhalb von Grundtypen kommen konnte, – dass diese Vorgänge der

Grundtyp-Diversifikation innerhalb weniger tausend Jahre ablaufen konnten. (Quelle:http://www.wort-und-wissen.de/fachgruppen/wissenschaftstheorie/beiträge).

Diese Ausschnitte zeigen, dass die 'Grundtypen-Biologie' eingeführt wurde, um auf Grundlage biblischer Texte (Glaubenssätze) einen dort postulierten übernatürlichen 'Schöpfer' in die Evolution einzuführen, wie es in dem kritischen Lehrbuch auch geschieht. Da das Prinzip des Naturalismus hier verlassen wird, muss diese alter-native 'Glaubens-Biologie' eindeutig als Pseudowissenschaft klassifiziert werden. ... Die Naturwissenschaften sind dem Prinzip des Naturalismus verpflichtet: übernatürliche Mächte und Schöpfer, Götter, intelligente Designer, Lebenskräfte u.s.w. sind als nicht überprüfbare Glaubensinhalte (Dogmen) nicht Gegenstand der Biologie. R. Junker und S. Scherer (1992, 1998) schreiben bereits im ersten Kapitel, dass die 'Schöpfungsmodelle eine unabhängige Entstehung zahlreicher Grundtypen durch Schöpfungsakte Gottes' postulieren, und stellen dieses übernatürliche 'Wunder' dem naturalistischen Evolutionskonzept gegenüber. Mit diesem Anspruch stellen sie sich jedoch in den außerwissenschaftlichen Bereich, womit das 'kritische Lehrbuch' keine Alternative zu einem biologischen Unterrichtswerk sein kann. Die 'erschaffenen Grundtypen' ziehen sich wie ein roter Faden durch das bunte Buch. Da 'der Schöpfungsakt' nicht modellmäßig beschrieben werden soll und kann, ist die 'Grundtypen-Biologie' als biblischer Schöpfungsglaube (Kreationismus) unter dem Deckmantel einer 'theistischen Biologie' oder Bio-Theologie (Theo-Biologie) zu interpretieren. ... Obwohl sich die Autoren R. Junker und S. Scherer (1992, 1998) nicht als Kreationisten bezeichnen, sondern eher als christlich motivierte Forscher (oder Intelligent-Design-Theoretiker) gelten wollen, verfolgen sie eindeutig ein Ziel: Es soll der biblische Schöpfungsglaube in seiner wörtlichen Auslegung (Kreationismus) in unseren Gymnasien verbreitet werden. Die Tatsachen, dass der Mikrobiologe S. Scherer Mitglied des *US-Discovery-Instituts* ist (Vereinigung prominenter ID-Kreationisten) und seine 'Grundtypen-Biologie' z. B. auf dem *3rd International Conference on Creationism* vorgestellt hat, unterstützen diese Schlussfolgerung (Quelle: Internet)".

Im Januar 2004 wandte sich Herr R. Junker an die Redaktion der PdN und bat um den Abdruck einer Gegendarstellung zu meinen

Darlegungen. Wie mir Frau Dr. E. Rottländer mitgeteilt hat, wurde dies von der Redaktion jedoch abgelehnt: Der Versuch einer Unterwanderung der PdN und Etablierung einer christlich-religiösen "Glaubens-Biologie" in diesem Journal ging im Dezember 2003 (vorläufig) zu Ende. Im Anschluss an meinen oben in Ausschnitten zitierten PdN-Artikel hat die Herausgeberin E. Rottländer einen exzellenten Folgebeitrag publiziert, in dem ein Arbeitsblatt für Schüler präsentiert wird. Die Autorin legt dar, wie heute das Verhältnis Evolution/Schöpfung von Seiten der Theologie gesehen wird.

Infiltration anderer Fachzeitschriften

Etwa zeitgleich mit der oben dargelegten "PdN-Unterwanderung" erschien in dem angesehenen deutschsprachigen Wissenschaftsjournal *Naturwissenschaftliche Rundschau* (NR) in Heft 8/54. Jahrgang 2001 ein gut formulierter und inhaltlich gehaltvoller Übersichtsartikel, der von dem Diplom-Geographen G. Menting (Lippstadt) unter dem Titel "Explosive Artbildung bei ostafrikanischen Buntbarschen" angekündigt war. Nach Darlegung der bekannten Fakten lesen wir mit Verwunderung den folgenden Satz: "So wird von den Biologen R. Junker und S. Scherer (1998) die explosive Artbildung bei ostafrikanischen Bundbarschen als ein Prozess betrachtet, der von genetisch 'polyvalenten' Stammformen verursacht wird, die über ein verborgenes Variationspotential verfügen, das bei Bedarf auf noch unbekannte Weise aktiviert werden kann". Weiterhin werden in diesem Aufsatz zwei Beiträge aus der W+W-Zeitschrift *Studium Integrale Journal* zitiert. Diese Bewerbung der "erschaffenen Grundtypen", die vom Schöpfer vor 10 000 Jahren mit einem eingepflanzten Variationsvermögen versehen wurden, führte zu entsprechenden Protesten und Gegendarstellungen.

In einem Leserbrief des Wissenschaftstheoretikers Dr. M. Mahner (Darmstadt) bringt dieser Biologe den Sachverhalt auf den Punkt: "Dem Schöpfungsmodell der deutschen Kreationisten zufolge hat Gott vor nur wenigen tausend Jahren nicht etwa jede heutige Art einzeln erschaffen, sondern sogenannte Grundtypen ... aus denen sich durch Mikroevolution ... die heutigen Arten entwickelt haben sollen. Dazu wurden die Stammformen mit einer vorprogrammierten Variabilität ausgestattet, die im Zuge dieser 'Mikroevolution' ausgeschöpft werden kann. 'Polyvalente Stammformen' heißt es dann im kreationistischen Jargon. Mit Befremden musste ich feststellen, dass derartige kreationistische Pseudowissenschaft in dem Artikel von G. Menting beworben wird. Er zitiert das Buch ... von R. Junker und S. Scherer, dessen Ziel es ist, die angeblichen Probleme der Evolutionstheorie so herauszustellen, dass nur noch das Schöpfungsmodell der Autoren als plausible Alternative übrig bleibt. ... Dieser Hinweis dient dazu, auf die subtile Strategie der kaum bekannten, aber sehr aktiven deutschen Kreationisten hinzuweisen, die ... versuchen, Einfluss auf Schule und Universität zu gewinnen. ... Vor allem Biologielehrer sollten hier wachsam und vorbereitet sein" (NR Heft 2/55. Jahrgang 2002). In einer Gegendarstellung sprach der Geograph G. Menting u. a. davon, dass "die kreationistisch gesonnenen Evolutionstheoretiker im allgemeinen ein ernsthafteres Verständnis der Gegenseite an den Tag legen als umgekehrt" (NR Heft 6/55. Jahrgang 2002). Im Dezemberheft dieser angesehenen Fachzeitschrift wurde dann wiederum der Wissenschaftstheoretiker M. Mahner in einem Leserbrief mit den folgenden Worten belehrt: "Ich meine, dass es für jemanden, der in der 'Wissenschaft von der Wissenschaft' auch nur halbwegs zu Hause ist, ein Ding der Unmöglichkeit sein muss, die derzeitigen Vorstellungen der Darwinisten (Evolution) wie auch der Kreationisten (Schöpfung) allzu ernst zu nehmen ... Von 'wissenschaftlich gesicherten Tatsachen' kann da nirgends die Rede sein, genaugenommen bestenfalls von nicht ganz unbegründeten Spekulationen" (NR Heft 12/55. Jahrgang 2002). Dieser populären Ansicht ist entgegen zu halten, dass seit Darwin unser Bild von der Evolution enorm an Profil und Inhalt gewonnen hat, was offensichtlich außerhalb einschlägiger biologischer Forschungs- und Lehr-Institute weitgehend unbekannt geblieben ist (s. Kapitel 2).

Als weiterer großer Erfolg der Autoren R. Junker und S. Scherer soll abschließend auf eine positive Rezension in der internationalen (englischsprachigen) Fachzeitschrift *Flora*, Band 97, Jahrgang 2002 hingewiesen werden. Dort wird von einem Hochschullehrer im Ruhestand, der auch als Lehrbuchautor bekannt geworden ist (Prof. F. Weberling, Ulm) der deutsche Kreationistenklassiker mit folgenden Worten gewürdigt: "Das Buch vermittelt durch ein breites Spektrum zumeist gut erklärter naturwissenschaftlicher Befunde eine beachtliche Fülle aufschlussreicher Informationen. ... Der Text ist sorgfältig und klar gefasst und wird durch zahlreiche gute mehrfarbige Abbildungen und Schemata ergänzt, auf die bisweilen etwas stärker Bezug genommen werden könnte". Diese Beispiele zeigen, dass bereits eine "Akademisierung" der pseudowissenschaftlichen deutschen "Theo-Biologie" stattgefunden hat, wie der Pädagoge J. Kotthaus (2003) richtig vermutet. Wir werden im nächsten Abschnitt auf die lobenden Worte des Botanikers F. Weberling zurückkommen.

Abschließend sei vermerkt, dass bei einer Bibelausstellung in Jena (Februar 2004) Gratishefte des Journals *Entscheidung – die deutsche Ausgabe einer der größten christlichen Zeitschriften der Welt* verteilt wurden. Die internationale Ausgabe lautet *Decision – Zeitschrift der Billy Graham Evangelistic Association*. In Heft 5/2002 ist ein Aufsatz des deutschen W+W-Kreationisten W. Gitt abgedruckt. Dort steht u. a. das Folgende geschrieben "Alle materialistischen Theorien (z. B. Evolution) sind schon im Ansatz falsch. Ohne einen intelligenten Urheber ist auch jede Theorie über die Entstehung des Lebens schon im Ansatz falsch". Weiterhin soll erwähnt werden, dass die Ausführungen dieses Autors zum Thema "Das Leben der Tiere und Pflanzen" sachlich unzutreffend sind und ein völlig veraltetes Bild von der Physiologie der Organismen vermittelt: Der Begriff "Stoffwechselenergie" scheint dem Autor unbekannt zu sein. Der Biologe Prof. W. Bergmann (Jena) hat mir dieses Heft zugesandt und den Artikel des Ingenieurs W. Gitt wie folgt kommentiert: "Solche Zeitschriften mit pseudowissenschaftlichen Behauptungen wurden in der Jenaer Bibelausstellung verteilt. Das ist doch verantwortungslose Volksverdummung, die bestraft und verboten werden müsste. Da kann man mit einer Abwandlung des Zitates von Prof. H. Küng betreffs Papst J. P. II. nur sagen, mit derartigen Schriften bleibt das Christentum eine mittelalterliche Galeere für Unmündige". Diesem treffenden Kommentar ist nichts hinzuzusetzen.

Schulbuchpreis für Evolutionskritiker

Ende November 2002 wurden die deutschen Biologen von einer Pressemitteilung überrascht, die wie folgt überschrieben war: "Auszeichnung für 'kreationistisches' Biologiebuch – Bischof hofft auf Verbreitung in den Schulen". Begleittext: "Ein Biologiebuch auf der Grundlage des christlichen Schöpfungsglaubens ist mit dem

Schulbuchpreis 2002 ausgezeichnet worden. Die Autoren des bisher in den meisten Bundesländern für den Schulunterricht nicht freigegebenen Buches von S. Scherer und R. Junker erhielt den Preis des Vereins *Lernen für die Deutsche und Europäische Zukunft* am 7. November in Bielefeld". Die folgenden Detailangaben dieser Pressemitteilung sind besonders aufschlussreich: "Der Vorsitzende des *Kuratorium Deutscher Schulbuchpreis*, W. Ellinghaus, erklärte, mit dem Buch könne Schülern eine mündige Beurteilung der unterschiedlichen Vorstellungen über die Entstehung der Welt ermöglicht werden. Für viele junge Menschen sei die Evolutionslehre Anlass, Gott aus ihrem Lebenskonzept zu streichen. Daher sei eine kritische Auseinandersetzung notwendig. ... Der CDU-Partei- und Fraktionsvorsitzende in Thüringen würdigte das Lehrbuch als ausgezeichnetes Beispiel dafür, dass Werte-Erziehung und Bildung zusammen gehören. Das Buch ermögliche, auch im naturwissenschaftlichen Unterricht über den Glauben an Gott zu sprechen. Der Politiker hofft, dass das Buch in vielen Schulen Anwendung finde. Bisher ist das Buch von den Kultusministern nicht für den Schulgebrauch zugelassen. Auch der Bischof der Selbständigen Evangelisch-Lutherischen Kirche (Hannover) äußerte in einem Grußwort die Hoffnung, dass das Lehrbuch in den Schulen eine weite Verbreitung finden werde. Die Ehrenvorsitzende des Elternvereins Nordrhein-Westfalen nannte das Buch eine Alternative zu den Lücken der Naturwissenschaft. ... Der Preisträger S. Scherer (TU München) erklärte ...., die Biowissenschaften seien weitgehend zu einer Domäne des Atheismus geworden. ... Das Buch wolle die sachliche Auseinandersetzung mit der Evolutionstheorie aufnehmen und Schülern helfen, über die Schöpfung neu zu staunen. Scherer dankte der evangelikalen *Studiengemeinschaft Wort und Wissen*, ohne die das Buch nicht habe entstehen können. Der Ko-Autor des Buches, der promovierte Biologe R. Junker, ist hauptamtlicher Mitarbeiter der Studiengemeinschaft. Das Buch ist im Weyel-Lehrmittlverlag (Gießen) erschienen".

Zu dieser offiziellen Mitteilung sind die folgenden Klarstellungen anzumerken: Die Autorenfolge lautet R. Junker und S. Scherer, und nicht umgekehrt. Der Erst (und nicht Ko)-Autor des Buches, R. Junker, ist nach Informationen, die im "Kritischen Lehrbuch" abgedruckt sind, kein promovierter Biologe. Er hat als ausgebildeter

Gymnasiallehrer (Mathematik/Biologie) zusätzlich Theologie studiert und einen theologischen Doktortitel erworben. Die Angaben in der oben zitierten Pressemitteilung sind somit unzutreffend.

Welche Vereinigung vergibt den "Deutschen Schulbuchpreis"? Diese Auszeichnung wird seit 1990 vom sogenannten "Kuratorium Deutscher Schulbuchpreis" vergeben, welches wiederum im Verein *Lernen für die Deutsche und Europäische Zukunft* (Bielefeld) organisiert ist. Der Preis besteht aus einer Urkunde und einem Geldbetrag von 2500 Euro. Gemäß dem in der Satzung festgelegten Vereinszweck sind solche Bücher auszuzeichnen, die "den Schülern Ehrfurcht vor Gott, Nächstenliebe, Toleranz und Dialogfähigkeit auf der Grundlage einer eigenen ethisch hohen christlichen Überzeugung vermitteln". Der Verein hat im Titelschutz-Anzeiger 525/2001 die Bezeichnung "Deutscher Schulbuchpreis" in allen Schreibweisen und Darstellungen für sich in Anspruch genommen. Es handelt sich somit nicht um eine offizielle staatliche Auszeichnung, sondern um ein "Markenzeichen" einer privaten christlich-religiösen Vereinigung.

Im Oktober 2001 wurde der *Verband Deutscher Biologen* (Vdbiol) – AG Evolutionsbiologie – aktiv (s. Kapitel 2). Der Präsident des Vdbiol, Prof. H.- J. Jacobsen, schrieb die Kultus- und Wissenschaftsminister aller 16 Bundesländer an und warnte davor, dieses Werk auf die offiziellen Schulbuchlisten zu nehmen: "Für den Wissenschaftsstandort Deutschland wäre es geradezu verheerend, wenn ein derart ideologisch motiviertes Buch in der Schule Grundlage für die Ausbildung im Fach Biologie/Evolution werden würde", so Jacobsen. Bereits wenige Wochen später hatten alle 16 Ministerien geantwortet und sich für diesen wertvollen Hinweis bedankt. Die sich anschließende Kontroverse um den sogenannten "Schulbuchpreis" soll nachfolgend in Auszügen zusammengefasst werden.

Im *Gießener Anzeiger* vom 21. Januar 2003 wurde über diese Angelegenheit berichtet. Die folgenden Informationen sind recht aufschlussreich: "Das Buch soll zu einer geistigen Auseinandersetzung mit den Anhängern der reinen Evolutionslehre beitragen", sagte U. Weyel im Gespräch mit dem *Anzeiger*. Bisher seien rund 45000 Exemplare verkauft worden. Das Buch ist ins Serbische, Polnische, Russische und Finnische übersetzt worden. Da laut Weyel für Oberstufen-Lehrwerke im Fach Biologie in Hessen keine Genehmigungen durch das Kultusministerium erforderlich sind, kann das 'Standardwerk' als Zusatzinformation über offene Fragen und Wissenslücken in der Evolutionstheorie im Unterricht eingesetzt werden. Dies sei beispielsweise an der Gießener Liebigschule der Fall. ... Für Weyel, der sich in den 1980er Jahren in Gießen gegen die Einrichtung einer Pro-Familia-Beratungsstelle engagiert hat und der bereits 1992 in Bielefeld vom oben genannten Verein mit einer Silbermedaille als 'mutiger Verleger' geehrt wurde, kommt es nicht überraschend, dass die jüngste Preisverleihung eine alte Kontroverse neu entfacht hat". Auf das Protestschreiben des Vdbiol angesprochen, verweist der Verleger U. Weyel auf die überaus positive Wirkung der Festansprache von Herrn D. Althaus, der als ehemaliger thüringischer Kultusminister u. a. sagte: "Ich hoffe, dass Ihr Buch nicht nur von Biologielehrern für den Unterricht verwendet wird, sondern dass es auf eine weit darüber hinausgehende Leserschaft trifft". In Bezug auf den *Verband Deutscher Biologen* hat es für Weyel "in der mehrjährigen Auseinandersetzung um dieses qualifizierte Buch noch nie einen derart unqualifizierten Kommentar gegeben". Diese Aussage ist analog der Behauptung eines medizinischen Laien, der Präsident des *Berufsverbands der Deutschen Chirurgen* sei unqualifiziert, eine Anleitung zur Blinddarmoperation kompetent zu beurteilen.

Im letzten Abschnitt wurde die positive Rezension des "Kritischen Lehrbuchs" von F. Weberling in der Zeitschrift *Flora* erwähnt. Im Februar 2003 erhielt der Präsident des Vdbiol diese lobenden Worte als Kopie übersandt, mit dem folgenden Aufkleber versehen: "Vielleicht geruht der selbst ernannte Bio Ober-Zensor zur Kenntnis zu nehmen, was ein ausgewiesener Fachmann über das Evolutionsbuch von Scherer und Junker in einer renommierten (botanischen) Fachzeitschrift geschrieben hat – und zieht die perfide amtsmissbräuchliche Denunziation bei den Kultusministern mit einer Entschuldigung zurück. Rücktritt empfohlen!"

Im Dezember 2002 habe ich dem Vorsitzenden des *Kuratoriums Deutscher Schulbuchpreis,* Herrn W. Ellinghaus (Harsewinkel) einen Brief geschrieben und angefragt, welche sachkompetenten Fachleute (Evolutionsbiologen) das "Evolutionskritische Lehrbuch" für die Preisverleihung vorgeschlagen haben. In einem Brief vom 18. Dezember 2002 antwortete Herr Ellinghaus wie folgt: ".... (Der Mikrobiologe S. Scherer) ist sicherlich ausreichend für das Fach Biologie qualifiziert, um ein Biologiebuch zu verfassen, zumal ihm ein umfangreiches Team promovierter Biologen zur Seite steht. Das Kuratorium besteht aus Vertretern verschiedener wissenschaftlicher Disziplinen, wie Rechts-, Wirtschafts-, Sozial-, Erziehungswissenschaften, Psychologie, Medizin, meist bekannten Professoren, sowie einigen Vorsitzenden bzw. den Präsidenten großer gesellschaftlicher Vereinigungen". Als einziger Fachmann wurde somit der Ko-Autor des preisgekrönten Schulbuchs genannt, d. h. eine objektive Evaluation durch externe Evolutionsbiologen hat nicht stattgefunden.

Ende März 2003 erhielt ich einen zweiten Brief von Herrn Ellinghaus mit dem folgenden Inhalt: "... Ich schlage Ihnen eine öffentliche Podiumsdiskussion vor, etwa unter dem Thema 'Evolution oder Schöpfung – eine kontroverse Diskussion'. Der Veranstaltungszeitpunkt könnte im Herbst diesen Jahres sein, etwa im Oktober, und der Veranstaltungsort Bielefeld, z. B. ein Saal der Universität. Podiumsteilnehmer wären Sie und Prof. Scherer als Biologen sowie ein oder zwei weitere Teilnehmer auf jeder Seite aus anderen Fachrichtungen wie Philosophie oder Theologie, aber mit der Orientierung der jeweiligen Seite. ... Die Moderation würde ich gern selbst übernehmen, aber es könnte auch ein erfahrener, dafür geeigneter Journalist gefunden werden. ... Die Kosten der Veranstaltung würde unser Verein übernehmen".

In meinem Antwortschreiben vom 3. April 2003 brachte ich die folgenden Argumente vor: " Nach Rücksprache mit dem Präsidenten des *Verbands Deutscher Biologen* und einiger Fachkollegen bin ich zu dem Entschluss gekommen, dass eine derartige Debatte für beide Seiten unbefriedigend verlaufen würde. An meinem Lehrstuhl werden u. a. evolutionsbiologische Fragestellungen bearbeitet (Rekonstruktion der Phylogenese der Embryophyta; molekulare Systematik und Evolution aquatischer Anneliden). Das Faktum Evolution ist somit einer wissenschaftlichen Analyse zugänglich, während 'Schöpfung' nur geglaubt werden kann. Wie Ihnen wahrscheinlich bekannt ist, wurde in der Zeitschrift *factum* (23. Jg. Nr. 1/2003) ein Doppel-Interview mit Herrn S. Scherer und mir abgedruckt. Dort sind unsere Standpunkte dargelegt und für interessierte Laien nachlesbar. Da Herr Scherer die Tatsache Evolution als 'Ursprungslehre' bezeichnet und somit jeder beliebigen Glaubensrichtung gleichsetzt, erübrigt sich für mich – als Fachvertreter der Evolutionsbiologie – eine weitere Diskussion. Jeder Bürger hat das Recht, als Privatperson durch religiöse Glaubensinhalte sein Leben zu bereichern. In der Naturwissenschaft Biologie hat der Schöpfungsglaube jedoch keinen Raum, da nur reale Dinge analysiert und erforscht werden können". Die beiden oben erwähnten Interviews sind im nächsten Absatz dargelegt.

Zwei Interviews und ein Kommentar

In Kapitel 5 wurde die Schweizer Zeitschrift *factum* erwähnt. Dieses attraktiv aufgemachte Journal wurde 1980 gegründet und erhebt den Anspruch, "Fakten und Analysen zum Verständnis unserer Zeit zu vermitteln". Als ständige Mitarbeiter wurde 2002 u. a. der bereits zitierte Kreationist W. Gitt genannt, der auch bei W+W aktiv ist. Im Herbst 2002 wurde ich vom Leiter der *factum*-Redaktion, Herrn R. Höneisen (Berneck, Schweiz) eingeladen, einige Fragen zum Thema "Evolution und Schöpfung" zu beantworten. Gleichzeitig konnte Herr S. Scherer (TU München) zu ähnlichen Fragen Stellung beziehen. Beide Interviews wurden dann in *factum* Heft 1/23. Jahrgang 2003 publiziert und haben den "Streitpunkt Evolution" aufs Neue angeheizt. Als ich im Januar 2003 die entsprechende Ausgabe des Magazins aufschlug, war ich mehr als überrascht: Das bunte Heft ist von Deckel zu Deckel mit anti-evolutionistischen Parolen durchsetzt, wobei die biblischen Schöpfungsmythen als "erwiesene Fakten" dargestellt sind. Auf der Umschlags-Innenseite werden z. B. die Vorträge des Kreationisten W. Gitt beworben; eine Reiseanzeige enthält die folgenden Zeilen "... die Natur entdecken, dem Schöpfer begegnen"; die hintere Umschlags-Seite bewirbt den Sammelband "Akte Genesis – warum es 50 Wissenschaftler vorziehen, an die Schöpfung in 6 Tagen zu glauben". Aus dem Werbetext: "Evolution ist wissenschaftlich nicht besser belegt als traditionelle religiöse Überzeugungen – vielleicht sogar schlechter". Wäre mir vorher bekannt gewesen, in welch "noble Gesellschaft" ich mich hier begebe, hätte ich mir meine Ausführungen erspart, denn gegen christlich-religiösen Fundamentalismus können keine auch noch so klaren Argumente etwas bewirken. Die Interviews waren jedoch bereits gedruckt und sollen hier in gekürzter Form wiedergegeben werden.

factum: Herr Professor, was verbinden Sie mit dem Wort Schöpfung?
Kutschera: Der Begriff "Schöpfung" entstammt dem Bereich des religiösen Glaubens. Im Verlauf der Menschheitsgeschichte wurden von unseren Vorfahren mehr als 100 verschiedene, sich teils widersprechende Schöpfungsgeschichten verfasst. Der bekannteste Mythos ist im Buch Genesis der Bibel nachlesbar. Die dort niedergeschriebenen Allegorien sind durch die Erkenntnisse der Naturwissenschaften seit langem widerlegt. Ein bekannter Physiker soll einmal gesagt haben: Man kann die Bibel wörtlich oder ernst nehmen. Dieser Ansicht schließe ich mich an. Da Schöpfungsmythen auf übernatürlichen Glaubensinhalten basieren, die Naturwissenschaften jedoch nur real vorhandene Dinge erforschen können, ist der Begriff "Schöpfungstheorie" widersprüchlich. Schöpfungsmythen sind Sache des nicht überprüfbaren, subjektiven Glaubens, Theorien die Resultate naturwissenschaftlicher Erkenntnisse, die auf objektiven Fakten und Daten basieren.
factum: Das Lehrbuch "Evolution" von Scherer und Junker belegt, dass Ursprung und Geschichte des Lebens nicht ohne weltanschauliche Grenzüberschreitungen erforscht werden können. Nun wurde dieser Titel mit dem Schulbuchpreis 2002 ausgezeichnet. Hat die Jury richtig entschieden?
Kutschera: Ihre Frage enthält eine unzutreffende Behauptung. Die Geschichte des Lebens wurde unter Verwendung von Dokumenten (Fossilien) rekonstruiert. Weltanschauliche Betrachtungen haben bei den betreffenden Paläobiologen und Geologen keine Rolle gespielt. Das Schulbuch von Junker und Scherer – ich beziehe mich auf die 3. Auflage 1992 und 4. Auflage 1998 – ist didaktisch gut aufgemacht und zu einem Preis zu erwerben, den kaum ein anderer Verlag ohne Sponsoren halten könnte. Die Autoren haben es sich zum Ziel gesetzt, der Evolution eine auf der Schöpfungslehre beruhende Gegenposition beiseite zu setzen. Dieses auf biblischen Dogmen basierende "Schöpfungsmodell" ... (führt die Autoren zu folgender) Aussage: Aus der Schöpfung folgt die Voraussage, dass Zwischenformen zwischen Grundtypen niemals existierten und auch künftig nicht gefunden werden. Diese Bauplan-Mischtypen sind jedoch fossil und rezent im Tier- und Pflanzenreich dokumentiert und in meinem Lehrbuch

(Kutschera 2001) beschrieben. Würden perfekt erschaffene Arten existieren, so gäbe es keine C3-Pflanzen (90 Prozent aller Gewächse mit fehlerhafter Photosynthese); wir kennen C3-/C4-Übergangsformen: Hier wird ein Photosyntheseapparat Schritt für Schritt umgebaut (Makroevolution); der perfekt erschaffene Mensch würde keine Bandscheibenprobleme bekommen und nicht an Krebs sterben; die Dinosaurier wären nicht ausgestorben. Die Jury war offensichtlich überwiegend mit biologischen Laien besetzt und hat daher so entschieden. Aus meiner Sicht ist das Werk als gelungenes Propagandastück des deutschen Neo-Kreationismus zu bewerten und als "Lehrbuch" völlig ungeeignet, da ein verzerrtes Bild der Evolution vermittelt wird. So sind zum Beispiel die "Grundtypen" als "geschaffene Arten" eine freie Erfindung der Autoren. Diese Begriffe existieren in der Evolutionsbiologie nicht und disqualifizieren daher das Buch.

factum: Evolutionskritiker geben vor, die Evolution sei unbewiesen. Bis heute fehle der experimentelle Beweis. Sind Sie anderer Meinung? Wer oder was hat den Evolutionsmechanismus bewiesen ?

Kutschera: Junker und Scherer liefern eine populäre Fehldefinition der Naturwissenschaft Biologie: Diese basiert nicht ausschließlich auf Experimenten, wie die Autoren vorgeben, sondern auch auf historischen Dokumenten. In den USA wurde vor einigen Jahren das teuerste Dokument der Paläobiologie, ein 65 Millionen Jahre altes *Tyrannosaurus rex*-Skelett für 8,36 Millionen Dollar verkauft. Evolution – das Andersartigwerden der Organismen im Verlauf unzähliger Generationsabfolgen – ist eine durch mehr als 250 000 fossile Arten dokumentierte Tatsache; dieses Faktum wird durch ein System von Aussagen (die Erweiterte Synthetische Theorie) beschrieben und erklärt. Es gibt zahlreiche Experimente zur Überprüfung der derzeit akzeptierten Evolutionsmechanismen, ... Allerdings ist unser Bild von den Antriebskräften des evolutiven Artenwandels noch lückenhaft. Dies gilt aber auch für andere Teilgebiete der Biologie. Die 1839 formulierte Zellentheorie sagt aus, dass alle Lebewesen aus Zellen bestehen (aus heutiger Sicht eine dokumentierte Tatsache). Wir sind trotz jahrzehntelanger Forschung noch immer weit davon entfernt, alle zellulären Vorgänge auf molekularem Niveau im Detail zu verstehen. Kein sachkundiger Biologe zweifelt jedoch mehr daran, dass das klassische Postulat

(Lebewesen sind aus Zellen aufgebaut) korrekt ist. In diesem Sinne sollte der Begriff Evolutionstheorie verstanden werden.

factum: Sie bezeichnen den Kreationismus als "Extremposition einiger Außenseiter". Wozu dann der Aufwand, einigen Exoten ein ganzes Kapitel in Ihrem Lehrbuch zu widmen?

Kutschera: Während eines mehrjährigen Forschungsaufenthaltes in den USA (Stanford University, Michigan State University) habe ich miterlebt, welchen Schaden die fundamentalistischen Anhänger des biblischen Schöpfungsglaubens (Kreationisten) der Naturwissenschaft Biologie zufügen können. Evolution ist als dokumentierte Tatsache zur Über-Disziplin und Fundament der Biowissenschaften geworden. Ohne eine evolutionäre Sicht sind die Organismen nicht naturwissenschaftlich analysierbar, da der in der DNA niedergelegte historische Charakter ausgeblendet wird. Mit Erstaunen musste ich nach meiner Rückkehr nach Deutschland feststellen, dass sich auch hier eine Kreationisten-Szene etabliert hatte, deren Ziel es ist, die Vor-Darwinsche, auf biblischen Offenbarungen basierende "Schöpfungstheorie" unter Verdrehung und Ignorierung biologischer Fakten der Jugend näher zu bringen. Im Buch von Junker und Scherer habe ich dann unter anderem die folgenden Fehlinformationen gefunden: Das dokumentierte Erdalter von etwa 4,6 Milliarden Jahren sei eine "verbreitete Annahme"; die Endosymbiontentheorie sei hochgradig unwahrscheinlich; fossile Übergangsformen seien nicht nachweisbar. Wenn derartige Behauptungen in einem Schulbuch stehen, kann der in Forschung und Lehre aktive Evolutionsbiologe nicht länger schweigen. Nach dem Motto "wehret den Anfängen" habe ich dann in Kapitel 11 meines Buches die Haupteinwände gegen die Evolutionstheorie und die entsprechenden Gegenargumente dargelegt. Würden Sie ein Mathematikbuch empfehlen, in dem steht, dass nach "verbreiteter Annahme" 2 mal 2 gleich 4 ist?

factum: Ist denn Otto Normalverbraucher, der an Gott und seine Schöpfung glaubt, ein bemitleidenswerter Tor?

Kutschera: Es ist ein bedauernswerter Missstand, dass die Biologie an deutschen Schulen nur eine Nebenrolle spielt. Ich bin dennoch davon überzeugt, dass die Mehrheit der aufgeklärten Bürger eine naturalistische Weltsicht vertritt. Glaube und Wissen sollten nicht vermengt werden, wie es die Verkünder der "Schöpfungstheorie" tun, sondern getrennte Ebenen einnehmen. Ich kenne bedeutende

Biologen, die vom Konzept Evolution überzeugt sind und dennoch als gläubige Christen regelmäßig in die Kirche gehen. Eine wörtliche Interpretation biblischer Schöpfungsmythen passt allerdings nicht mehr in unsere Zeit, da die Geologie und die Biowissenschaften enorme Fortschritte gemacht haben, die nicht einfach ignoriert werden können. Eine Aufwertung der Jahrhundertwissenschaft Biologie, der wir u. a. unsere gute Ernährung und Gesundheit verdanken, wäre wünschenswert, um dem Bildungsmangel zum Thema Evolution entgegenzuwirken.

factum: Auf welche Begriffe könnten Sie am ehesten verzichten, ohne Ihre Weltanschauung zu beschneiden: "Natur", "Zufall", "Liebe", "Tod", "Gott", "Planung", "Selektion", "Wunder"?

Kutschera: Die Begriffe Natur, Liebe (im Sinne von Fortpflanzung), Tod und Selektion haben direkten Bezug zur Evolutionsbiologie, da diese eine echte Natur-Wissenschaft ist: Populationen bestehen aus sich fortpflanzenden sterblichen Individuen, die in ihren Nachkommen weiterleben; durch Aussterben der nicht an die Umwelt angepassten Varietäten (natürliche Selektion) kommt es zum Andersartigwerden dieser Fortpflanzungsgemeinschaften im Verlauf tausender von Generationen. Diese Evolution kann unter Umständen zu einer Komplexitätszunahme ('Höherentwicklung') führen, muss es aber nicht (z.B. Höhlentiere, die von Freilichtpopulationen abstammen). Der Zufall (Schaffung genetischer Variabilität) spielt im Evolutionsgeschehen die primäre Rolle; die Selektion ist dann der richtungsgebende Prozess. Dieser Zweistufencharakter des Evolutionsmechanismus wird häufig nicht verstanden, so dass sich das Unwort von der "Darwinschen Zufallstheorie" ausbreiten konnte. Die Begriffe Gott, Planung (im Sinne von Schöpfungsplan), Wunder und Liebe (bezogen auf zwischenmenschliche Beziehungen) haben in der Naturwissenschaft Biologie keinen Raum, da nur reale Dinge erforschbar sind und Bausteine von Theorien werden können. Sie spielen allerdings im Privatleben vieler Menschen (auch einiger Biologen) eine große Rolle und sollten daher dem persönlichen Glaubens- und Gefühlsbereich vorbehalten bleiben. Im letzten Kapitel meines Buches (Naturwissenschaft und Glaube) habe ich eine evolutionäre Ethik umrissen (Kutschera 2001).

factum: Herr Professor, was verbinden Sie mit dem Wort Evolution?
Scherer: Unter Evolution verstehe ich diejenige Ursprungslehre, welche die Entstehung der ersten Zelle (chemische Evolution) und deren Entwicklung hin zu allen heute existierenden Lebewesen (biologische Evolution) vollständig und ausdrücklich ohne Zuhilfenahme übernatürlicher Faktoren zu erklären versucht. ... Teile der Evolutionsforschung gehören in den Bereich der empirischen Wissenschaften, beispielsweise die Untersuchung von Variations-, Selektions- und Artbildungsprozessen (Mikroevolution). ... Andere wichtige Bereiche der Evolutionsforschung sind der experimentellen Methode der Naturwissenschaften grundsätzlich nicht zugänglich, beispielsweise die Entstehung der Tierstämme oder der vermutete Übergang zwischen verschiedenen Tier- und Pflanzengruppen (Makroevolution). Diese Teildisziplinen interpretieren naturwissenschaftliche Fakten, arbeiten dabei jedoch mit Verfahren, die viele Ähnlichkeiten zu geisteswissenschaftlichen (z. B. historischen) Methoden aufweisen. ... Schließlich stelle ich immer wieder fest, dass die Evolutionslehre als Ganzes mit persönlichen Glaubensentscheidungen verbunden ist, was ich achte. Das erklärt meines Erachtens den Absolutheitsanspruch, mit dem diese Lehre ausdrücklich auftritt. Absolutheitsansprüche sind immer ein Kennzeichen der Religion, niemals der Wissenschaft.
factum: Das von Ihnen und Dr. Junker herausgegebene Lehrbuch "Evolution" belegt, dass Ursprung und Geschichte des Lebens nicht ohne weltanschauliche Grenzüberschreitungen erforscht werden können. Nun wurde dieser Titel mit dem Schulbuchpreis 2002 ausgezeichnet. Hat die Jury das an den Schulen nicht akzeptierte Buch überhaupt gelesen?
Scherer: In der Tat sind Ursprung und Geschichte des Lebens nicht ohne weltanschauliche Grenzüberschreitungen zu erforschen ... Daten (z. B. Fossilien) sprechen eben nicht für sich selbst, sondern sie müssen interpretiert werden. Jede Interpretation von Daten beruht auf nicht beweisbaren, oft auch weltanschaulich motivierten Annahmen. Leider weigern sich einige Biologen immer noch nachhaltig, diesen Sachverhalt zur Kenntnis zu nehmen. Ich habe den Eindruck, dass diese Weigerung zuweilen mit einer agnostischen oder atheistischen

weltanschaulichen Bindung zusammenhängt. ... Die Jury hat nach meiner Meinung sehr genau verstanden, was das Anliegen unseres Buches war, auch wenn ich nicht davon ausgehe, dass alle Mitglieder das gesamte Werk in allen Einzelheiten gelesen haben. Die Würdigung bezog sich auf unseren Versuch, der einseitigen, weltanschaulich bedingten Festlegung der öffentlichen Diskussion über den Ursprung der Lebewesen mit Sachargumenten zu begegnen.

factum: Evolutionsvertreter geben vor, die Evolution sei bewiesen, während die Kritik an der Evolutionsbiologie durch Fakten widerlegt werden könne. Wie begegnen Sie dieser Meinung?

Scherer: Wer behauptet, die Evolutionslehre sei bewiesen, hat erstens nicht verstanden, wie die wissenschaftliche Methode arbeitet: Selbst naturwissenschaftliche Theorien können niemals bewiesen (verifiziert), sondern im günstigsten Fall widerlegt (falsifiziert) werden. Noch viel mehr gilt dies für alle Ursprungslehren (damit auch für die Evolutions- und Schöpfungslehre), weil sie neben empirischen Bereichen grundsätzlich auch historische und weltanschauliche Elemente enthalten. Zweitens sind zentrale Probleme der Evolutionslehre nicht gelöst: Beispielsweise wissen wir nicht, wie die erste Zelle entstanden ist, und wir kennen bis heute keine evolutionären Mechanismen, die zu einer Höherentwicklung (Makroevolution) hätten führen können. ... Leider werden auch offene Fragen der Schöpfungslehre, auf die wir in unserem Buch ausdrücklich hinweisen, von manchen Anhängern der Schöpfungslehre geleugnet oder mit Hilfe von wissenschaftlich unhaltbaren Scheinargumenten verteidigt. Es gibt darüber hinaus Kritik von Christen an der Evolutionslehre, die wissenschaftlich nicht vertretbar ist. ...

factum: Die Schöpfungstheorie wird von Kritikern oft als "Extremposition einiger Außenseiter" bezeichnet. Fühlen Sie sich als einer dieser Exoten?

Scherer: Eine Schöpfungstheorie im naturwissenschaftlichen Sinne gibt es nicht und kann es auch nicht geben. Schöpfung muss, ebenso wie Makroevolution, letztendlich geglaubt werden. Deshalb sprechen wir grundsätzlich von Schöpfungslehre und Evolutionslehre. ... Zu Ihrer Frage: Es kann überhaupt kein Zweifel daran bestehen, dass die in unserem Buch vertretene Meinung eine Außenseiterposition ist. Sie stellen richtig fest, dass unser Buch an staatlichen Schulen nur wenig vertreten ist. Ich kann die Weigerung der Schulen und Schulbehörden, die Schöpfungslehre in den Unterricht der öffentlichen Schulen einzuführen, gut verstehen. Offiziell kann nur gelehrt werden, was die große Mehrheit der Wissenschaftler für richtig hält – welchen anderen Maßstab sollten die Schulbehörden denn sonst anlegen? Ich kann allerdings weder verstehen noch akzeptieren, dass sachliche Kritik an der Evolutionslehre sowie der vielfach geführte Nachweis der weltanschaulichen Bindung aller Ursprungslehren beharrlich verschwiegen wird. ...

factum: Ist Otto Normalverbraucher, der an Gott und seine Schöpfung glaubt, ein bemitleidenswerter Tor, dem das nötige Schulwissen fehlt? Oder anders gefragt: Treiben die Hochschulen unseren Kindern den Glauben aus?

Scherer: Durch die einseitige, evolutionsgebundene Ausrichtung der Medien ist es nicht verwunderlich, dass sich viele schöpfungsgläubige Menschen in der Defensive fühlen und verunsichert sind. Kein Mensch sollte sich jedoch als Tor fühlen, weil er an Schöpfung glaubt – genauso wenig sollten evolutionsgläubige Menschen durch Christen diskriminiert werden. Zuweilen werden unsere Kinder in der Schule materialistisch geprägt – das geschieht jedoch keineswegs nur im Biologieunterricht und hängt nach meiner Erfahrung ohnehin stark von den individuellen Lehrern ab. ... Was aber eingefordert werden muss, ist die weltanschauliche Neutralität des Biologieunterrichtes an unseren staatlichen Schulen – und davon sind wir meines Erachtens inzwischen weit entfernt.

factum: Auf welche Begriffe könnten Sie am ehesten verzichten, ohne Ihre Weltanschauung zu tangieren: "Natur", "Zufall", "Liebe", "Tod", "Gott", "Planung", "Selektion", "Wunder"?

Scherer: Darf ich die Frage entgegengesetzt beantworten? Folgende Begriffe sind für mein persönliches Leben zentral: Gott – Liebe – Wunder. Ich sehe für diese Begriffe in einem evolutionär-materialistischen Weltbild keinen Raum. ... So bin ich dankbar, dass ich in einer Welt leben darf, in der uns die Heilige Schrift eine über den Tod hinausreichende Hoffnung offenbart.

Zu den Ausführungen und Argumenten des derzeitigen W+W-Vorsitzenden S. Scherer möchte ich die folgenden Anmerkungen beifügen:

1. Evolution ist keine Ursprungslehre, die jeder beliebigen unbeweisbaren Glaubensrichtung (religiöses Dogmensystem) gleichsetzbar ist.

Wäre dem so, dann müsste man alle Evolutionsbiologen der Welt einer atheistischen Sekte zurechnen, was jedoch unzutreffend ist (s. Kapitel 1, T. Dobzhansky/ E. Mayr). Übernatürliche Faktoren werden in allen Naturwissenschaften, und nicht nur in der Evolutionsbiologie, ausgeklammert (methodischer Atheismus).

2. Der Begriff "Evolutionslehre" – als Gegenstück zur "Schöpfungslehre" ist ein didaktischer Taschenspielertrick, um dem Leser vorzugaukeln, Wissenschaft und Glaube wären gleichwertige Erkenntnisformen.

3. Weltanschaulich motivierte Annahmen bei der Interpretation von Fossilien finden sich seit Darwin (1859) nirgendwo in der seriösen Fachliteratur (s. z. B. Zeitschriften wie *Paleobiology*, Kapitel 2).

4. Kein sachkompetenter Biologe hat jemals gesagt, "die Evolutionslehre ist bewiesen". Der Artenwandel ist durch Fossilien dokumentiert, wobei die molekularen Mechanismen der Spezies-Transformationen noch Gegenstand weltweiter Forschungsaktivitäten sind; zum Ursprung der Protocyten (Urzellen) gibt es naturalistische Modelle, die in der Fachliteratur beschrieben wurden.

5. Die Behauptung, Schöpfung müsse, ebenso wie Makroevolution, letztendlich geglaubt werden, ist absurd: Hier wird eine dokumentierte Tatsache mit unbeweisbaren religiösen Offenbarungen auf eine Stufe gestellt.

6. Evolutionsgläubige Menschen gibt es in der "Welt der Naturwissenschaften" nicht, jedoch rational-nüchterne Denker, die Fakten und Fiktionen auseinander halten können.

7. Der Biologieunterricht an deutschen Schulen ist weltanschaulich neutral; Glaubensinhalte werden in den Religionsstunden behandelt.

8. In der Bibel sind zahlreiche übernatürliche Wunder niedergeschrieben (Abb. 6.2), die heute von modernen Theologen als Allegorien interpretiert werden. Der Naturforscher wundert sich zwar immer wieder über die komplexen Zusammenhänge, "biblische Wunder" spielen in den modernen Biowissenschaften jedoch keine Rolle.

Nach Angaben eines Mitglieds der AG Evolutionsbiologie im Vdbiol soll der Mikrobiologe S. Scherer bei einem öffentlichen Vortrag zum Thema "Evolution/Schöpfung" an der Universität Ulm, der von einer Studentenmission veranstaltet wurde, in der Diskussion etwa wie folgt argumentiert haben. Bei der Lebensentstehung sei ein übernatürliches Eingreifen in irdisches Geschehen vorstellbar, analog einem biblischen Wunder. Die anwesenden Biologen nahmen diese Aussage eines Hochschullehrers einer deutschen Universität "mit Verwunderung" zur Kenntnis.

Abb. 6.2: Biblische Wunder im Neuen Testament: Auferweckung eines toten Jünglings (unten), Brotvermehrung (Mitte) und Himmelfahrt Jesu (oben) (Nach einer katholischen Schulbibel, 1930).

7. Max Planck und das Intelligente Design

Der Philosoph Georg Wilhelm Friedrich Hegel (1770 – 1831) gehört bis heute zu den umstrittensten Denkern der Neuzeit. Seine zahlreichen Schriften und Bücher werden von manchen Geisteswissenschaftlern als höchst originell und wertvoll erachtet, während z. B. von Seiten der Naturforscher weniger günstige Urteile zu lesen sind. Zwei Bemerkungen aus dem 19. Jahrhundert sollen dies verdeutlichen. Friedrich Engels (1820 – 1895) bezeichnete Hegel als "einen der gelehrtesten Köpfe aller Zeiten", während Arthur Schopenhauer (1788 – 1860) diesen Philosophen als einen "geistlosen, unwissenden, Unsinn schmierenden, die Köpfe durch hohlen Wortkram desorganisierenden Philosophaster" ansah. Da der umstrittene Philosoph Hegel mit einer seiner Aussagen in direktem Bezug zur modernen Evolutionsdebatte steht, wollen wir in diesem einleitenden Kapitel kurz auf den "Vollender des deutschen Idealismus" eingehen.

Nachdem G. W. F. Hegel in Stuttgart das Gymnasium absolviert hatte, studierte er an der Universität Tübingen Theologie und Philosophie. Von 1793 bis 1804 war der examinierte Theologe und Magister der Philosophie u. a. in Bern und Frankfurt als Hauslehrer tätig. Nach dem Tod des Vaters (1799) erbte Hegel ein kleines Vermögen und konnte sich dann auf eine akademische Laufbahn vorbereiten. Nach Lehrtätigkeiten in Jena, Nürnberg und Heidelberg übernahm Hegel den Lehrstuhl für Philosophie an der Universität Berlin und arbeitete dort bis zu seinem Tod.

Der berühmte Philosoph Hegel wurde einmal von einem Naturwissenschaftler darauf aufmerksam gemacht, dass es zahlreiche Tatsachen (Fakten) gibt, die seiner idealistischen Naturphilosophie widersprechen. Darauf habe der Philosoph geantwortet: "Um so schlimmer für die Tatsachen!" Zur Verteidigung Hegels muss jedoch betont werden, dass dieser Denker nicht so unwahrhaftig war, offensichtliche Fakten zu ignorieren oder gar zu leugnen: Die "Ideen", denen sich in seinem Weltbild die Tatsachen anzupassen hatten, waren ihm in seiner Werteordnung jedoch wichtiger als die nüchterne Realität. Der Physiker Max Planck (1858 – 1947) erzählte die oben skizzierte Anekdote immer wieder im Kreise seiner Mitarbeiter und Kollegen. Dieser Naturforscher war fest davon überzeugt, dass nur Tatsachen Grundlage für die Erkenntnis wissenschaftlicher Wahrheiten sein können. Planck hat mit einer großen Leidenschaft, die der Bedeutung dieser Problematik angemessen ist, wiederholt hervorgehoben, dass wissenschaftliche Theorien nur dann diesen Namen verdienen, wenn sie auf Fakten basieren bzw. mit Tatsachen übereinstimmen. Sobald eine Theorie nicht mehr mit den empirischen Fakten in Einklang steht, muss sie modifiziert oder durch ein anderes Modell ersetzt werden. Im nächsten Abschnitt wollen wir das Leben und die philosophische Grundposition dieses bedeutenden Physikers kennen lernen. Diese Hintergrundinformation ist notwendig, um die Argumentation in der nachfolgend dargestellten Evolutionsdebatte nachvollziehen zu können.

Abb. 7.1: Der Physiker Max Planck (1858 – 1947), nach einem Bild des Malers G. v. Hoesslin aus dem Jahr 1920.

Philosophischer Materialismus und Religiosität

Max Planck (Abb. 7.1) entstammte einer schwäbischen Gelehrtenfamilie, aus der eine Reihe bedeutender Theologen und Juristen hervorgegangen sind. Er wurde am 23. April 1858 in Kiel geboren; bereits 1867 zog die Familie nach München, wo Planck als herausragender Schüler 1874 das Gymnasium absolviert hatte und zum Wintersemester ein Physikstudium begann. Nach der Promotion zum Doktor der Philosophie (1879) und Tätigkeit als Privatdozent für Theoretische Physik an der Universität München lehrte Planck dieses Fachgebiet an den Universitäten Kiel und Berlin (1892 – 1926). Seit 1894 war er Ordentliches Mitglied der Preußischen Akademie der Wissenschaften; im Jahr 1920 wurde er mit dem Nobelpreis für Physik ausgezeichnet. Von 1930 bis 1937 war Planck Präsident der Kaiser-Wilhelm-Gesellschaft zur Förderung der Wissenschaften, die seit 1948 seinen Namen trägt. Die letzten Lebensjahre verbrachte der Physiker in Göttingen, wo er am 4. Oktober 1947 starb.

Neben wertvollen Beiträgen zur Thermodynamik sowie der Relativitäts- und Elektrolyt-Theorie gelang dem theoretischen Physiker eine große, unser Weltbild verändernde Entdeckung: Emission und Absorption von Strahlung (z. B. sichtbares Licht) erfolgen nicht kontinuierlich, sondern in kleinsten "Energiepaketchen", den Quanten oder Photonen. Die Energie (E) der Strahlung ist gleich dem Planckschen Wirkungsquantum (h), multipliziert mit der Frequenz ν ($E = h \cdot \nu$). In der Praxis gibt man den Energiegehalt von einem mol Photonen an (1 N), d. h. die von Planck abgeleitete Gleichung lautet dann wie folgt: $E = N \cdot h \cdot \nu$. Diese Zusammenhänge gehören heute zum Grundwissen eines jeden Biologen; sie haben das von J. Dalton begründete atomistisch-mechanistische Weltbild der Naturwissenschaften erweitert und gefestigt. So beruht z. B. die Primärreaktion der Photosynthese auf einer Interaktion der "Planckschen Photonen" mit gewissen Elektronen der grünen Blattpigmente (Chlorophylle) (Kutschera 2002). Max Planck hat somit den Materialismus in den quantitativen Naturwissenschaften (Physik, Chemie, Physiologie u.a.) entscheidend mitetabliert und auf die sub-atomare Ebene ausgedehnt (Photonen-Elektronen-Interaktion bei der kausalen Erklärung photobiologischer Prozesse).

Die "Geschichte der Auffindung des physikalischen Wirkungsquantums" (d. h. der universellen Naturkonstanten h) hat Planck (1949) im Detail beschrieben. In diesem Buch lesen wir das Folgende: "Viel aussichtsloser erschien die Aufgabe, den Zahlenwert der zweiten Konstanten, h, die zuerst völlig in der Luft hing, zu prüfen. Daher war es mir eine große Überraschung und Freude, als J. Franck und G. Hertz bei ihren Versuchen über die Erregung einer Spektrallinie durch Elektronenstöße eine Methode zu ihrer Messung fanden, wie man sie sich direkter nicht wünschen kann. Damit war auch der letzte Zweifel an der Realität des Wirkungsquantums verschwunden".

Anknüpfend an das in der Einleitung Gesagte soll im Folgenden die Methode zur Erstellung wissenschaftlicher Hypothesen aus Sicht von Max Planck umrissen werden. In einem Vortrag, gehalten am 17. Februar 1933 im Verein Deutscher Ingenieure (Berlin), fasste der große Physiker seine Ansichten in diesen klaren Worten zusammen: "Eine jede wissenschaftliche Idee, die dem Gehirn eines Forschers entspringt, knüpft stets an ein konkretes Erlebnis an, an eine Entdeckung, eine Beobachtung, ... ob es sich um eine physikalische oder astronomische Messung, eine chemische oder biologische Beobachtung, einen archivalischen Fund oder um ein ausgegrabenes Kulturdenkmal handelt, und der Inhalt der Idee besteht darin, dass sie dies Erlebnis in Zusammenhang und in Vergleich bringt mit gewissen bereits vorliegenden andersartigen tatsächlichen Erlebnissen. ... Die Fruchtbarkeit der Idee und damit ihre Bedeutung für die Wissenschaft beruht dann auf der Verallgemeinerung des so hergestellten Zusammenhanges zu einer Reihe anderer verwandter Tatsachen". Nach Planck (1949) basiert eine wissenschaftliche Theorie (d. h. ein gesichertes Hypothesensystem) somit auf konkreten Beobachtungen, Messungen und Tatsachen. So führt Planck z. B. Isaac Newton (1642 – 1727) an, der, unter einem Apfelbaum sitzend, durch das Beobachten eines zur Erde fallenden Apfels an die Bewegung des Mondes um die Erde erinnert wurde und dabei die Beschleunigung des Apfels mit der des Mondes in Zusammenhang brachte. Aus dieser Naturbeobachtung (Tatsache) entwickelte Newton seine Gravitationstheorie. Dieses auf Fakten basierende Aussagesystem (Gravitationsgesetze) stand im Einklang mit den Keplerschen Gesetzen der Planetenbewegung; Newtons Ideen zeigten die verursachenden Kräfte der Planeten-Rotationen auf und sind somit als Meilensteine in der

Entwicklung unseres modernen materialistisch-naturwissenschaftlichen Weltbildes zu betrachten.

Max Planck war jedoch auch ein gläubiger Mensch mit Bindung zur christlichen Religion. In einem Weihnachtsartikel (1930) mit dem Titel "Wissenschaft und Glaube" warnte Planck vor Heilsbotschaften und Propheten: "Die Kirche, welche in erster Linie dazu berufen ist, solche Bedürfnisse zu stillen, vermag heute mit ihren Ansprüchen auf gläubige Hingabe zweifelnde Gemüter oft nicht mehr recht zu befriedigen. Daher ... werfen diese sich mit Eifer irgendeinem der zahlreichen, mit neuen sicheren Heilsbotschaften auftretenden Propheten in die Arme. Es ist erstaunlich, wie viele Leute gerade auch aus gebildeten Kreisen, auf solche Weise in den Bann einer dieser neuen Religionen geraten, die in allen Schattierungen schillern, von der verworrensten Mystik bis zum krassesten Aberglauben". Seine Position zur Verbindung von Glaube und Wissenschaft konkretisierte Planck in den folgenden Sätzen: "So gewiss das feste Fundament einer jeden Wissenschaft durch das Material gebildet wird, das aus der Erfahrung stammt, ebenso sicher ist, dass nicht dies Material allein, auch nicht seine logische Verarbeitung, die eigentliche Wissenschaft ausmacht. ... Daher muss (das Material) ergänzt und vervollständigt werden durch Ausfüllung der Lücken, und das geschieht stets nur durch Ideenverbindungen, die nicht aus der Verstandestätigkeit, sondern aus der Fantasie des Forschers entspringen, mag man sie nun als Glaube oder mit einem vorsichtigeren Ausdruck als Arbeitshypothese bezeichnen". Abschließend warnte der große Physiker vor einer Über-Interpretation und Ideologisierung der Wissenschaft: "Aber hier lauert nun freilich eine schlimme Gefahr, ... die Gefahr, dass das Ausdeuten des vorliegenden Materials unter der Hand in ein Umdeuten oder vielleicht schließlich sogar in ein Ignorieren übergeht. Damit wird die Wissenschaft zu einer Pseudowissenschaft, zu einer lehren Konstruktion, die beim ersten kräftigen Anstoß in sich zusammenbricht".

Im Mai 1937 hielt Planck seinen berühmten Vortrag "Religion und Naturwissenschaft", in dem er eine Synthese beider Bereiche anregte. "Diese Verschiedenheit entspricht der verschiedenen Rolle, welche Religion und Naturwissenschaft im menschlichen Leben spielen. Die Naturwissenschaft braucht der Mensch zum Erkennen, die Religion aber braucht er zum Handeln. ... Religion und Naturwissenschaft – sie schließen sich nicht aus, wie manche heutzutage glauben oder fürchten, sondern sie ergänzen und bedingen einander ... Die größten Naturforscher aller Zeiten, Männer wie Kepler, Newton, Leibniz (waren) von tiefer Religiosität durchdrungen" (Planck 1949).

Wir können somit auf der einen Seite in Max Planck den nüchternen "Tatsachen-Mensch" erkennen, der vor Irrationalität und Aberglaube warnte, und andererseits den religiösen Physiker sehen, der sich zum christlichen Glauben bekennt. Wie der bereits zitierte Evolutionsforscher T. Dobzhansky hat jedoch auch der Nobelpreisträger Planck in seinen wissenschaftlichen Publikationen die Glaubens- und Wissensebene auseinander gehalten.

Evolution und Schöpfung im Namen von Max Planck

Seit dem Jahr 1998 – etwa zeitgleich mit dem Erscheinen der 4. Auflage des bereits besprochenen "Evolutionskritischen Schulbuchs" von R. Junker und S. Scherer – wurde im Kreise deutscher Biologen das Problem "Kreationismus bei Max Planck" diskutiert. Auf der offiziellen Internetseite (Homepage) des Max-Planck-Instituts für Züchtungsforschung in Köln (MPIZ), Abteilung Molekulare Pflanzengenetik (Leiter: Prof. H. Saedler) waren auf vielen hundert Seiten von einem fest angestellten wissenschaftlichen Mitarbeiter, Dr. W.-E. Lönnig, Thesen und Schlussfolgerungen zu lesen, die nachfolgend in Auszügen widergegeben sind. Auf der Eingangsseite links oben (über dem offiziellen MPIZ-Logo) war der folgende Satz abgedruckt: "Wolf Ekkehard Lönnig's Homepage at the MPI für Züchtungsforschung (http://www.mpiz-koeln.mpg.de/~loennig/aktivitaeten.htm)".

Es sollte jedoch betont werden, dass auf Wunsch einiger Fachwissenschaftler ein zweizeiliger "Disclaimer" aufgenommen wurde, mit dem folgenden Inhalt: "Opinions and facts expressed in the WWW pages of Wolf-Ekkehard Lönnig and in documents linked to them locally do not reflect the official position of the MPIZ". Dieser Zweizeiler des Max-Planck-Instituts Köln besagt lediglich, dass auf der Internetseite nicht die offizielle Position dieser staatlichen Einrichtung dargelegt wird. Eine klare *Distanzierung* des Forschungsinstituts vom Inhalt dieser Seiten war nicht abgedruckt. In der ausgedruckten Fassung vom 01.02.2002 waren auf der offiziellen MPIZ-

Homepage u. a. die folgenden Thesen und Behauptungen formuliert (Autor: W.-E. Lönnig).

1.Abschnitt *Hauptpunkte und Zusammenfassung*: "Nach Aussage der neodarwinistischen Evolutionstheorie sind Mutationen der 'einzige und alleinige Grund jeglicher Neuerung und Schöpfung in der belebten Natur' (Jacques Monod) ... Im folgenden Aufsatz wird die These begründet, dass keines der uns bisher bekannt gewordenen Mutationsereignisse den nach Monod zitierten Allerklärungsanspruch zum Ursprung der Lebensformen rechtfertigt".

2. Abschnitt *Einleitung: Die Ursprungsfrage:* "Angesichts der komplexen Ordnung und der unermesslichen Vielfalt der Organismen erhebt sich unausweichlich die Frage nach dem Ursprung dieser Ordnung: Wie ist diese genial-komplexe Vielfalt der Lebensformen und -funktionen entstanden? ... Lässt sich der Ursprung aller Lebensformen auf physikochemische Prozesse zurückführen? Wie steht es mit den in naturwissenschaftlichen Kreisen weithin verbotenen, ja häufig sogar mit großer Polemik zurückgewiesenen Fragen: Spielen hier zielgerichtete Faktoren eine Rolle? Ist der genetische Code ... programmiert entstanden? Stehen hinter dem Ursprung der genialen Ordnung des Lebens Intelligenz, Weisheit, Geist und Gott?"

3. Abschnitt *Mutationen - Der alleinige Grund jeglicher Schöpfung?*: "Da ... die vielfach beobachteten Zufallsmutationen die einzige bisher bekannte naturwissenschaftliche Antwort auf die Frage nach dauerhaften Veränderungen bei den verschiedensten Lebensformen sind (... von der zur Zeit wieder stärker betonten Endosymbiontenfrage einmal abgesehen) müssen sie auch die ihnen oben zugeschriebene Rolle gespielt haben. Wie noch weiter unten zu begründen ist, liegt hier eine ungerechtfertigte Extrapolation vor.

4. Abschnitt *Prognosen und Retrognosen*: "In Übereinstimmung mit sämtlichen Experimenten der Mutageneseforschung des 20. Jahrhunderts werden durch Mutationen ursprüngliche Arten nicht in völlig neue transformiert ... Die Rekombination mutierter Gene ... schafft keine neuen funktionalen Gene, Genwirkketten und Genfamilien etc. und somit ebenfalls keine neuen Arten".

5. Abschnitt *Mutationen bei Menschen*: " Es fehlt der naturwissenschaftliche Beweis, der es erlauben würde, die von vielen Genetikern mit 'Unfällen' verglichenen Mutationserscheinungen zum 'einzigen

und alleinigen Grund jeglicher Neuerung und Schöpfung in der belebten Natur' zu erklären.

6. Abschnitt *Die generelle Bedeutung*: "Neue Arten sind experimentell weder durch die schrittweise Anhäufung von Genmutationen noch durch die Induzierung einzelner progressiver Mutationen hergestellt worden ... Das materialistische Weltbild ist ein Glaubensbekenntnis nicht etwa auf Grund der naturwissenschaftlichen Befunde, sondern gegen diese".

7. Abschnitt *Einwände des Neodarwinismus*: " Der Neodarwinismus will mit Mutationen die angenommene Entwicklung vom Prokaryonten bis zum *Homo sapiens* erklären ... Nach dieser Theorie sind alle Organismen ohne Plan und Ziel, ohne Geist und Gott entstanden. Der Neodarwinismus ist die biologische Grundlage des Materialismus ... Differenzierungsmutationen zeigen eindeutig, dass es sich beim Neodarwinismus um ein fragwürdiges Glaubensbekenntnis unter dem Deckmantel materialistisch missverstandener Naturwissenschaft handelt ... Nichts zeigt deutlicher den Ideologiecharakter des Darwinismus und der Synthetischen Evolutionstheorie als diese Tendenz, wissenschaftlichen Tatsachen und Gesetzmäßigkeiten grundsätzlich nicht die volle Bedeutung für konkrete wissenschaftliche Fragestellungen zuordnen zu können, so lange solche Tatsachen nicht in das herrschende Glaubensbekenntnis integrierbar sind ... Wenn aber Mutation und Selektion tatsächlich bei allen Lebensformen auf Grenzen stoßen, dann ist das materialistische Weltbild entweder falsch oder zumindest naturwissenschaftlich nicht abgesichert".

8. Abschnitt *Alternativen*: "Soweit jemand auch bei der Ursprungsfrage als Erklärung in den Naturwissenschaften ausschließlich physikochemische Gesetzmäßigkeiten gelten lassen will, wird er sich angesichts der komplexen biologischen Tatsachen damit zufrieden geben müssen, dass die Hauptfragen zur Entstehung der Lebensformen noch offen sind. ... Die Befunde sprechen ganz klar für *intelligentes Design* ... Dieses Denkmodell (mit Verweis auf das Buch von M. J. Behe, s. Kapitel 4) berechtigt wie der Schluss vom Computer auf seinen Konstrukteur".

9. Abschnitt *Artbegriff, Evolution und Schöpfung*: Auf diese in Buchform erschienene Abhandlung bin ich bereits eingegangen (Kutschera 2001). Folgende Zitate sollen ergänzend herausgegriffen

werden: "Unter der ideologischen Vorherrschaft des Neodarwinismus, der den Ursprung der gesamten Lebensvielfalt mit Mutationen erklären möchte, ... Nur Arten ... mit Neukonstruktionen samt Synorganisationen auf den verschiedensten Ebenen sind durch einen intelligenten Schöpfungsakt entstanden ... Weil die Intelligenz für den Aufbau primärer Arten notwendig ist, ... Es ist ja gerade die Frage, ob Makro- und Megaevolution überhaupt natürliche Phänomene sind: Solche Evolution ist jedenfalls nirgends zu beobachten und auch nach den Voraussetzungen der Synthetischen Evolutionstheorie nirgends mutationsgenetisch oder sonst wie als natürliches Phänomen reproduzierbar" ... Bei der Darlegung der raschen Evolution von Buntbarschen (Cichlidae) wird vom Autor die folgende Schlussfolgerung gezogen: "Fest steht, dass die 'Urformen' oder Ausgangslinien der Cichliden-Familie tatsächlich aus 'polyvalenten Stammformen' (Junker und Scherer 1998) bestanden" (s. Kapitel 6).

Zu den Behauptungen 1 – 9 soll hier in Kurzform wie folgt Stellung bezogen werden:

1. Der Autor dieser Zeilen verwechselt zwei Dinge miteinander: Evolution als eine durch Fossilreihen belegte Tatsache und die Analyse der Antriebskräfte des dokumentierten Artenwandels. Evolutionsmechanismen und -faktoren sind zum Teil noch Gegenstand der aktuellen Forschung.

2. Die Aussage, Mutation und Selektion würden als alleinige Faktoren neue Arten hervorbringen, ist unzutreffend. Wie in Kapitel 1 dargelegt ist, erfolgt die Speziation meist durch geografische Isolation gewisser Sub-Populationen (allopatrisch) oder sympatrisch (d. h. im selben Lebensraum). Der Faktor "Umwelt" wird im Weltbild des MPIZ-Genetikers völlig ausgeklammert; die Umweltbedingungen sind nicht nur bei der Speziation, sondern auch beim Wirken der richtungsgebenden Selektion von entscheidender Bedeutung.

3. Die beiläufig erwähnte Endosymbiontentheorie der Zell-Evolution ist einer der wichtigsten Stützpfeiler unserer modernen Synthetischen Theorie (evolutionärer Ursprung komplexer eukaryotischer Zellen, s. Kutschera 2001).

4. Neue Pflanzenarten (z. B. innerhalb der Gattung Bocksbart, *Tragopogon*) können durch Genom-Mutationen entstehen. Dieses Paradebeispiel für eine rasche sympatrische Artbildung durch Hybridbildung und Polyploidisierung ist in einer umfassenden

Artikel-Serie (1950 – 1995) in der Fachzeitschrift *American Journal of Botany* beschrieben. Eine zusammenfassende Darstellung dieser durch Dokumente und Experimente belegten, mutationsbedingten Artbildung ist in einem aktuellen Lehrbuch beschrieben (Kutschera 2001). Genom-Mutationen tragen somit im Pflanzenreich entscheidend zur Artbildung bei.
5. Die Behauptung, dass der "Neodarwinismus" (der Autor meint die Synthetische Theorie) eine Ideologie bzw. ein Glaubensbekenntnis sei, impliziert die Schlussfolgerung, dass die Evolutionsforscher eine weltweite "pseudoreligiöse Sekte" bilden. Evolutionsbiologie ist jedoch, wie auch die Physiologie, weltanschaulich neutral: es arbeiten z. B. Atheisten und gläubige Christen kooperativ an denselben Problemen. Als berühmtestes Beispiel sei auf die Evolutionsforscher T. Dobzhansky/E. Mayr verwiesen (s. Kapitel 1 und 6).
6. Grundlage der internationalen Naturwissenschaften ist der methodische Naturalismus, der in grober Näherung mit dem Materialismus gleichgesetzt werden kann. Nach diesem Grundsatz wird die Natur "aus sich selbst heraus" erklärt. Nur wirklich vorhandene, durch Beobachtung und Experiment zugängliche Dinge können erforscht werden. Aus diesen Fakten werden dann Hypothesen und Theorien abgeleitet.
7. Philosophisch-religiöse Begriffe wie Genialität, Intelligenz, Weisheit, Geist, Gott, und das daraus abgeleitete "Intelligente Design" gehören nicht zum Vokabular der naturalistischen Naturforschung. Sie sollten daher der privaten Glaubenssphäre des betreffenden Wissenschaftlers vorbehalten bleiben (Kapitel 3).
8. Auf der MPIZ-Homepage wurde das bereits besprochene evolutionskritische "Lehrbuch" von R. Junker und S. Scherer (1998) wie folgt bewertet: "Insgesamt gesehen ist das Werk jedoch so hervorragend gelungen, dass es eine ganz ausgezeichnete Hilfe für eine Urteilsfindung in der Frage nach dem Ursprung der Organismenwelt sein kann". Ausführungen zu den "polyvalenten Stammformen" (d. h. den vom Gott in der Bibel erschaffenen "Grundtypen" des Lebens) im Zusammenhang mit der Buntbarsch-Evolution wurden bereits kommentiert (s. Kapitel 6).

Zusammenfassend zeigt diese Analyse, dass unter dem Markenzeichen "Max Planck" die Grundsätze der wissenschaftlichen Denk- und Arbeitsweise (Naturalismus) missachtet und durch Ignorieren und

Verdrehen von Fakten die Öffentlichkeit getäuscht wurde. Das MPIZ Köln fungierte somit über Jahre hinweg als Verbreitungsorgan des Intelligent Design (ID)-Kreationismus. Nach Planck (1949) ist diese Art der Umdeutung von Tatsachen als Pseudowissenschaft zu klassifizieren (s. o.).

Eine Anfrage und die Reaktion

Die im letzten Abschnitt dargelegten Thesen, entnommen einer offiziellen Homepage des MPIZ Köln, haben im Kreise deutscher Biologen zu kontroversen Diskussionen geführt. Es ist offensichtlich, dass ein wissenschaftlicher Mitarbeiter die "Plattform Max Planck" dazu verwendet hatte, private religiöse Glaubensinhalte (Intelligentes Design) zu verbreiten, wobei biologische Fakten in willkürlich verdrehter Form der Öffentlichkeit dargeboten wurden. Nachdem ich wiederholt auf diese Problematik angesprochen wurde, schrieb ich am 11. Februar 2002 dem Leiter der Abteilung Molekulare Pflanzengenetik (H. Saedler) einen Brief. In diesem kurzen Schreiben, auf das wir weiter unten noch eingehen werden, wollte ich mich erkundigen, was der Vorgesetzte von Herrn Lönnig von den Thesen auf der Homepage seiner Instituts-Abteilung hält.

Ich hätte von einem anerkannten Wissenschaftler in verantwortlicher Position zumindest eine kritische Stellungnahme erwartet, z. B. eine Distanzierung von den offensichtlichen Fehlangaben zur Evolution und der Bewerbung des ID-Dogmas. Auch wäre ich nicht überrascht gewesen, wenn der vielbeschäftigte Abteilungs-Direktor H. Saedler geantwortet hätte, dass er über die exakten Inhalte der Internetseite seines Mitarbeiters nicht informiert sei. Eine derartige Antwort hätte zu einem rationalen Dialog über eine verantwortungsvolle Vorgehensweise führen können. So hätte z. B. ein gut sichtbarer Vermerk in deutscher Sprache, durchlaufend auf allen W.-E. Lönnig-Seiten, genügt, um die Kontroverse beizulegen. Formulierungsvorschlag: "Diese Ausführungen zum Thema Evolution stellen die Privatmeinung eines wissenschaftlichen Mitarbeiters dar und werden vom MPIZ Köln nicht geteilt. Das Forschungsinstitut distanziert sich von der Bewerbung des Intelligent Design-Arguments und stellt den methodischen Naturalismus nicht in Frage".

Zu meiner Überraschung verteidigte der Abteilungs-Direktor die pseudowissenschaftlichen Aussagen auf seiner Homepage mit den folgenden Worten (Antwortschreiben vom 25. März 2002): " Herr Lönnig arbeitet seit 17 Jahren in meiner Abteilung und wir haben bereits eine ganze Reihe gemeinsamer Arbeiten veröffentlicht. Ich schätze die Kenntnisse von Herrn Lönnig in der klassischen Biologie sehr und nutze sie zur Schärfung (Kontrastierung) meiner Argumente in der Diskussion molekularer evolutionärer Zusammenhänge. Das wir hierbei unterschiedliche Positionen vertreten, ist kein Geheimnis. Auch in Zukunft werden wir weiter zusammenarbeiten und ich werde, wie jedem anderen Mitarbeiter auch, Herrn Lönnig Meinungsfreiheit zubilligen, denn Toleranz beflügelt die Wissenschaft. Max Planck bemerkte 1944:

'Meine Herren, als Physiker, also als Mann, der sein ganzes Leben der nüchternsten Wissenschaft, der Erforschung der Materie diente, bin ich sicher von dem Verdacht frei, für einen Schwarmgeist gehalten zu werden. Und so sage ich Ihnen nach meinen Erforschungen des Atoms dieses: Es gibt keine Materie an sich! Alle Materie entsteht und besteht nur durch eine Kraft, welche die Atomteilchen in Schwingung bringt und sie zum winzigsten Sonnensystem des Atoms zusammenhält. Da es im ganzen Weltall aber weder eine intelligente noch eine ewige Kraft gibt, so müssen wir hinter dieser Kraft einen bewussten intelligenten Geist annehmen. Dieser Geist ist der Urgrund aller Materie. Nicht die sichtbare, aber vergängliche Materie ist das Reale, Wahre, Wirkliche, sondern der unsichtbare unsterbliche Geist ist das Wahre. Da es aber Geist an sich nicht geben kann und jeder Geist einem Wesen zugehört, so müssen wir zwingend Geistwesen annehmen. Da aber auch Geistwesen nicht aus sich selbst sein können, sondern geschaffen worden sein müssen, so scheue ich mich nicht, diesen geheimnisvollen Schöpfer so zu nennen, wie ihn alle alten Kulturvölker der Erde früherer Jahrtausende genannt haben: Gott'.

Es bleibt Ihnen natürlich unbenommen, sich direkt mit Herrn Lönnig auseinander zu setzen. Mit freundlichen Grüßen, H. Saedler".
Mit diesen Worten, die der 86jährige Max Planck drei Jahre vor seinem Tod verfasst hatte (Zitat ohne Quellenangabe), wurden somit die Behauptungen auf der MPIZ-Homepage gerechtfertigt. In den 1949 erschienenen "Vorträgen und Erinnerungen" ist das o. g. Zitat nicht abgedruckt. Die Serie endet mit einem Vortrag von Max Planck

aus dem Jahr 1941, in dem der Forscher nochmals sein physikalisches Weltbild zusammengefasst hat: "Da die exakte Wissenschaft es mit messbaren Größen zu tun hat, so kommen für sie in erster Linie diejenigen Sinneseindrücke in Betracht, welche quantitative Angaben gestatten ... Welches ist nun der Sinn der wissenschaftlichen Arbeit? Er liegt kurz gesagt in der Aufgabe, in die bunte Fülle der uns durch die verschiedenen Gebiete der Sinnenwelt übermittelnden Erlebnisse Ordnung und Gesetzlichkeit hineinzubringen" (Planck 1949).

Nach Diskussion dieses Antwortschreibens im Kreise Deutscher Biologen rief ich Anfang April 2002 Herrn H. Saedler an und teilte ihm mit, dass wir seine Billigung der Verbreitung pseudowissenschaftlicher Thesen "im Namen von Max Planck" nicht akzeptieren werden. Der vielbeschäftigte Abteilungsleiter antwortete daraufhin, er habe keine Zeit für derartige Diskussionen. In einer e-mail vom 10. April 2002 brachte ich unsere Grundposition nochmals in schriftlicher Form zum Ausdruck: "Sehr geehrter Herr Saedler, nochmals vielen Dank für Ihr Schreiben vom 25.03.2002. Meine Aktivitäten bezüglich der verbalen Bekämpfung des deutschen Neo-Kreationismus werden vom *Verband Deutscher Biologen* unterstützt und gefördert. Ich habe nichts gegen die freien Meinungsäußerungen Ihres Mitarbeiters Dr. Lönnig. Die Tatsache, dass pseudowissenschaftliche Parolen (z. B. Werbung für das 'Intelligent Design') über die MPG-Homepage verbreitet werden, ist aus Sicht des Vdbiol völlig unakzeptabel. Wir werden daher leider unsere Aktivitäten gegen die Kreationisten W. Gitt, S. Scherer, R. Junker und Ihren Mitarbeiter Lönnig etc. fortführen müssen. Es tut mir leid, dass ich Ihnen diese Schwierigkeiten bereiten werde. Es geht jedoch um die Naturwissenschaft Biologie und deren Aufrechterhaltung in Deutschland. Mit freundlichen Grüßen, U. Kutschera".

Auf dieses Schreiben habe ich keine Antwort erhalten. Zu meiner Überraschung musste ich kurz darauf feststellen, dass der wissenschaftliche Mitarbeiter Lönnig von seinem Vorgesetzten zu einem sogenannten "Group-Leader" befördert wurde. Ein Max Planck-Abteilungsdirektor kann eigenmächtig eine derartige Beförderung vornehmen, wobei die Kriterien seinem Gutdünken überlassen sind. Soweit mir bekannt, ist eine objektive Qualitätskontrolle der wissenschaftlichen Leistungen des zu Befördernden durch externe Gutachter nicht notwendig.

In der nachfolgenden "Evolutions-Debatte" wird Herr Lönnig immer wieder "drei Verbotsversuche" nennen. Er bezieht sich hierbei auf mein Schreiben vom 25.03.2002, mein Telefonanruf von Anfang April (in dem ich kurz und bündig abgewiesen wurde) und meine e-mail vom 10. April desselben Jahres.

Mit der Beförderung des wiss. Mitarbeiters zum eigenständigen Arbeitsgruppenleiter und dem Ignorieren unserer Anfrage war die Angelegenheit für das MPIZ Köln (Abt. Molekulare Pflanzengenetik) erledigt. Im Mai 2002 wandte ich mich an den Zoologen und Evolutionsforscher Prof. B. Hölldobler (Universität Würzburg) und übersandte ihm meinen Brief an Herrn Saedler mit dem Antwortschreiben. Der Würzburger Zoologe bat daraufhin den damaligen Präsidenten der Max-Planck-Gesellschaft, Herrn Prof. H. Markl, sich der Sache anzunehmen. Dieser ausgewiesene Evolutionsforscher unterstützte unser Anliegen; er erreichte jedoch nichts.

Als ich im Juni 2002 vom Herausgeber der Zeitschrift *Biologen heute* gebeten wurde, einen Nachruf auf den verstorbenen Evolutionsforscher Stephen J. Gould zu verfassen, entschied ich mich dazu, in diesem Rahmen auf den ID-Kreationismus in Deutschland aufmerksam zu machen. Dieser Artikel löste die in den nächsten Abschnitten dokumentierte Evolutionsdebatte aus, die noch immer kein Ende gefunden hat.

Ein Nachruf und die unerwarteten Folgen

Mein Aufsatz mit dem Titel: "Stephen Jay Gould (1941–2002) Paläobiologe, Evolutionstheoretiker und Anti-Kreationist" erschien am 24. Juli 2002 in den *Mitteilungen des Verbands Deutscher Biologen*. In diesem Abschnitt ist eine erweiterte und aktualisierte Fassung abgedruckt, wobei der letzte, entscheidende Absatz unverändert wiedergegeben wurde.

Am Montag, den 20. Mai 2002 verstarb der renommierte amerikanische Evolutionsforscher und Harvard-Professor Dr. S. J. Gould im Alter von 60 Jahren in Manhatten an Lungenkrebs. Die Krankheit wurde bereits 1982 diagnostiziert. Wie kaum ein anderer Wissenschaftler hat der Verstorbene zwei scheinbar kaum miteinander zu vereinbarende Eigenschaften in einer Person verkörpert:

Exzellenter Wissenschaftler zu sein und gleichzeitig, als Essayist, in allgemein verständlicher Sprache in populären Artikeln und Büchern die moderne Evolutionstheorie bekannt zu machen. Da sich der bekannte Naturforscher, der z. B. noch vor einigen Jahren in der Kinder-Fernsehserie "The Simpsons" einen Comic-Auftritt hatte, darüber hinaus aktiv gegen die amerikanischen Kreationisten engagiert hat, sollen in diesem Beitrag nicht nur Leben und Werk, sondern auch das öffentliche Wirken dieses großen Evolutionsbiologen umrissen werden.

Stephen J. Gould (Abb. 7.2) wurde am 10. September 1941 in New York City geboren. Nach dem Studium der Fächer Geologie und Zoologie erwarb er 1963 am Antioch College sein Diplom (bachelor's degree) und 1967 an der Columbia University einen naturwissenschaftlichen Doktortitel (Ph.D.). Sein Spezialgebiet war die Paläobiologie und Evolution westindischer Landschnecken. Im Jahr 1967 trat er eine Position als Assistant Professor für Geologie und Assistant Curator für Wirbellosen-Paläontologie an der Harvard-University an. Er wurde 1971 zum Associate Professor ernannt und erhielt 1973 aufgrund außergewöhnlicher Leistungen Titel und Position eines Full Professors. Nach der Emeritierung seines Kollegen und akademischen Lehrers Ernst Mayr wurde S. J. Gould 1982 als dessen Amtsnachfolger zum Alexander Agassiz Professor of Zoology ernannt. In dieser prestigereichen Position arbeitete er bis zu seinem Tod. Gould war außerdem als Vincent Astor Visiting Professor für Biologie an der Universität New York tätig. Er pendelte im Berufsleben zwischen Boston, Massachusetts und New York City.

Der berühmte Harvard-Professor wurde über vierzig mal mit akademischen Ehrentiteln ausgezeichnet; er wurde 1981 vom *Discovery Magazine* zum "Scientist of the Year" ernannt und erhielt unter anderem 1991 den "Golden Trilobite Award for Excellence in Paleontological Writing" von der US-Paleontological Society und 1992 die "Gold Medal for Service to Zoology" von der Linnean Society of London. Im Jahr 1997 erhielt er den "Distinguished Scientist Award" von der University of California, Los Angeles (*Center for the Study of Evolution and the Origin of Life*, s. Kapitel 2). Er gehörte zu den populärsten und einflussreichsten Akademikern Amerikas. Nach Entschlüsselung des menschlichen Genoms verfasste Gould einen Leitartikel für die New York Times.

Abb. 7.2: Der Evolutionsforscher Stephan Jay Gould (1941– 2002).

Nach dem Terrorangriff auf das World Trade Center am 11. September 2001 publizierten amerikanische Tageszeitungen einen Gould-Essay zum Thema "Gut und Böse". Er veröffentlichte auch Aufsätze zu anderen Themen, wie z. B. über seinen Lieblingssport Baseball.

Der Präsident der Harvard-University, L. H. Summers, würdigte den Verstorbenen mit den folgenden Worten: "The Harvard community and the world of science have lost a brilliant scholar whose research helped redefine our notion of who we are and where we came from. He was also a gifted teacher who brought important scientific ideas vividly to life for his students and for the wider public. We will miss him greatly, and we will continue to learn from his work for generations to come". Der Dekan der Faculty of Arts and Sciences, J. R. Knowles, äußerte sich wie folgt: "Steve Gould was a star in Harvard's firmament. He was an intellectual and a scholar who inspired our students in lectures and who wrote with a wonderfully engaging lucidity for the wider public". Ein Zitat seines Harvard-Kollegen R. Lewontin soll die Reihe der persönlichen Würdigungen abschließen: "Steve's importance was two-fold. He was very creative and original in his studies of evolution. He was an expert at taking new discoveries and applying them to an understanding of evolution ... Secondly, he was the best science writer for the public when it came to explaining evolution" (Quelle: Harvard University Gazette News, May 2002). Gould war zweimal verheiratet und hinterlässt aus erster Ehe zwei erwachsene Kinder.

Das Gesamtwerk von S. J. Gould umfasst mehr als 250 Zeitschriftenartikel und Buchbeiträge, zwei an seine Fachkollegen gerichtete Spezialwerke (*Ontogeny and Phylogeny*, 1977; *The Structure of Evolutionary Theory*, 2002) sowie zahlreiche zum Teil preisgekrönte populärwissenschaftliche Sachbücher, die in viele Sprachen übersetzt wurden. Das Buch *The Panda's Thumb* wurde 1981 mit dem "National Book Award" ausgezeichnet; 1982 folgte der "National Book Critics Circle Award" für *The Mismeasure of Man.* Die Bände *Hen's Teeth and Horse's Toes* und *Wounderful Life* wurden 1983 bzw. 1990 mit dem "Phi Beta Kappa Book Award in Science" ausgezeichnet. Sein erfolgreichster Sammelband *Ever Since Darwin* (1973, reprint 1992) erreichte – wie *Wounderful Life* – Rekordauflagen. Gould bezeichnete sich selbst gelegentlich als eine "Essay-Maschine". Die meisten seiner Artikel wurden in dem US-Magazin *Natural History* publiziert, wobei seine Gesammelten Abhandlungen 20 Bände umfassen. Sein Kollege Prof. Ernst Mayr äußerte sich zu dieser außergewöhnlichen Produktivität einmal wie folgt: "Ich kenne keinen anderen Menschen, lebend oder tot, der das geschafft hat".

Im Jahr 1999 erschien sein letztes zu Lebzeiten publiziertes Sachbuch, *Rock of Ages. Science and Religion in the Fullness of Life.* In diesem Werk plädierte Gould dafür, Naturwissenschaft (die sich auf die reale Welt bezieht) und Religion (die u. a. die Frage nach der Moral umfasst) auseinander zu halten: *Science* und *Religion* stellen nach Gould zwei nicht überlappende, separate Bereiche im menschlichen Denken dar. Ein Jahr nach seinem Tod erschien das letzte populäre Buch des großen Biologen. In dem Band *The Hedgehog, the Fox and the Magister's Pox. Mending the Gap Between Science and the Humanities* (2003) befasste sich Gould mit dem "zwei Kulturen", verkörpert in den Geistes- und Naturwissenschaften. Der Autor sucht nach Lösungen, diese beiden Wissenschaftsbereiche einander näher zu bringen.

Unter seinen zahlreichen Fachbeiträgen zur Paläobiologie der Wirbellosen und der daraus abgeleiteten konzeptionellen Erweiterungen der modernen Synthetischen Evolutionstheorie ist insbesondere die mit N. Eldredge publizierte "Theory of punctuated equilibrium" hervorzuheben (*Paleobiology* 3, S.115 – 151, 1977). Diese noch heute kontrovers diskutierte Theorie vom Tempo der Evolution besagt, dass die Phylogenese ausgewählter Taxa nicht graduell, sondern "in Schüben" erfolgt sei, wobei Jahrmillionen weitgehender stammesgeschichtlicher "Stillstände" zwischengeschaltet waren. Die Beschleunigung der Evolution soll u.a. durch Klimaänderungen und extraterrestrische Faktoren verursacht worden sein. In einem viel zitierten Folgeartikel bezeichneten Gould und Eldredge ihr Konzept als "useful extension of evolutionary theory" (*Nature* 366, S. 223 – 227, 1993). Ungewöhnlich für einen wissenschaftlichen Fachbeitrag, gehen die Autoren hier auch auf die Fehlinterpretation ihrer Theorie durch die US-Kreationisten ein und liefern eine entsprechende (fundierte) Antwort.

An seinem kurz vor dem Tod erschienenen, 1433 Seiten umfassenden Hauptwerk *The Structure of Evolutionary Theory* (2002) arbeitete der Autor etwa 20 Jahre lang. Er selbst sah die Chancen, das Werk trotz seiner Krankheit noch zu vollenden als "nahezu null" an. In diesem schwergewichtigen Buch geht er nochmals ausführlich auf seine berühmte oben genannte Theorie ein und verteidigt diese vehement gegen Angriffe von Fachkollegen. Er analysiert insbesondere jene Prozesse, die wir als Makroevolution bezeichnen (Stammesentwicklung oberhalb des Artniveaus, d.h. Entstehung neuer Baupläne, wie z. B. der Übergang Fisch/Amphibium), und kommt zu neuartigen Schlussfolgerungen (z. B. Konzept der Spezies-Selektion). Das Buch besteht zum Großteil aus langen wissenschaftshistorischen Kapiteln und erfüllt somit die Funktion einer umfassenden Geschichte der Evolutionslehre, von Darwin bis heute. Da einige Themenbereiche der modernen Evolutionsbiologie nur beiläufig behandelt werden (z. B. Selektionsprozesse innerhalb von Populationen) und eigenwillige, teilweise egozentrische Ansichten von Gould überbetont sind, wurde das große Buch in der Fachwelt kritisch bewertet (s. *Nature* 416, S. 787 – 788, 2002; *Science* 296, S. 661 – 663, 2002). Trotz dieser Schwächen sowie einiger kleiner Fehler und Irrtümer wird das Monumentalwerk dem Autor zu einem Ehrenplatz in der Geschichte der modernen Evolutionsforschung verhelfen.

Bereits im Jahr 1981 trat Gould in einer Gerichtsverhandlung als Zeuge gegen die Anhänger der christlich-religiösen Schöpfungslehre politisch in Erscheinung (Arkansas "monkey" trial; dieser Auftritt ist in seinem 1983 erschienenen Buch *Hen's Teeth and Horse's Toes* nachlesbar). Im Verlauf der letzten zwei Jahrzehnte war er einer der konsequentesten Vorkämpfer für die Verbreitung der auf Darwin und

Wallace zurückgehenden modernen Evolutionstheorie. Ähnlich wie Ernst Haeckel (1834 – 1919) im Deutschland des 19. Jahrhunderts provozierte Gould seine intellektuellen Gegner durch entsprechende Bemerkungen. Nachdem sein Ausspruch, er erkenne in manchen Fossilabfolgen keinen "Vektor des Fortschritts", von Kreationisten missbraucht wurde (Zitat: "Evolutionsforscher wie S. J. Gould bezweifeln Darwins Deszendenztheorie") ging er konsequent gegen die Kreationisten vor. In seinem populären Klassiker *Wounderful Life* (1989), in dem er eine weltweit einmalige kambrische Fossil-Lagerstätte (Burgess Shale of Britisch Columbia) beschrieb und analysierte, reproduzierte er eine gegen die Anhänger des Schöpfungsglaubens gerichtete Zeitungskarikatur. Es ist dort eine "Ahnenreihe" in der Abfolge: *Australopithecus africanus* - *Homo erectus* - Kreationist mit dem Schild "Earth is only 10 000 years old" - Neandertaler - moderner Mensch dargestellt (Abb. 7.3). Diese "Verewigung" einer abfälligen Zeichnung, die seine "christlichen Gegner" als Urmenschen stigmatisierte, erregte heftigen Widerstand. Die US-Kreationisten erzielten auch weiterhin vor Gericht bzw. in Lehrplan-Kommissionen Teilerfolge (z. B. 1995 in Alabama; 1999 in Kansas: Der Begriff Makroevolution wurde aus dem Curriculum gestrichen; dieser Beschluss wurde allerdings ein Jahr später revidiert, s. Kapitel 4).

Im Juni 1999 brachte Gould dann das "Fass zum Überlaufen". In einem *Editorial* mit dem Titel "*Darwin's more stately mansion*" wird vom Autor beklagt, dass in einer Hochtechnologie-Nation wie den USA nahezu die Hälfte der Bevölkerung die größte Entdeckung der Biologie (Tatsache Evolution) aus ideologisch-religiösen Gründen ablehnt. Weiterhin publizierte der Harvard-Professor in dieser Abhandlung den folgenden Satz: "Evolution is true- and the truth can only make us free" (*Science* 284, S. 2087, 1999). Dieses Plädoyer für eine evolutionäre Ethik und Weltsicht – ein genealogisches Netzwerk, welches nahezu vier Milliarden Jahre in die Vergangenheit reicht und alle Organismen der Erde miteinander verbindet – provozierte auch liberale Kreationisten. In den folgenden Heften der Zeitschrift *Science* meldeten sich in Leserbriefen u. a. amerikanische Physiker zu Wort, die in der belebten Natur das göttliche "Intelligent Design" erkennen wollen und als Ursache für die Entstehung des Menschen akzeptieren. Es waren sinngemäß die folgenden Bemerkungen niedergeschrieben: Evolution sei nicht empirisch beweisbar; die Theorie basiere ausschließlich auf einigen Experimenten mit künstlich gezüchteten Fruchtfliegen usw. Diese Lesermeinungen haben offenbart, wie tief kreationistisches Gedankengut auch in naturwissenschaftlich gebildeten Kreisen der USA verankert ist.

Abb. 7.3: Nobelpreisträger entdecken die fehlende Übergangsform (nach einer Karikatur von Bill Day, 1987).

Die Gegner der Evolutionstheorie sind jedoch nicht nur in den USA, sondern auch in Deutschland auf dem Vormarsch. In unserem Land verbreiten derzeit zwei prominente Kreationisten ihre pseudowissenschaftlichen Ideologien unwidersprochen im Internet (Homepage des Max-Planck Instituts für Züchtungsforschung, Abt. Molekulare Genetik, Köln) und in einer Fachzeitschrift für Biologielehrer (*Praxis der Naturwissenschaften*). Ein "evolutions-kritisches" Schulbuch erlebte seit 1986 fünf Auflagen und dient der Verbreitung des neo-kreationistischen "Schöpfungsmodells" sowie einer von der biblischen Offenbarung inspirierten "Grundtypen-Biologie". Am Wissenschaftszentrum Weihenstephan der TU München lehrt ein deutscher Biologieprofessor, der in seiner Freizeit als Vorsitzender einer einflussreichen Kreationistenvereinigung tätig ist und evolutionskritische (bzw. "schöpfungstheoretische") Beiträge publiziert (s. Kapitel 5 und 6).

Der verstorbene Evolutionsforscher S. J. Gould hat neben seiner wissenschaftlichen und schriftstellerischen Tätigkeit zeitlebens dafür gekämpft, dass die Evolutionstheorie als Lehrinhalt an amerikanischen Schulen erhalten bleibt. Er wurde wegen dieser Aktivitäten von seinen Kollegen deshalb auch als "Bulldogge der Evolutionsbiologie" bezeichnet. Die deutschen Biologen sollten sich *heute* ein Beispiel an S. J. Gould nehmen, damit sich nicht *morgen* in unseren Schulen amerikanische Verhältnisse einschleichen, die wir dann bitterlich beklagen (*Biologen heute*, Heft 462/4, 2002).

Diese Bemerkungen im Nachruf auf einen der prominentesten Evolutionsforscher und Anti-Kreationisten der USA verfehlten ihre Wirkung nicht. Eine persönlich an mich gerichtete Zuschrift, in der für Verständnis und Kompromissbereitschaft für die Gegenseite (d. h. die "Schöpfungstheoretiker") plädiert wurde, ist in Kapitel 1 wiedergegeben. Im Folgenden wird die Evolutionsdebatte skizziert, wobei neben den Ausführungen der Haupt-Kontrahenten U. Kutschera und W.-E. Lönnig auch andere Autoren zu Wort kommen werden.

Evolutionsdebatte: Creation contra Evolution

Am 10. Dezember 2002 erschien Heft 6 der Zeitschrift *Biologen heute,* in dem der hier diskutierte "Streitpunkt Evolution" seinen ersten Höhepunkt erreichte. Im folgenden ist den Ausführungen von Herrn W.-E. Lönnig meine Gegendarstellung beigefügt. In diesem zweiten Absatz wurden einige kleine Ergänzungen aufgenommen.

W.-E. Lönnig: Sehr geehrte Herren, da ich von Herrn Prof. Kutschera im Rahmen seines Nachrufes zu Stephen Jay Gould in *Biologen heute* als einer der beiden "prominenten Kreationisten" verunglimpft werde, die ihre "pseudowissenschaftlichen Ideologien unwidersprochen im Internet" und anderswo verbreiten, möchte ich kurz zu diesen Vorwürfen Stellung nehmen:

1. Herr Kutschera selbst hat bisher drei Versuche unternommen, um meine Homepage am hiesigen (Max-Planck)-Institut verbieten zu lassen. Seinem Antrag aber wurde nicht entsprochen. Seine Versuche

zeichneten sich u.a. durch das völlige Fehlen einer naturwissenschaftlichen Argumentation zu meiner ausgedruckt mehr als tausend Seiten umfassenden und zu über 95% aus natur-wissenschaftlichen und biologiehistorischen Tatsachen und Argumenten bestehenden Instituts-Homepage sowie durch ein mangelhaftes Toleranzverständnis in den Wissenschaften aus.

2. Ich bin kein Kreationist und ich habe mich auf meiner Homepage wiederholt vom Kreationismus distanziert, so zum Beispiel in einer Diskussion wie folgt: "Zur Definition des Kreationismus gehört nach *Science* vom 22. 10. 1999, S. 659 (und ebenso nach Auffassung der Kreationisten selbst) '..creationists believe that God created the universe in 6 days 10 000 years ago...'". Ich akzeptiere weder die buchstäblichen 6 Tage noch die 10 000 Jahre. Auch gehöre ich keiner der zahlreichen Vereinigungen des "wissenschaftlichen Kreationismus" im In- und Ausland an. Natürlich versuchen manche Zeitgenossen, den Begriff "Kreationismus" zu Diffamierungszwecken weiter zu fassen und alle "Intelligent-Design-Theoretiker" sowie Vertreter des ontologischen Idealismus unter den Begriff zu subsumieren. Aber dann waren und sind alle Forscher, die für den Ursprung des Lebens und/oder für die Entstehung des Universums Planmäßigkeit annehmen oder angenommen haben, wie Max Planck, John Eccles, Karl von Frisch und viele weitere angesehene Forscher und Nobelpreisträger "Kreationisten", und ich befinde mich in bester naturwissenschaftlicher Gesellschaft.

3. Sir Karl Popper schreibt 1995: "Das Spiel der Wissenschaft hat grundsätzlich kein Ende: Wer eines Tages beschließt, die wissenschaftlichen Sätze nicht weiter zu überprüfen, sondern sie etwa als endgültig verifiziert zu betrachten, der tritt aus dem Spiel aus". Wir sollten grundsätzlich zwischen weltanschaulicher Motivation und naturwissenschaftlicher Ebene unterscheiden. Statt die Naturwissenschaften zu verlassen und die Synthetische (oder andere) Evolutionstheorien als "endgültig verifiziert" zu betrachten sowie jeden Falsifikationsversuch dazu zu untersagen, lautet mein Vorschlag: Diskutieren, statt andere Positionen zu diffamieren und verbieten zu wollen!

4. Das Grundgesetz garantiert die akademische Freiheit, die auch die Max-Planck-Gesellschaft zu ihrem Leitmotiv in der Forschung gemacht hat. Das schließt grundsätzlich auch vom generellen Konsens

abweichende Meinungen ein. Ja, wie die Geschichte der Naturwissenschaften zeigt, resultiert der Fortschritt sogar häufig aus zunächst vom herrschenden Konsens divergierenden Auffassungen. Der Versuch Kutscheras, ein makroevolutionistisches Meinungsmonopol durch Diffamierung Andersdenkender zu errichten, ist nach meinem Verständnis als wissenschaftsfeindlich abzulehnen (*Biologen heute*, Heft 464/6, 2002).

Meine Gegendarstellung bezieht sich auf die Punkte 1 – 4 und ist nachfolgend in geringfügig abgewandelter Form wiedergegeben. Der Beitrag erschien unter der Überschrift "Intelligentes Design und Evolution" im oben genannten Heft derselben Zeitschrift.

***U. Kutschera*:** In meinem Lehrbuch *Evolutionsbiologie* (Kutschera 2001) und in dem kürzlich in dieser Zeitschrift erschienenen Nachruf auf S. J. Gould habe ich Herrn Dr. W.-E. Lönnig, wiss. Mitarbeiter am Max-Planck-Institut für Züchtungsforschung in Köln (Abt. Molekulare Pflanzengenetik), als Kreationisten bezeichnet und dessen Erklärungsversuch zur Entstehung der Arten durch intelligente Schöpfung als pseudowissenschaftlich klassifiziert. In dem oben abgedruckten Brief hat Herr Lönnig seine Position dargelegt und mir schwerwiegende Vorwürfe gemacht (u. a. Wissenschaftsfeindlichkeit). In diesem Artikel möchte ich auf die vier Punkte seines Briefes eingehen und die deutschen Biologen über die aktuelle Intelligent-Design-Kontroverse in den USA informieren.

1. *Toleranz in den Wissenschaften*: Im Februar 2002 habe ich nach Aufforderung durch Fachkollegen dem Leiter der Abt. Molekulare Pflanzengenetik des MPIZ Köln einen Brief geschrieben. In dieser Anfrage finden sich die folgenden Sätze: "Die Aussagen von Herrn Lönnig (auf der MPIZ-Homepage) sind zum Teil eindeutig gegen die international akzeptierten Grundsätze der Naturwissenschaft Biologie gerichtet und dienen der Verbreitung einer religiösen Weltanschauung, zu der sich der Autor in klaren Worten bekennt. (...) Trotz des 'Disclaimers' des MPIZ möchte ich anfragen, ob Sie es für richtig halten, dass die Max-Planck-Gesellschaft derzeit als Verbreitungsorgan einer pseudowissenschaftlichen Ideologie missbraucht wird. Herr Lönnig hat selbstverständlich das Recht, seine kreationistische Weltansicht als Privatmann im Internet zu präsentieren. Es ist meiner Ansicht nach jedoch nicht akzeptabel, dass sein Arbeitgeber durch Bereitstellung von Internetseiten mit MPI-Logo diese religiös

motivierte (anti-naturwissenschaftliche) Missionstätigkeit unterstützt. Über eine kurze Stellungnahme wäre ich sehr erfreut". Ende März 2002 teilte mir der angeschriebene, für die Homepage verantwortliche Abteilungsleiter mit, dass er seinem Mitarbeiter, Herrn Lönnig, Meinungsfreiheit zubillige, denn "Toleranz beflügelt die Wissenschaft". Diese offizielle Ansicht des MPIZ Köln habe ich zur Kenntnis genommen. Eine Anfrage mit entsprechendem Antwortschreiben würde ich nicht als "Verbotsversuch" interpretieren. Ich nehme mir allerdings die Freiheit heraus, in Publikationen auf diesen Sachverhalt hinzuweisen.

2. *Definition Kreationismus*: Herr Lönnig behauptet, er sei kein Kreationist, da er gewisse religiöse Dogmen nicht akzeptiere. Diese Aussage steht im Widerspruch zu den folgenden Dokumenten, die ich der MPIZ-Homepage von Herrn Lönnig entnehme: a) Publikation 4: Lönnig, W.-E.: Auge widerlegt Zufalls-Evolution. Ein paar Fakten und Zitate zur Widerlegung des Neodarwinismus und zum Beweis der Schöpfungslehre. 2. Aufl., Köln 1989. b) Publikation Nr. 38: Lönnig, W.-E.: Artbegriff, Evolution und Schöpfung. 3. Aufl., Köln 1993. Schlüsselzitat: "Die primären Arten sind nicht auf blinde Zufälle zurückzuführen, sondern das Ergebnis intelligenter Schöpfung". c) Beitrag Nr. 49: Rezension des Titels "Evolution. Ein kritisches Lehrbuch" von R. Junker und S. Scherer, 4. Aufl. 1998, 5. Aufl. 2001. In dieser positiven Besprechung (Zitat: "hohe wissenschaftliche Qualität") wird für das Standardwerk des deutschen Kreationismus geworben. Ich habe in meinem Evolutionsbuch eine Widerlegung der Argumente von R. Junker / S. Scherer publiziert, auf die hier verwiesen werden soll (Kutschera 2001). d) Internet-Beitrag W.-E. Lönnig: Gesetz der rekurrenten Variation (2002). Nach seitenlangen Abhandlungen zieht der Autor die folgende Schlussfolgerung: " Sind die genial-komplexen kybernetischen Systeme in den Organismen nicht bereits 'substantial evidence' für Intelligent Design?". Die Befunde sprechen ganz klar für intelligentes Design. Der Genetiker W.-E. Lönnig ist somit offensichtlich vom Anhänger der Schöpfungslehre (d. h. Kreationist) zum Intelligent Design-Theoretiker mutiert.

3. *Aktuelle Diskussion zum Intelligenten Design*: Wie Herr Lönnig auf seiner Homepage und in der Publikation (b) schreibt, soll es ein "evolutionistisches Denkverbot" mit folgendem Inhalt geben: "Frage auch bei den komplexesten und genialsten Konstruktionen in der

Natur niemals nach dem Konstrukteur". Dieses postulierte übernatürliche Schöpfer-Wesen wurde vor zweihundert Jahren von dem Theologen W. Paley (1743 – 1805) in die Debatte gebracht (Buchtitel: *Natural Theology: On Evidences of the Existence and the Attributes of the Deity*, London 1802; s. Kapitel 3). Dieses metaphysische Konzept ist noch heute unter dem Motto "design must have a designer" bekannt. Die Design-Argumentation der deutschen Kreationisten konnte durch Sachargumente widerlegt werden (s. Kapitel 3 und 10). Leider spielt das uralte Intelligent- Design-(ID)-Konzept derzeit in der Kreationismus-Debatte in den USA eine zentrale Rolle und bereitet den amerikanischen Evolutionsbiologen Probleme (s. Bericht in *Nature* 416, S. 250, 2002). Wie z. B. der Anti-Kreationist R. Moore in einem aktuellen Übersichtsartikel dargelegt hat, ist der Begriff ID nichts anderes als ein Euphemismus für den "wissenschaftlichen Kreationismus". Vor einem US-Gericht wurde kürzlich das folgende Urteil verkündet: " Are proposals for intelligent design different from those for creation science? No". (Freiler v. Tangipohoa Parish Board of Education, s. Kapitel 4). Es besteht somit Konsens unter Fachleuten, dass zwischen einem Anhänger der Schöpfungslehre (Kreationisten) und einem Verkünder des ID-Dogmas kein grundsätzlicher Unterschied besteht, da der "Designer" nicht näher definiert wird und z. B. mit dem Gott in der Bibel identisch sein könnte. ID wird derzeit von den US-Kreationisten als "Trojanisches Pferd" benutzt, um die Schöpfungslehre im Schulunterricht zu verankern: Wird dieser metaphysische Glaubenssatz einmal zum Lehrstoff, kann "bei Nacht und Nebel" der Kreationismus ausgepackt und verbreitet werden. Der Biologe B. A. Palevitz hat in einem Beitrag mit dem provozierenden Titel "Intelligent design creationism: None of your buisiness ? Think again" offen gelegt, dass die US-ID-Kreationisten in einem "Center for the Renewal of Science and Culture" (einem Seitenzweig des *Discovery Institute*, Seattle) zusammengefasst sind. Die ID-Bewegung ist finanziell bestens ausgestattet und wird u.a. von der *John Templeton Foundation* unterstützt. Ziel: Etablierung einer "theistischen Wissen-schaft" in den USA. Im neuen ID-Journal *Progress in Complexity, Information and Design* wird dieser Gedanke nochmals präzisiert: "... retraining the scientific imagination to see purpose in nature". In einer Region des Bundesstaats Atlanta haben ID-Vertreter inzwischen erreicht, dass Biologie-Schulbücher mit

einem "Evolution disclaimer" versehen werden müssen. Aus diesen Gründen fordert Palevitz im US-Journal *Evolution* (56, S. 1718 – 1720, 2002) seine Kollegen auf, etwas gegen die ID-Kreationisten zu unternehmen: "Do something about it".
4. *Makroevolutionistisches Meinungsmonopol*: Ist das ID-Konzept als naturwissenschaftliche Theorie zu bewerten? Herr Lönnig wirft mir vor, ich würde die Synthetische Theorie als "endgültig verifiziert" betrachten. In meiner *Evolutionsbiologie* (Kutschera 2001) habe ich jedoch auf vielen Seiten dargelegt, dass die erweiterte Synthetische Theorie der biologischen Evolution ein offenes System ist, welches stetig durch neue Befunde ergänzt und modifiziert wird. Da es keine plausible naturalistische Alternative gibt, liefert diese Theorie die einzige allgemein akzeptierte, durch Fakten untermauerte Erklärung für den evolutionären Artenwandel. Kurz gesagt: Evolution ist heute eine Tatsache, die durch das Aussagen-System "Synthetische Theorie" beschrieben und erklärt wird. In den Naturwissenschaften gilt seit etwa 200 Jahren das Prinzip des Naturalismus: Nur reale Dinge sind erforschbar und in die Theorienbildung einzubeziehen. Das auf W. Paley zurückgehende ID-Argument ist daher außerhalb der Naturwissenschaften, d. h. im Bereich des subjektiven Glaubens, anzusiedeln. ID kann weder überprüft noch widerlegt werden. Anders formuliert: Die "ID-Theorie" erklärt alles – und somit nichts.

Die Tatsache, dass berühmte Physiker, wie z. B. Max Planck, an Planmäßigkeit im Universum geglaubt haben, ist für die Biologen heute irrelevant. Ich wäre sehr darüber erfreut, wenn ID-Vertreter wie Herr Lönnig auf wissenschaftliche Originalarbeiten und Review-Artikel verweisen könnten, in denen Dokumente und Experimente zum Wirken des "Intelligenten Designers" nachlesbar sind. Die "ID-Forschung" hat seit Paley (1802) keine Erkenntnisse hervorgebracht, die in die wissenschaftliche Literatur eingegangen sind und das klassische Postulat durch verifizierbare Fakten untermauert hätten. Da derartige Dogmen, wie z. B. auch der Leitsatz der Homöopathie (geistartige Wirkung ohne Wirkstoff), nicht überprüfbar sind, stehe ich zu meiner Aussage, dass es sich hierbei um eine scheinwissenschaftliche Weltanschauung (pseudowiss. Ideologie) handelt. Dieses nüchterne Sachargument sollte nicht als "Diffamierung Andersdenkender" umgedeutet werden. Aus meiner Sicht sollten Kreationisten, ID-Vertreter und andere Gläubige ihre Dogmen nicht unter dem Deckmantel der Naturwissenschaften verbreiten. Gemäß dem Motto "Wer glaubt, wird glücklich" bin ich der Ansicht, dass metaphysische Glaubensinhalte Privatsache jedes Einzelnen sind. Dieser Grundsatz gilt auch für Biologen. Die akademische Freiheit sollte daher nicht zur Verbreitung religiöser Inhalte missbraucht werden, auch wenn ein Naturwissenschaftler in seinem Privatleben einer Glaubensrichtung anhängt. Als Beispiel sei der Evolutionsbiologe T. Dobzhansky genannt, der im Beruf Naturalist und im Privatleben Christ war (Kapitel 1). Der traurige Zustand der Evolutionslehre in den USA (Kapitel 4) ist ein Beleg dafür, dass Wissenschaft und Glaube nicht durchmischt werden sollten. Das hierbei gebildete "Gebräu" schmeckt keiner Seite und ist insbesondere für aktive Evolutionsforscher (die darüber hinaus die aktuelle Literatur kennen) ungenießbar. *Fazit*: Wissenschaftsfeindlichkeit ist auf der Seite der Kreationisten (bzw. ID-Vertreter) anzusiedeln und nicht jenen Biologen zu unterstellen, die sich redlich bemühen, durch Originalarbeiten den Erkenntnisfortschritt voranzubringen. Eine ernsthafte, sachliche Diskussion mit der Gegenseite ist nach meiner Erfahrung jedoch leider sinnlos, da der subjektive Glaube stärker ist als das objektive Wissen (*Biologen heute*, Heft 464/6, 2002).

Nach meiner ausführlichen Darlegung, aus der hervorgeht, dass ein "ID-Theoretiker" die Grundsätze der naturwissenschaftlichen Arbeitsweise verletzt, erhoffte ich mir eine Intervention des MPIZ Köln. Das Gegenteil war jedoch der Fall. Auf der Homepage des *Verbands Deutscher Biologen*, die als Forum zur Weiterführung dieser Debatte eingerichtet war, äußerte sich Herr W.-E. Lönnig Anfang Januar 2002 u. a. wie im folgenden Abschnitt dargelegt. Meine privaten (nicht publizierten) Antworten sind dem jeweiligen Absatz beigefügt.

Verteidigung des Intelligenten Designs und die Antwort

Zu einigen Hauptpunkten der ausführlichen Antwort von Herrn Prof. Kutschera auf meinen Leserbrief möchte ich (W.-E. Lönnig) wie folgt Stellung nehmen (Punkte 1 – 6).

1.*Toleranz in den Wissenschaften*: Herr Kutschera schreibt, dass er seine Anfrage zu meiner Instituts-Homepage "nicht als 'Verbotsversuch' interpretieren" würde. Wie aber sonst war seine Zielsetzung zu verstehen, meine wissenschaftliche Sicht der Dinge auf das private

Internet zu beschränken? - Bei seinen drei Verbotsversuchen (wie auch bei seiner ausführlichen Stellungnahme in *Biologen heute*) konzentrierte sich Herr Kutschera ausschließlich auf die Motivationsfrage anstatt auf die naturwissenschaftliche und biologie-historische Beweislage der von mir diskutierten Fragen einzugehen. ... Linné, Cuvier, von Baer und Pasteur waren stark religiös motiviert (ebenfalls Schöpfung), aber wäre es nicht grotesk, deswegen die binäre Nomenklatur, das Korrelationsprinzip, die Entdeckung der menschlichen Eizelle und die Sterilisation von OP-Besteck als "religiös motivierte (anti-naturwissenschaftliche) Missionstätigkeit" zurückzuweisen ? ...

Antwort: Mit meinem Schreiben an den Verantwortlichen der MPIZ-Homepage (H. Saedler) hatte ich beabsichtigt, eine Diskussion anzuregen, um eine Kompromisslösung herbeizuführen. Der Begriff "Verbotsversuch" ist unangebracht. Die von Herrn W.-E. Lönnig angeführten Naturforscher waren gläubige Christen. Carl von Linné (1707 – 1778) hat in seinem Hauptwerk *Systema Naturae* (1735) den Menschen in das Tiersystem eingeordnet und mit dieser "Gleichstellung" im Kreise seiner christlichen Glaubensbrüder heftige Proteste provoziert. Obwohl Linné einerseits Christ war, konnte er andererseits als Forscher (Naturalist) nicht anders handeln, da die objektiven Fakten (weitgehende Bauplan-Gleichheit der Spezies Mensch/Affen) zu dieser logischen Schlussfolgerung geführt haben.

2. *Motivation und Argumentation*: Herrn Kutscheras Gleichsetzung meiner Motivation mit meinen naturwissenschaftlichen Argumenten und Ergebnissen halte ich für wissenschaftsfeindlich, weil damit der vorurteilslose Zugang zu meiner Argumentation mit den schon zitierten emotional besetzten Begriffen "Kreationismus", "pseudowissenschaftliche Ideologie", ... verhindert werden soll. ... In ähnlicher Weise könnte man Herrn Kutscheras Missbrauch der akademischen Freiheit für seine weltanschaulichen Ziele vorhalten, aber Anfragen an den Bildungsminister Hessens mit dem Ziel der Sperrung seiner Homepage unter Gleichsetzung seiner Motivation und Argumentation würde ich zumindest für intolerant halten.

Antwort: Wie im vorletzten Abschnitt dargelegt wurde, bezeichnete der MPIZ-Mitarbeiter das von John Dalton, Max Planck u. a. Wissenschaftlern etablierte materialistische Weltbild als "Glaubensbekenntnis" bzw. "Ideologie", das er nicht akzeptieren könne. Er

möchte vielmehr mit Begriffen wie Intelligenz, Geist und Gott operieren und auf dieser Grundlage wissenschaftliche Theorien formulieren. Damit steht der wiss. Mitarbeiter (bzw. "Group-Leader") außerhalb der naturalistischen Forschung und baut ein pseudowissenschaftliches Gedankengebäude auf, ohne festen Grund (empirische Fakten) und innerer Logik (Verifizierbarkeit). Als universitärer Fachvertreter (Pflanzenphysiologie/Evolutionsbiologie) habe ich die Pflicht, weltanschaulich neutral zu argumentieren und Glaubensbekenntnisse der Privatsphäre vorzubehalten.
3. *Definition des Kreationismus*: Herr Kutschera hat richtig beobachtet, dass ich auf biologischer Ebene von einem Befürworter der Schöpfungslehre zum Intelligent Design-Theoretiker "mutiert" bin – wie etwa Ernst Mayr in den 1930er Jahren vom Darwinisten zum Vertreter der Modernen Synthese. ... So, wie wir auf der einen Seite zwischen Lamarckismus, Darwinismus und der Synthetischen Evolutionstheorie unterscheiden, so ist auf der anderen Seite auch ganz klar zwischen Kreationismus, Schöpfungslehre und Intelligent Design Theorie (ID) zu differenzieren. ... Zur Definition des Kreationismus gehört unabdingbar die Deutung, dass die in der Genesis erwähnten 6 Schöpfungsphasen jeweils 24 Stunden dauerten; die Forschung hat sich dabei grundsätzlich dem festgelegten konservativen Genesisverständnis zu unterordnen. Schöpfungslehre hingegen impliziert den Schöpfer ohne sich auf Zeiten und Methoden der Schöpfung dogmatisch festlegen zu müssen ... Die Intelligent Design Theorie verzichtet grundsätzlich auf religiöse Quellen (ID "is based on science, not an sacred texts" - J.G. West). ID versucht, allein mit wissenschaftlichen Methoden möglichst exakt zwischen Zufall, Notwendigkeit und Intelligent Design in der Natur zu unterscheiden. ... ID lässt die Frage nach der Identität des Designers offen (dazu sind weitere Disziplinen und Argumentationsketten notwendig). In Kontrast zum Kreationismus gehören zur ID-Bewegung auch Deszendenz-theoretiker und nichtreligiöse Forscher ... Wenn Herr Kutschera glaubt, meine Position durch positive Zitate zum Thema Schöpfung als "kreationistisch" deklassieren zu können, dann verwechselt er entweder den dogmatischen Kreationismus mit meiner naturwissenschaftlich begründeten Position zur Schöpfungslehre und meiner jetzigen Position als ID-Theoretiker - oder aber er gebraucht wider besseren Wissens den Kreationismusbegriff zur Herabsetzung meiner Beiträge.

Antwort: Die Übergänge zwischen den Begriffen Kreationismus, Schöpfungslehre und "Intelligent Design"-Theoretiker sind fließend: Alle drei Glaubensbekenntnisse implizieren ein übernatürliches, nicht erforsch- und fassbares Geistwesen bezüglich des Ursprungs der Arten. Ob diese unbekannte Größe als Intelligenter Designer, Gott in der Bibel oder anders genannt wird, ist aus Sicht der naturalistischen Naturforschung irrelevant. In den modernen Naturwissenschaften haben diese abstrakten Begriffe (ohne fassbaren Inhalt) keinen Raum. ID-Vertreter sind in der Regel christlich-religiöse Bibel-Interpreten (s. Kapitel 3 und 4).

4. *Makroevolutionistisches Meinungsmonopol*: ... Mit Evolution meint Kutschera die Theorie des realgenetischen Zusammenhangs aller Lebensformen durch Abstammung von einer aus unbelebter Materie hervorgegangenen ersten Zelle allein aufgrund der uns bekannten materiellen Gesetzlichkeiten. ... Nun möchte ich Herrn Kutschera zunächst einmal bitten, uns mit diesem Ansatz testbare Hypothesen zu den auf meiner Homepage diskutierten Beispielen von *Utricularia* (der Wasserschlauch) ... oder anderen Synorganisationsphänomenen vorzulegen. – Die postulierte Makroevolution in "kleinen Mikroevolutionsschritten" ist weder in der Natur beobachtbar noch im Labor oder auf Versuchsfeldern reproduzierbar. Tatsächlich ist das Postulat der Gesamtevolution durch Mutation und Selektion ein integraler Bestandteil der Synthetischen Theorie selbst und die Evolution steht nicht etwa als zu erklärende Tatsache darüber. ... Nun behauptet Herr Kutschera gleichzeitig mit dieser 'Tatsachenhypothese', dass die Synthetische Theorie "ein offenes System ist, welches stetig durch neue Befunde ergänzt und modifiziert wird". Tatsächlich handelt es sich jedoch um ein totalitär geschlossenes philosophisch-naturalistisches System, weil es jeden wissenschaftlichen Ansatz für ID a priori und absolut ausschließt. ...

Antwort: Die Fossil-Abfolgen belegen, dass die Stammesentwicklung auf diesem Planeten von einfach organisierten prokaryotischen Einzellern (Bakterien) bis zu den komplexer gebauten Vielzellern (ab Kambrium bis heute) tatsächlich stattgefunden hat (Kapitel 1). Wer dieses Faktum aufgrund weltanschaulicher Bewusstseinsblockaden leugnet, hat im Kreise heutiger Naturwissenschaftler seine Glaubwürdigkeit verspielt. Die Mechanismen des evolutiven Artenwandels werden im Rahmen der modernen Synthetischen

Theorie in groben Umrissen beschrieben; sie sind jedoch noch immer Gegenstand weltweiter Forschungen. Wenn die "größte Entdeckung der Menschheitsgeschichte (S. J. Gould, s. o.)" als "totalitär-geschlossenes System" bezeichnet wird, kann nur auf eine ideologische Voreingenommenheit geschlossen werden, da gerade dieses weltweite Ringen um die Entschlüsselung der Antriebskräfte der Evolution eine internationale Bemühung ersten Ranges darstellt: Naturwissenschaftler mit unterschiedlichsten religiösen Hintergründen (Atheisten, Agnostiker, Christen usw.) arbeiten seit Jahrzehnten daran, das "Rätsel der Evolution" zu entschlüsseln. Die hierbei gewonnenen Erkenntnisse sind in den in Kapitel 2 aufgelisteten Fachzeitschriften und Monographien bzw. Lehrbüchern zusammengefasst. Religiöse Glaubensinhalte sind in diesen Schriften nicht zu finden.

5. *Forschungsarbeiten und Buchveröffentlichungen*: Wissenschaftliche Originalarbeiten und Review-Artikel zur ID-Theorie. Vertreter der Synthetischen Evolutionstheorie setzen alles daran, solche Publikationen in wissenschaftlichen Verlagen mit Referee-System zu unterbinden (Herr Kutschera würde als Referent selbst qualitative ID-Spitzenarbeiten sofort als "pseudowissenschaftliche Ideologie" ablehnen). Dennoch kann ich allein drei neuere ID-Bücher aus wissenschaftlichen Verlagen mit Referee-System nennen: M.J.Behe 1996: *Darwin's Black Box* (The Free Press), W. A. Dembski 1998: *The Design Inference* (Cambridge University Press), P.A.Nelson (2003): *On Common Descent* (University of Chicago Press). Wir müssen bei dieser Frage weiter unterscheiden zwischen der direkten ID-Diskussion und ID-motivierten wissenschaftlichen Arbeiten. Von Linnaeus bis heute sind Tausende von der Schöpfungs- und ID-Theorie inspirierte naturwissenschaftliche Arbeiten publiziert worden. Das zeigt, wie ungeheuer wissenschaftlich fruchtbar diese Theorien sind (der Vorwurf der Wissenschaftsfeindlichkeit ist somit völlig unzutreffend).

Antwort: Die drei genannten Bücher werden im Kreise kompetenter Naturwissenschaftler nicht ernst genommen (s. entsprechende Book-Reviews in *Nature* and *Science*), da Glaubensinhalte (ID) mit Fakten vermischt werden. Wissenschaftsverlage haben ein Lektorat, aber kein nach "harten Kriterien" arbeitendes Peer-Review-System. Von der "ID-Theorie" inspirierte wissenschaftliche Forschungsarbeiten sind mir aus der Fachliteratur nicht bekannt; zu Linnaeus (C. von Linné)

gilt das unter Punkt 1 Gesagte. Nicht überprüfbare Glaubensdogmen mit experimentellen Fakten zu vermischen, ist unwissenschaftlich.
6. *Öffentliche Diskussion*: Weil sie dabei regelmäßig an Terrain verlieren, fürchten Ideologien nichts mehr als die freie Diskussion mit gleichen Chancen für unterschiedliche Auffassungen. Ich möchte daher vorschlagen, dass Herr Kutschera diese Aussage für die Synthetische Theorie in einer öffentlichen Diskussion mit mir falsifiziert: Jeder hält einen halbstündigen Vortrag, beide geben eine Viertelstunde weitere Antworten und anschließend findet die Diskussion mit dem Publikum statt (dazu Einladung der für Wissenschaftssendungen zuständigen Abteilungen des öffentlich-rechtlichen und privaten Fernsehens).
Antwort: Mit Ideologen, d. h. Personen, die nicht hinterfragbare, fest gefügte Dogmen verinnerlicht haben, kann man nach meiner Erfahrung nicht diskutieren. Durch einige derartige öffentliche Diskussionen würde man den ID-Kreationisten ein öffentliches Forum bieten und diese pseudowissenschaftliche Gegenposition als der naturalistischen gleichwertig erachten. Meine Erfahrungen mit fanatischen Anhängern christlicher Kirchen und Sekten haben mir gezeigt, dass ein rationaler Dialog mit solchen, von der "geglaubten Wahrheit" überzeugten Personen nicht möglich ist (z. B. mein öffentlicher Vortrag am 10. 02. 1998 zum Thema "Der moderne Anti-Evolutionismus" an der Universität Kassel, mit anschließender Diskussion).

Die Glaubensgemeinschaft: Ideologie auf beiden Seiten

Als ich im Januar 2003 die im letzten Abschnitt dargelegten Antwortschreiben verfasste (ohne diese auf der Vdbiol-Homepage oder anderswo zu veröffentlichen), ereignete sich das Folgende: Beim Verlassen meines Arbeitsplatzes (Institutsgebäude Biologie, Universität Kassel), wurde mir von einem Mitglied der Glaubensgemeinschaft *Zeugen Jehovas* (s. Kapitel 3) ein Faltblatt in die Hand gedrückt, das auf der Titelseite die Frage "Wer ist Jehova ?" aufwarf. Zu meiner Überraschung konnte ich in dieser Werbebroschüre aus dem Jahr 1998 die von W.-E. Lönnig vorgebrachten Argumente in geringfügig modifizierter Form wiederfinden. Einige Zitate sollen dies verdeutlichen: "In einem vor Jahrhunderten verfassten Buch der Weisheit steht geschrieben: 'Natürlich wird jedes Haus von jemandem errichtet, doch der, der alle Dinge errichtet hat, ist Gott' (Hebräer 3:4). Jemand wendet vielleicht ein, dass es sich mit den Vorgängen in der Natur doch ganz anders verhält als mit dem von Menschen Geschaffenen. Manche Wissenschaftler sehen das heute jedoch anders. Michael Behe, ... Professor für Biochemie (USA), räumte zwar ein, dass 'biochemische Systeme keine unbelebten Objekte sind', stellte dann aber die Frage: 'Können lebende biochemische Systeme durch konstruktives Nachdenken entworfen werden ?'... Sowohl leblose als auch lebendige Dinge können 'konstruiert werden'. ... Das Ergebnis der gesamten Bemühungen zur Erforschung der Zelle – zur Erforschung des Lebens auf molekularer Ebene – ist ein lauter, klarer, durchdringender Ruf: *Planung !* "

Im nächsten Absatz dieser Broschüre wird die Frage erörtert, wer denn der Planer in der belebten Natur wohl sei: "Die Antwort auf die Frage nach dem Planer ist in dem bereits zitierten alten Buch der Weisheit zu finden: Die Bibel. ... 'Am Anfang erschuf Gott die Himmel und die Erde (1. Mose 1:1)'. Um sich von allen anderen zu unterscheiden, die als Götter bezeichnet werden, stellt sich der Schöpfer mit seinem einzigartigen Namen vor: 'Dies ist es, was der wahre Gott, Jehova, gesprochen hat, der Schöpfer der Himmel... (Jesaja 42: 5, 8). Jehova lautet der Name des Gottes, der das Universum erschaffen und Mann und Frau auf die Erde gesetzt hat'". Aus diesen Zeilen folgt, dass der "Intelligente Designer", wie er auf der MPIZ-Homepage umschrieben und beworben wird, mit "Jehova" gleichzusetzen ist.

Es kam mir daraufhin der Gedanke, Herr Lönnig könnte möglicherweise Mitglied der weltweit aktiven "Endzeit-Sekte" *Zeugen Jehovas* sein. Ich konnte mir jedoch nur schwer vorstellen, dass ein auf Lebenszeit angestellter "Group Leader" an einem internationalen Forschungsinstitut Anhänger einer derartigen Glaubensgemeinschaft ist (zu den Grundsätzen und Dogmen der *Zeugen Jehovas*, s. Kapitel 3). Ein weiterer Punkt sprach gegen diese Annahme. In seinem Buch *Rock of Ages* äußerte sich der Anti-Kreationist S. J. Gould (1999) zu den Missionstätigkeiten der *Zeugen Jehovas* wie folgt: "I have no problem with the largest and most potentially influential of all creationist groups in America, the Jehova's Witnesses – for they do not try to impose their theological beliefs upon public school science curricula, and they agree with my view that churches and homes are the proper venue for teaching such private and partisan doctrines". Die Mitglieder dieser Endzeit-Sekte versuchen somit im allgemeinen nicht, ihre Glaubensinhalte ("Jehova, der Planer oder Intelligente Designer") in öffentlichen Lehranstalten zu verbreiten, während Herr Lönnig über die MPIZ-Plattform genau dies getan hatte (der Begriff "Jehova" wurde jedoch nicht erwähnt).

Ein Biologielehrer teilte mir Ende Januar 2003 mit, dass Herr Lönnig seit vielen Jahren der genannten Glaubensgemeinschaft angehöre. Wäre mir dies ein Jahr vorher bekannt gewesen, so hätte ich mich anders verhalten und eine differenzierte Strategie gewählt. Der Streit zum Thema Evolution war jedoch bereits in vollem Gange. In Anbetracht des christlich-religiösen Hintergrundes meines Kontrahenten verzichtete ich zunächst auf weitere öffentliche Stellungnahmen, da eine Diskussion mit überzeugten Gläubigen, die im Besitz "geoffenbarter Wahrheiten" sind, vergeblich ist (s. o.; eine ausführliche Begründung folgt weiter unten).

Am 10. Februar 2003 erschien Heft 1 der Zeitschrift *Biologen heute*, in dem ein letzter Beitrag zum Thema Evolution vs. Kreation abgedruckt war. Ab diesem Zeitpunkt wurde die Debatte auf der folgenden Internetseite weitergeführt: www.vdbiol.de/debatten/evolution. Dieses virtuelle Diskussionsforum wurde im November desselben Jahres im Rahmen der Umgestaltung der Vdbiol-Homepage geschlossen. Nachfolgend ist die Replik von Prof. C. Kummer, Hochschule für Philosophie/Institut für naturwissenschaftliche Grenzfragen zur Philosophie und Theologie (München) in gekürzter Form wiedergegeben:

"Um es vorweg zu sagen: Auch ich glaube nicht an die Diskursfähigkeit der 'Intelligent Design'-Theorie – dazu ist ihr Ansatz gegenüber der Evolutionstheorie zu sehr auf einer anderen Ebene. Wo der evolutionär denkende Biologe nach Entstehungswegen für das Unbekannte sucht, hat der Design-Anhänger mit der Annahme eines 'Intelligent Designer' die Antwort stets schon parat und blockiert damit von vorn herein den Antrieb zum wissenschaftlichen Forschen. Insofern bietet das 'Intelligent Design' keine diskutablen Alternativen für Stellen, an denen Darwins Theorie in Erklärungsnöten steckt (z.B. die Entstehung der Großbaupläne). Sie ist, da hat Kutschera völlig recht, 'Creationismus', d. h., wie alle Ismen, eine Ideologie. Allerdings fällt Ideologieverdacht auch auf die Gegenseite, wenn sie gar zu heftig auf Angriffe reagiert. Hand aufs Herz, wer würde sich die Mühe machen, gegen jemanden ernsthaft loszuziehen, der nach wie vor das heliozentrische Weltbild vertritt? Die Sache ist hier einfach zu offensichtlich, als dass sie eine Auseinandersetzung lohnte. Gewiss gibt es zur Evolutionstheorie keine ernsthafte Alternative, und darum kann man als Naturwissenschaftler nicht anders, als sie zu akzeptieren. Aber Alternativlosigkeit allein macht eine Theorie noch nicht überzeugend. Kutschera gibt denn auch zu, dass es sich bei der Synthetischen Theorie um ein 'offenes System' handelt, das Modifikationen und Erweiterungen verlangt und verträgt. Nur, wieviel verträgt sie, oder besser, vertragen Biologen wirklich, ehe sie allergisch reagieren? ... Natürlich ist es Aufgabe der Biologie, die Zweckhaftigkeit des Lebendigen möglichst durch kausale Erklärungen aufzulösen ... Dass man aber ob der damit verbundenen Schwierigkeiten nicht ins Wundern geraten dürfe, ob hinter all dem nicht doch ein höherer Plan stecken könnte? Nichts anderes haben Planck und mit ihm viele andere Naturwissenschaftler, die beileibe keine Kreationisten waren, getan. Auch Biologen wundern sich bisweilen, aber nur im Geheimen, weil sie wissen, dass das in der *Scientific Community* als Unart gilt. Freilich ist es eine Eigenheit der Finalursache, dass ihr Vorliegen erst vom Ende des Prozesses her stringent nachgewiesen werden kann. Deshalb aber von vornherein die Denkmöglichkeit einer solchen Ausrichtung auszuschließen und jede Metaphysik der Natur als irrationale "Glücklich-durch-Glauben"-Mentalität zu disqualifizieren, ist "Darwinismus" im üblen Sinn. Philosophisch gesehen fehlt der Evolutionstheorie für ein solch definitives Urteil das hinreichend feste Fundament" (*Biologen heute*, Heft 465/1, 2003)".

Antwort: Dieses Schreiben wurde im Internet unter der Überschrift "Ideologie auf beiden Seiten" publiziert. Im Kern wirft der Autor den Evolutionsbiologen vor, sie würden – ähnlich wie die Schöpfungsgläubigen – ihren Forschungsgegenstand (chemische und organismische Evolution) zur Weltanschauung erheben. Dieser auch von Seiten der ID-Kreationisten immer wieder publizierte Einwand kann wie folgt entkräftet werden. Der Begriff "Weltanschauung" (Ideologie) bedeutet, wenn man ihn wörtlich nimmt, "das unvoreingenommene Anschauen der belebten und unbelebten Welt". Wenn wir somit als Biologen die belebte Natur betrachten, beobachten und durch Experimente erkunden, können wir logische, auf objektiven Tatsachen basierende Schlussfolgerungen ziehen. Das Konzept der Evolution ist genau auf diese Art und Weise von genialen Naturforschen (A. R. Wallace, C. Darwin u. a.) im 19. Jahrhundert abgeleitet worden. So zeigen z. B. die homologen Organe bei den Wirbeltieren, dass die Extremitäten unterschiedlichster Spezies Abwandlungen einer ausgestorbenen, weniger spezialisierten Urform darstellen (Kapitel 1). Aus dem objektiven "Anschauen der Welt" kann man jedoch nicht das von den ID-Kreationisten postulierte Geistwesen (personifiziert im "Intelligenten Designer") ableiten. Es wird hier ein frei erfundenes, unanschauliches, abstraktes Phantasiegebilde den realen, durch logische Verknüpfung von Fakten erschließbaren Sachverhalten und Schlussfolgerungen als gleichwertig gegenübergestellt (ID-Kreationismus vs. Evolutionismus). *Phantasy* ist jedoch nicht gleich *Reality*: die Erstere entspringt den Hirnwindungen eines individuellen Menschen, während die Letztere auch außerhalb unseres Großhirns, d. h. in der Wirklichkeit, existiert. Leugnet man jedoch die Realität der Außenwelt (wie es in der Philosopie sogenannte "Idealisten" immer wieder getan haben), so verlässt man den Boden der exakten Naturwissenschaften.

Man könnte auch etwa wie folgt argumentieren. Behauptung: Die Gravitation (Schwerkraft) und Evolution (Stammesentwicklung) sind nur willkürliche, subjektive Weltanschauungen. Fakt ist jedoch, dass Steine immer nach unten fallen, d. h. das Umgekehrte (entgegen der Schwerkraft aufsteigende feste Körper) wurde bisher noch nie wissenschaftlich dokumentiert. Bei objektiver Betrachtung (Anschauung) der Welt ist die Schwerkraft (sowie die daraus abgeleiteten Gravitationsgesetze) somit Bestandteil der Realität. Sollten im Großhirn (d. h. der Einbildung) mancher Menschen Steine nach oben fliegen, so ist dies nicht aus "Anschauung der Welt", sondern der Phantasie (oder Sinnestäuschung) eines Individuums entsprungen. Diese alternative, anti-naturwissenschaftliche, subjektive "Weltanschauung" ist, genau wie der "Geister- und Wunderglaube", irrational und somit nicht Bestandteil der Wissenschaften. Im *wörtlichen* Sinne sind somit Gravitation (und Evolution) in der Tat "Ideologien", da diese Sachverhalte durch unvoreingenommenes Anschauen der Welt entdeckt und dann beschrieben worden sind. Im Gegensatz dazu ist das ID-Konzept nicht durch "Welt-Anschauung" rational-logisch erschließbar, sondern ein Gehirnphänomen (Glaubenssatz).

Fazit: Evolution ist eine aus der "Anschauung der realen Welt der Gegenwart und Vergangenheit (Fossilien)" abgeleitete, zur Tatsache erhärtete Erkenntnis, die im Rahmen von Aussagensystemen (Theorien) beschrieben und erklärt wird. Der Ideologieverdacht, im allgemeinsprachlichen Sinn, fällt somit nur auf *eine* Seite.

Kontroverse Meinungen zum Intelligenten Design

In diesem Abschnitt sind einige Stellungnahmen in Ausschnitten wiedergegeben, die bis zur Sperrung der strittigen MPIZ-Homepage am 19. März 2003 auf der Vdbiol-Website publiziert waren. Meine Kommentare habe ich an entsprechender Stelle beigefügt.

Am 28. Dezember 2002 äußerte sich Herr F. Meis (Ludwigshafen) wie folgt: "Auch wenn ich den Intelligent-Design-Theoretikern nicht wünsche, dass sie aufgrund ihrer wissenschaftlichen Verirrungen nach Sibirien verbannt, in ein Konzentrationslager gesteckt oder auf dem Scheiterhaufen als Ketzer verbrannt werden, so müssen doch Wege gefunden werden, um das Gedankengut der gefährlichen ID-Theorie im Keim zu ersticken. Herrn Kutscheras Vorstoß des Publikationsverbotes ist da ein erster Schritt in die richtige Richtung. Wo kämen wir denn hin, wenn jeder offen seine Meinung sagen dürfte, für die er dann auch noch massenhaft Beweise vorlegen kann? Ich finde, jede Veröffentlichung zum Thema Evolution sollten von Herrn Kutschera vorher zensiert werden. Nur so kann garantiert werden, dass nicht irgendwelche religiösen Fanatiker eines Tages das ganze Land wie eine Seuche überschwemmen. ... Lieber Herr Kutschera, ohne Ihre Hilfe wären wir Wissenschaftler diesen gemeingefährlichen Elementen völlig schutzlos ausgeliefert. Bitte beschützen Sie uns auch weiterhin!"

Antwort: Der Autor dieser Zeilen benutzt Begriffe aus der NS-Zeit, der Stalin-Ära und der dunkelsten Phasen der katholischen Kirche, um meine Anfrage an das MPIZ Köln als "Publikationsverbot" umzudeuten. Mein Vermerk, dass Herr Lönnig selbstverständlich als Privatperson seine Meinung über "Gott und die Welt" verbreiten kann, wird ignoriert. Auf der MPIZ-Homepage wurde nicht "ein Mechanismus der Evolution in Frage gestellt", sondern die

Öffentlichkeit durch Verdrehen von Fakten und religiöse Glaubensinhalte vorsätzlich getäuscht. Begriffe wie "gemeingefährlich" usw. habe ich nicht benutzt. Der Briefschreiber scheint, wie auch der weiter unten zitierte Autor, ein Glaubensbruder von Herrn Lönnig zu sein: er argumentiert im gleichen Stil wie der MPIZ-Mitarbeiter.

Am 8. Januar 2003 ging ein ausführliches Schreiben von Herrn Dr. W. J. Gieffers ein, das hier in Ausschnitten wiedergegeben werden soll. Zur Information muss erwähnt werden, dass Herr Lönnig in der Danksagung seines Buches *Artbegriff, Evolution und Schöpfung* (1993) den Autor der nachfolgenden Zeilen wie folgt würdigte: "Ich bedanke mich ganz herzlich bei Herrn Dr. Werner Gieffers, Max-Planck-Institut für Züchtungsforschung in Köln, für die anregenden Diskussionen und für das Korrekturlesen".

Der Kollege von Herrn Lönnig veröffentlichte auf der Vdbiol-Homepage u. a. die folgenden Thesen: "In diesem Beitrag weist zunächst Herr Dr. Lönnig, der die Makro-Evolution ablehnt, darauf hin, dass er kein Kreationist sei, was aber Herr Prof. Kutschera, ein Evolutionist, in seiner Erwiderung weiterhin behauptet. Die Kontroverse des Artikels beruht in großen Teilen auf gravierenden erkenntnistheoretischen Defiziten, auf die näher eingegangen werden soll. Zum Thema Entstehung des Lebens und der Arten gibt es verschiedene Meinungen, Weltanschauungen, wissenschaftliche Theorien und religiöse Bekenntnisse. Drei Modelle dazu sind die wohl am meisten verbreitetsten: 1. Welt und Lebewesen sind Schöpfung eines Schöpfers; 2. Welt und Lebewesen existieren ohne Schöpfer und erklären sich aus sich selber durch Evolution; 3. Welt und Lebewesen sind durch Evolution entstanden, die aber durch einen Schöpfer gesteuert wurde. Unter den religiösen Bekenntnissen dominiert der biblische Schöpfungsbericht. Die Interpretation von Genesis 1 ist aber sehr unterschiedlich. So vertreten die Kreationisten eine wort- ja buchstabengetreue Auffassung über den Schöpfungsakt. Ohne Rücksicht auf die Besonderheiten biblischer Schriften ... steht das wortwörtliche Bibelverständnis im Vordergrund. So wird u.a. das Sechs-Tagewerk aus Genesis 1 als ein Schöpfungsakt in sechs 24-Stunden Tagen apodiktisch verstanden. Diese enge Schöpfungsauffassung wird allein von den Kreationisten vertreten. Die meisten anderen christlichen Bekenntnisse folgen dieser Schöpfungsvorstellung nicht, sondern erklären den Schöpfungsvorgang wesentlich anders. Es ist also sachlich vollkommen falsch, alle Vertreter des Schöpfungsmodells gemeinhin als Kreationisten zu bezeichnen. Auch frühere Arbeiten von Herrn Lönnig, die ebenfalls nicht im kreationistischen Sinne geschrieben worden sind, werden von Herrn Kutschera dennoch als kreationistisch gebrandmarkt, weil Herr Lönnig die naturwissenschaftlichen Fakten zur biologischen Art als Ergebnis einer intelligenten Schöpfung deutet. ... In der Frage nach Entstehung und Werdeprozess der Lebewesen auf dieser Erde verfügt niemand über einen naturwissenschaftlichen Beweis. Eine Lebens- und Artenentstehung ist für uns nicht mehr messbar, nicht wiederholbar und auch nicht experimentell belegbar. Damit ist naturwissenschaftliche Forschung auf diesem Feld nicht möglich. Andere Disziplinen wie die Geschichtswissenschaften, Philosophie und Theologie können hier eher Auskunft geben, aber auch sie verfügen nicht über Beweise innerhalb ihrer Erkenntnisgrenzen. Wir sind also nach wie vor auf eine Deutung angewiesen, die sich immer nach dem persönlichen, bereits apriori existierendem Weltbild orientiert. Das wäre anders, wenn der naturwissenschaftliche Beweis für die Richtigkeit der Makro-Evolution gegeben wäre, was aber lediglich Fiktion ist. Herr Kutschera suggeriert dagegen, dass es 'international akzeptierte Grundsätze der Naturwissenschaft Biologie' gäbe, die einen Deutungsversuch von Herrn Lönnig verbieten würden. Diese Denkungsweise eines ideologischen Totalitätsanspruches erinnert an die terroristische Wissenschaftsauffassung kommunistischer Regime, ist aber in den westlichen Demokratien weltweit nicht erkennbar. Die freie Meinungsäußerung über die Deutung letztlich nicht geklärter Phänomene ist eine unabdingbare Voraussetzung auch für die naturwissenschaftliche Forschung in der Biologie. ... Herr Kutschera bezeichnet es als pseudowissenschaftlich, die Welt als Schöpfung zu deuten. Aber hat er selber denn einen Beweis für die Richtigkeit der Evolutionslehre zu bieten? ... Das Erklärungsmodell Evolution, also eine Interpretation, wird durch Grammatik zur Tatsache erhoben. Herr Kutschera hat also auch nichts weiter zu bieten als eine Interpretation, eine Deutung, die lediglich verbal zum Faktum avanciert. ... Deutungen befinden sich oft in der Nähe eines Glaubensbekenntnisses und je vehementer die eigene Deutung verfochten wird, um so stärker ist dahinter ein Glaube zu vermuten. Das vorgeschützte Wissen über Phänomene, die letztlich nur Deutung sind und keine Fakten, ist ein allzu durchsichtiges Feigenblatt, den eigenen Glauben zu verdecken. Die Frage, ob Existenz und Daseinsweise der Lebewesen nun durch Evolution oder/und durch Schöpfung zu erklären sei, ist für die Vertreter aller weltanschaulichen Bekenntnisse eine legitime Frage und ein legitimes Forschungsgebiet. Die Beantwortung dieser Frage wird die Erkenntnis der Wahrheit sein, an der die Bemühungen der Naturwissenschaft einen wichtigen Anteil haben. Der Weg dahin kann nur über die Wahrung von Toleranz erfolgen und in der Kritik der Ergebnisse und der Sache selber, aber nicht durch Polemik, nicht durch ideologischen Zwang und besonders nicht durch Diskreditierung von Personen".

Antwort: Der Autor dieses Briefes stellt die naturalistische Denk- und Arbeitsweise auf eine Stufe mit christlich-religiösen Bekenntnissen. Würden die Naturwissenschaftler ihre privaten Glaubenssätze mit objektiven Fakten vermischen, wie es von den MPIZ-Mitarbeitern Lönnig und Gieffers befürwortet wird, so gäbe es das weltweite Unternehmen *Science* nicht. Eine Zusammenarbeit christlicher, atheistischer und hinduistischer *Scientists* (z. B. aus Europa und Indien) wäre undenkbar, wenn die Naturforscher ihre jeweilige Religion in Hypothesen und Theorien einarbeiten würden. Mit diesem Postulat wird somit das gesamte, äußerst erfolgreiche Unterfangen, international und interdisziplinär die großen Fragen der Natur zu entschlüsseln, ad absurdum geführt. Vertreter verschiedenster christlicher "Schöpfungsmodelle" werden im internationalen Sprachraum üblicherweise als ID-Kreationisten bezeichnet (Scott 1997, Pennock 2003, Kutschera 2003 a). Die Behauptung, dass Artbildungsprozesse nicht durch Dokumente und Experimente nachweisbar sind, entspricht nicht dem Stand unseres Wissens. Makroevolution ist durch Fossilreihen dokumentiert und z. B. bei der Maispflanze bezüglich des Mechanismus auch experimentell belegt (Kutschera 2001). Begriffe wie "Totalitätsanspruch" oder "terroristisch" sind eine unakzeptable Unterstellung meiner ursprünglichen Absichten; sie wurden im Internet publiziert, um mich als Person zu diskreditieren und eine Rücknahme meiner Argumente zu erwirken. Da ich jedoch der Sache wegen handelte, habe ich diese Anschuldigungen ignoriert. Insgesamt betrachtet ist es meiner Ansicht nach ein Armutszeugnis, dass ein "Senior Scientist" an einer staatlichen Forschungseinrichtung derart unqualifizierte Äußerungen veröffentlicht. Das MPIZ Köln hat auch zu dieser anti-naturwissenschaftlichen Propaganda eines weiteren Mitarbeiters dieser staatlichen Institution geschwiegen.

Am 12. Januar 2003 äußerte sich Herr K. Wittlich (Köln) in ähnlicher Weise, ohne jedoch das militant-fundamentalistische Vokabular der oben genannten beiden MPIZ-Mitarbeiter zu benutzen:
"Herr Dr. Lönnig hat als Wissenschaftler das Recht, biologische Fakten zu veröffentlichen, die im Einklang mit seiner persönlichen, an einer Schöpfung orientierten Weltsicht sind. Damit wird der wertfreien Forschung kein Abbruch getan. Ebenso hat ein atheistisch - marxistisch orientierter Wissenschaftler das Recht, öffentlich auf Fakten hinzuweisen, die im Einklang mit seiner Weltsicht sind, ohne deshalb gleich unwissenschaftlich zu sein. ... Darwin publizierte: 'Es ist wahrlich etwas Erhabenes um die Auffassung, dass der Schöpfer den Keim alles Lebens, das uns umgibt, nur weniger, oder gar nur einer einzigen Form eingehaucht hat' .... Darwin vertritt hier eine (nicht biblische) Schöpfungslehre, und erfüllt damit das von U. Kutschera aufgestellte Kriterium eines Kreationisten. ... Menschliche Schöpfer von z. B. Flugzeugen sind naturalistische Erklärungen, warum soll ein Schöpfer des Lebens prinzipiell keine naturalistische sein? Wenn ein Schöpfer - Wesen ein reales Ding ist, dann ist es auch an Hand seiner Auswirkungen, wie z. B. die Erbauer der Pyramiden, prinzipiell erforschbar und in die Theorienbildung einzubeziehen. Wenn ein Schöpfer-Wesen nicht existiert, dann ist es mangels Wechselwirkungen mit unserer Welt auch prinzipiell nicht erforschbar. Warum ein Schöpfer/Konstrukteur als Ursache für Makromoleküle, Motoren, Datenverarbeitungsanlagen, Solarsysteme etc. weder plausibel noch naturalistisch sein soll, ist mir mehr als schleierhaft".
Antwort: Atheistisch-marxistisch orientierte Biowissenschaftler, die oft vom Staat zur Einhaltung dieser Parteilinie gezwungen wurden, haben während der "DDR-Zeit" eine große Zahl einschlägiger Bücher verfasst. Diese pseudoreligiös-politisch unterlegten Machwerke möge sich der Autor dieses Schreibens einmal ansehen und dann über seine eigenen Worte nachdenken. Als Höhepunkt dieser Missachtung des weltanschaulichen Neutralitätsgebotes in den Naturwissenschaften sei hier auf den *Lyssenkoismus* verwiesen (Kapitel 10). Darwins Aussage bezüglich des "Schöpfers" war ein Zugeständnis an die Kreationisten seiner Zeit. In privater Korrespondenz äußerte sich der Urvater der

Abstammungslehre ganz anders (Kutschera 2001). Bemerkenswert ist die Analogie der "menschlichen Schöpfung von Flugzeugen" mit dem "Intelligenten Designer des Lebens". Dieser Punkt wird in Kapitel 10 vertieft diskutiert.

Das ausführliche Schreiben von Herrn T. Waschke (Herborn) vom 25. Januar 2003 ist äußerst aufschlussreich; es enthält u. a. den von mir weiter oben bereits dargelegten Kompromissvorschlag: ... "Die vielen Seiten, die Herr Lönnig ins Web gestellt hat, beinhalten auf der einen Seite evolutionskritische Überlegungen, die durchaus einer detaillierten Analyse würdig sind. Herr Lönnig hat sich mit großem Fleiß an die Aufgabe gemacht, Schwachpunkte der naturalistischen Evolutionslehre zu kritisieren. Man sucht dort aber auf der anderen Seite so gut wie vergeblich nach wissenschaftlichen Belegen für seinen Standpunkt. Es ist daher sehr merkwürdig, dass er eine naturwissenschaftliche Diskussion supranaturalistischer Inhalte einfordert. Bedenklich ist nicht, dass er die Ergebnisse der naturalistischen Evolutionsforschung kritisiert, ganz im Gegenteil. Genau dasselbe machen auch Evolutionsforscher. Entscheidend ist, dass er dafür eintritt, die wissenschaftstheoretische Basis der Forschung, nämlich den Naturalismus, aufzugeben, ohne dafür irgendein konkretes Argument anführen zu können.

(Natur)Wissenschaftliche Argumentation ist nur im Rahmen des Naturalismus möglich. ... Der Grund, dafür zu plädieren, seine Site zu schließen, ist nicht, weil er versucht, dort Argumente gegen naturwissenschaftliche Theorien zu präsentieren, sondern weil er diese Kritik dazu verwendet, gegen die gängigen Standards der Naturwissenschaften zu polemisieren. Und, was noch ärgerlicher ist, ohne dafür ein prüfbares Argument vorzulegen. Ich würde daher dafür plädieren, die Site von Herrn Lönnig einfach auf dem Server zu belassen und eine kurze Gegendarstellung auf der Titelseite eines jeden Artikels zu verlangen, in der Herr Lönnig darlegt, dass er in diesen Texten seine persönliche Meinung und nicht die des MPIZ vertritt. ... Es genügt hier, zu zeigen, dass die 'ID-Theorie' keine Anerkennung finden kann, bevor sie nicht in der Lage ist, konkret anhand prüfbarerer Aussagen Antworten auf die Frage: 'Wann hat welcher Schöpfer wie wo was geschaffen' zu geben.... Herr Lönnig hat durchaus Recht, wenn er betont, kein Kreationist zu sein.

Meiner Meinung nach sollte man den Begriff 'Kreationist' sehr 'eng' verwenden, um zu verhindern, dass nicht mehr klar ist, welche Argumente gegen welche Position verwendet werden können. ... Konkret bedeutet das, dass Kreationisten davon ausgehen, mit wissenschaftlichen Methoden zeigen zu können, dass die Erde jung ist, dass es eine weltweite Flut gab und dass alle Grundtypen in einer Schöpfungswoche erschaffen wurden. Herr Lönnig ist *Zeuge Jehovas* und vertritt daher die genannten Auffassungen nicht. Er ist daher kein 'Kreationist' im strengen Sinn. .... Herr Lönnig weist auf Wissenschaftler hin, die privat gläubig waren. Er hätte aber nur dann ein Argument für seinen Standpunkt, wenn diese Menschen in ihren wissenschaftlichen Publikationen einen 'Designer' als Wirkursache eingeführt hätten. Das ist meines Wissens nicht der Fall. Herr Lönnig täuscht sich daher gewaltig: er befindet sich eventuell in der Gesellschaft von Wissenschaftlern, die an irgendwelche Designer glauben. Ich bezweifle aber, dass deren 'Designer' mit dem der *Zeugen Jehovas* identisch sind. Mit Sicherheit befindet sich Herr Lönnig nicht in wissenschaftlicher Gesellschaft, denn (Natur)Wissenschaft ist naturalistisch oder sie ist keine. Erst wenn Herr Lönnig prüfbar formuliert, wann wo welcher Designer wie was geschaffen hat, vertritt er eine ernst zu nehmende Hypothese. Bis er das geleistet hat, befindet er sich in diesem Bereich nicht in der Gesellschaft der Naturwissenschaft... Herr Lönnig bringt letztendlich kein sachliches Argument für seine Auffassung in die Diskussion ein. Man kann sich darüber streiten, ob und wie weit man heterodoxe Auffassungen tolerieren sollte. Was Herr Lönnig aber verlangt ist schlicht und ergreifend abseitig. Er tritt ohne hinreichende Begründung für eine Aufgabe des Naturalismus ein. Wer sucht heute noch nach Beweisen für die Gravitation oder das Massenwirkungsgesetz? Warum sollte man daher ausgerechnet Evolution infrage stellen? Es gibt nun mal einen 'Stand der Erkenntnis', der natürlich nicht sakrosankt ist, aber nur dann aufgegeben wird, wenn stichhaltige Gründe vorgebracht werden. ... Das ist als Argument für deren Position etwas insuffzient. Sonst könnte man sich jede beliebige Phantasie für jedes noch nicht letztlich geklärte Phänomen ausdenken und verlangen, dass diese Haltung Ernst genommen wird, bis das Phänomen geklärt ist. ... Bevor nicht gezeigt wird, wann welcher 'Designer' wie wo was geschaffen hat, verdient dieses Glaubensbekenntnis den Namen 'Theorie' nicht...

Herr Lönnig ist zwar mit seiner Evolutionskritik, solange er konkrete Details widerlegt, durchaus in der Lage, den Fortschritt zu fördern. Was er ... aber übersieht, ist, dass er so keinerlei Belege für seinen privaten Glauben erbringt. Ein Argument gegen naturalistische Forschung ist auf diese Art und Weise auf keinen Fall aufzeigbar".
Kommentar: In dieser originellen und durch Sachkenntnis gekennzeichneten Abhandlung wird u. a. hervorgehoben, dass Herr Lönnig als *Zeuge Jehovas* kein Kreationist im "strengen Sinne" ist. In Kapitel 4 wurde jedoch im Detail dargelegt, wie Kreationisten "im weiteren Sinne" definiert sind. Es ist daher gerechtfertigt, den strittigen MPIZ-Mitarbeiter als Anhänger einer anti-naturwissenschaftlichen "Schöpfungstheorie" (unter dem Deckmantel des "Intelligenten Design") zu bezeichnen. Ob das Wort "Kreationist im allgemeinen Sinne" angemessen ist oder die oben dargelegte Umschreibung geeigneter erscheint, ist von zweitrangiger Bedeutung. Die Forderung, "ID-Theoretiker" mögen doch bitte empirische Belege für ihr Glaubensbekenntnis liefern, wird in diesem Schreiben nachdrücklich gestellt. Leider ist diese Einforderung stichhaltiger Beweise "Pro-ID" von Seiten der Evolutionisten bis heute von den Schöpfungsgläubigen nur mit Schweigen beantwortet worden.

Ähnliche Argumente wurden am 18. Februar 2003 von dem Ingenieur M. Neukamm (Garching) publiziert. Aus dessen Brief, der unter dem Titel "Wie Kreationisten Glaube und Wissenschaft vermengen" sind hier die folgenden Passagen zitiert: "Antievolutionisten sind in aller Regel bestrebt, ihre Schöpfungstheorien im Namen der Wissenschaft vorzutragen und gleichzeitig die naturalistische Wissenschaftsphilosophie, welche die Welt ausschließlich naturgesetzlich erklärt, als 'religiöse Weltanschauung' zu kennzeichnen. Dahinter verbirgt sich der Versuch, die Grenze zwischen Glaube und Wissenschaft zu verwischen – eine Strategie, welcher sich jüngst auch der Biologe und Evolutionsgegner W.-E. Lönnig in seinem Kommentar gegen den Kreationismuskritiker U. Kutschera in *Biologen heute* bedient hat. ... Lönnig versucht, seine ungewöhnliche Wissenschaftsauffassung, welcher zufolge auf die biologische Ursprungs- und Entwicklungsfrage mit dem Schöpfungsakt einer übernatürlichen Wesenheit zu antworten ist, *ad verecundiam*, unter Berufung auf 'angesehene Forscher und Nobelpreisträger', wie z. B. Albert Einstein, zu rechtfertigen. Dann folgt der Hinweis, dass 'häufig aus zunächst vom herrschenden Konsens divergierenden Auffassungen' wissenschaftlicher Fortschritt resultiere, womit gemeint ist, dass allgemeine Schöpfungsvorstellungen eine wissenschaftliche Alternative zur Evolutionslehre seien. Solche und ähnliche Hinweise verfehlen jedoch aus verschiedenen Gründen ihr Ziel: Erstens verbirgt sich hinter der schöpfungstheoretisch motivierten Ablehnung allgemeiner Evolutionsvorstellungen keine 'fortschrittliche Auffassung', ist sie doch so alt wie die Abstammungslehre selbst (s. Kapitel 3). Das bedeutet, dass nicht Evolutions- sondern Schöpfungstheorien über die Jahrhunderte den 'herrschenden Konsens' repräsentierten. Erst im Darwinismus spiegelt sich die revolutionäre, 'vom Konsens divergierende Auffassung' wider. Vor diesem Hintergrund entpuppt sich der Antievolutionismus (Kreationismus im weiteren Sinne) als wissenschaftshistorischer Anachronismus, der zum Ziel hat, 'das Rad der Erkenntnis zurückzudrehen'. ... Lönnig verschweigt konsequent, dass der Vergleich von Antievolutionisten mit religiösen Nobelpreisträgern in diesem Kontext völlig untauglich ist: Einstein und Planck haben sich niemals gegen naturgesetzliche Erklärungen gestemmt und den Naturalismus als notwendige ontologische Voraussetzung für wissenschaftliches Arbeiten akzeptiert. Einstein hat auch Darwins Erkenntnisse anerkannt und seine anfängliche Opposition gegen ein dynamisch evolvierendes Universum als die 'größte Eselei' seines Lebens bezeichnet. Für Einstein war Schöpfung identisch mit der Welt und gleichsam wunderbar, weil sie eben naturgesetzlich verstehbar ist.... Der Naturalismus gewährleistet, dass man überhaupt auf der 'naturwissenschaftlichen Ebene' arbeiten kann. ... Nur aus naturgesetzlich formulierten Aussagen lassen sich logisch ganz spezifische Folgerungen ableiten (deduzieren), die man an der Beobachtung prüfen kann ... In einer Schöpfungstheorie werden jedoch Gesetzesaussagen zum Teil durch den freien Willen einer übernatürlichen Wesenheit ersetzt, über den sich beliebig spekulieren lässt. Überhaupt jeder nur denkbare empirische Effekt könnte der freien Entschlusskraft eines Schöpfers entsprungen sein, und es ist nicht mehr logisch entscheidbar, welche Beobachtungen die Schöpfungsthese bestätigen oder deren Revision notwendig machen. Hierin wird deutlich, dass sich alle 'Erklärungen' auf den unergründbaren Ratschluss des Schöpfers stützen, der die Welt eben

so eingerichtet habe, wie wir sie beobachten. Damit lässt sich jede nur denkbare Fragestellung erschlagen, aber kein Phänomen erklären, denn anstelle einer Erklärung wird einfach der unerklärte Wille einer übernatürlichen Wesenheit gesetzt... Charakteristisch für den Kreationismus ist immer der wissenschaftsrevisionistische Anspruch, also der Versuch, die Erkenntnisse einiger revolutionärer Theorien zurückzudrehen und die empirisch nicht entscheidbare Faktizität eines Schöpfers unverrückbar in die Wissenschaft einzubauen. Es ist daher nicht nachvollziehbar, wenn Lönnig die 'Intelligent Design-Theorie' streng vom Bibelkreationismus abgrenzt und sie für wissenschaftlich besser legitimiert hält, ist doch die methodologische Orientierung in beiden Fällen dieselbe. Schief ist in jedem Falle der Vergleich mit Nobelpreisträgern, die bestenfalls einen Pantheismus vertreten haben und sich zur Durchsetzung ihrer Theorien nicht solch merkwürdiger Propagandamittel zu bedienen brauchten, wie dies ein F. Poppenberg (Filmemacher) oder ein W.-E. Lönnig tut (s. Kapitel 8)".
Kommentar: In diesem Aufsatz zeigt Herr M. Neukamm die Schwächen und Unzulänglichkeiten in der Logik der Argumentation des MPIZ-Mitarbeiters Lönnig auf. Ähnlich wie bei Herrn T. Waschke wird hier die wissenschaftstheoretische Grundlage der modernen Evolutionsbiologie beschrieben (methodischer Naturalismus) und das ID-Argument als pseudoreligiöses Glaubens-bekenntnis offengelegt. Obwohl mit diesen logisch strukturierten Darlegungen ein Ende der Internet-Debatte hätte eingeleitet werden können, kam es in gewisser Weise zu einer "Eskalation", die im folgenden Abschnitt beschrieben ist.

Die Leopoldina: Organismische und Evolutionäre Biologie

Im Jahr 1652 wurde in der Freien Reichsstadt Schweinfurt eine Vereinigung gegründet, die unter dem Motto "Die Natur erforschen zum Wohle des Menschen" eine Anwendung naturwissenschaftlicher Erkenntnisse in der Medizin anstrebte. Aus dieser *Academia Naturae Curiosorum* ist später die *Deutsche Akademie der Naturforscher Leopoldina* hervorgegangen, die seit 1878 ihren Sitz in Halle hat. Die *Leopoldina* ist die weltweit älteste ohne Unterbrechung existierende naturforschende Akademie, die bezüglich ihrer Bedeutung und Größe der *Royal Society* in London (gegründet 1660) gleichkommt. Als wesentliche Aufgabe der *Leopoldina* steht die Förderung und Verbreitung wissenschaftlicher Erkenntnisse im Vordergrund. Im Jahr 2002 existierten 28 Sektionen, die von der Mathematik/Informationswissenschaft (1, 2) über die organismische Biologie (8) bis zu den Technik- und Kulturwissenschaften (27, 28) reichten.

Der Senat der *Leopoldina* hat in seiner Sitzung am 12. Februar 2003 einstimmig beschlossen, die Benennung der Sektion 8 zu erweitern. Diese große Sektion, der hochangesehene Wissenschaftler aus aller Welt angehören, heißt jetzt "Organismische und Evolutionäre Biologie". Die von Herrn Prof. B. Hölldobler (Universität Würzburg) vorgelegte Begründung lautete wie folgt:

" 'Nothing in Biology makes sense, except in the light of evolution' , dieser oft zitierte Satz stammt von dem großen Evolutionsbiologen und Begründer der modernen Populationsgenetik, Theodosius Dobzhansky. Heute wissen wir auf Grund eines vielfachen und vielfältigen Beweismaterials, dass die Evolution der Organismen keine Theorie, sondern Tatsache ist. Nahezu die gesamte biologische Forschung hat eine mehr oder weniger starke Beziehung zur Evolutionsbiologie. Allerdings ist keine andere Organisationsebene der Biologie so unmittelbar von der Evolutionsbiologie geprägt, wie die organismische Biologie. Die zwei großen Themen der Evolutionsbiologie, Phylogenese und Adaptation, stehen im Zentrum der Forschungsprogramme der organismischen Biologie. Molekularbiologische Werkzeuge werden zur Erforschung der Stammesgeschichte der Organismen, der Speziation und Makroevolution überaus erfolgreich eingesetzt. Moderne Populationsgenetische Methoden haben in vielfältiger Weise gezeigt, dass Organismen der Angriffspunkt der Selektion sind, und dass durch Selektionsprozesse (neben genetischer Drift) Genfrequenzen in Populationen verändert werde. Dies sind wesentliche Forschungsbereiche der organismischen Biologie. ... Die Pseudowissenschaft 'Creationismus', die in einigen Bundesstaaten der USA eine beachtliche Anhängerschaft hat, breitet sich in jüngerer Zeit auch in Deutschland aus. Bisweilen tritt sie unter der Tarnkappe 'Intelligent Design' in Erscheinung und wird als solche sogar auf einer offiziellen Web-Page des Max-Planck-Instituts für Züchtungsforschung, Köln, propagiert. Um gegen diesen Unsinn auch ein äußeres Zeichen zu setzen, beantragen wir wenigstens für eine

Sektion der *Leopoldina* den Begriff 'Evolutionäre Biologie' aufzunehmen. Die Sektion 8 ist aus unserer Sicht dafür am besten geeignet, wenngleich uns natürlich bewusst ist, dass auch in anderen Sektionen die Evolutionsbiologie eine Rolle spielt. Mit unserem Anliegen sind wir in sehr guter Gesellschaft. Die Nationale Akademie der USA hat die Sektion für Organismische- und Populationsbiologie in Evolutionsbiologie umbenannt. In der *American Academy of Arts and Sciences* gibt es eine große Sektion 'Evolutionary/Population Biology and Ecology'. Die *Leopoldina* sollte wenigstens eine Sektion haben, die sich kompetent zu allen Fragen der Evolutionsbiologie äußern kann".

Anfang März 2003 hatte ich mit Genehmigung von Herrn B. Hölldobler diesen Beitrag auf meine Instituts-Homepage übernommen, um diese Erweiterung einer bedeutenden Sektion der *Leopoldina* im Kreise meiner Fachkollegen bekannt zu machen. Nur wenige Tage später (11. März 2003) erschien auf der MPIZ-Homepage (W. - E. Lönnig) der folgende Beitrag:

"W. J. Gieffers (2003), Gedanken zur Begründung der Namenserweiterung der Sektion 8: Wenn die *Leopoldina* die Benennung ihrer Sektion acht erweitert, ist man geneigt anzunehmen, dass es sich eher um einen Geschäftsvorgang handelt, der eine nähere Kommentierung erübrigt. Doch eine Analyse des kurzen Berichts von Herrn Prof. B. Hölldobler zu dieser Umbenennung führt zu grundsätzlichen Fragen und Anmerkungen zum Wissenschaftsverständnis, zur Freiheit der Forschung und zur Toleranz. Dabei ist nicht die Ausrichtung dieser Sektion auf die Evolutionslehre kommentierungswürdig, sondern deren Begründung. Das Zitat von Dobzhansky 'Nothing in Biology makes sense ...' hat durch den Gebrauch religiöser Symbole keine naturwissenschaftliche Überzeugungskraft, so dass der Bezug darauf wie ein afterreligiöses Bekenntnis anmutet, das die Dominanz des Lehrsatzes einer Fachautorität bedingungslos akzeptiert. Eine Theorie – unter Beibehaltung der Terminologie –, die suggeriert, dass die Vernichtung des Schwächeren das Leben begründen würde, wäre dann schon zutreffender mit dem Bild der Finsternis umschrieben worden. Evolution existiert als Deutungsversuch, aber nicht als biologische Tatsache. Den Vorwurf der Pseudowissenschaft muss sich wohl jede Wissenschaftsrichtung gefallen lassen, die lediglich die eigene Deutung eines Phänomens zur unumstößlichen Tatsache deklariert. In dieser dogmatischen Anmaßung fallen unverkennbar Parallelen zwischen Evolutionslehre und Kreationismus auf. Bekannterweise schwindet die Bereitschaft zur Toleranz um so mehr, desto heftiger Unbewiesenes oder eigene Interessen zur Tatsache erklärt werden. Auch die Erkenntnisfähigkeit schwindet. Dass 'Intelligent Design' keine Tarnkappe des Kreationismus ist, sondern einen ganz anderen Deutungsversuch biologischer Fakten verfolgt, ist dem Autor offensichtlich entgangen. Da es aber nach dem evolutionistischen Selbstverständnis mancher Evolutionisten keine anderen Erklärungen zum Phänomen Leben geben kann und darf, werden die Auffassungen Andersdenkender von Herrn Hölldobler als 'Unsinn' gebrandmarkt. Es gibt eine wissenschaftliche Redlichkeit, die weder Diffamierung noch Diskreditierung zulässt, sondern allein das schlagende Sachargument gelten lässt, was aber in den Ausführungen von Herrn Hölldobler nicht erkennbar ist. ...Solange zum Phänomen Leben noch nicht das letzte Wort gesprochen ist, wird mit theoretisch sich widerstreitenden Deutungsversuchen zu rechnen sein. Denk- und Meinungsverbote, Autoritätenhuldigungen, Meinungsmehrheiten sowie dogmatische und ideologische Zwänge sind ungeeignet, Leben in all seinen Erscheinungen zu erkennen".

Diese Bemerkungen eines MPIZ-"Senior Scientist" wurden von Herrn Lönnig wie folgt ergänzt: "Die idealistische Morphologie hat in mehr als 200 Jahren Forschungsarbeit gezeigt, dass man ... die Zusammenhänge zwischen den Lebensformen erfolgreich herausarbeiten kann. Für entscheidende Fragen der Biologie könnte man daher Dobzhanskys Satz auch wie folgt umformulieren: 'Nothing in Biology makes sense, except in the light of Intelligent Design.' – Für eine möglichst realistische Beurteilung der Ursprungsfragen sind tatsächlich jedoch beide Konzepte zu berücksichtigen: Mikroevolution und Intelligent Design. Theodosius Dobzhansky ist nicht der Begründer der modernen Populationsgenetik. ... Ich möchte vorschlagen, dass Kommentatoren meine Homepage erst einmal gründlich studieren, bevor sie sie als 'Unsinn' beschimpfen. – Übrigens darf man wohl erstaunt sein, dass keiner der qualifizierten Forscher aus dem Senat der Deutschen Akademie der Naturforscher *Leopoldina*, der in seiner Sitzung am 12. Februar 2003 einstimmig beschlossen hat, die Benennung der Sektion 8 im oben zitierten Sinne zu erweitern, gegen diese biologiegeschichtlich falsche Aussage von

Herrn Hölldobler Einspruch erhoben hat. Aber vielleicht meldet sich zu dieser Frage in Zukunft einer der (zu dieser großen Sektion gehörenden) 'hochangesehenen Wissenschaftler aus aller Welt' zu Wort".

Diese Bemerkungen zu einer Umbenennung der Sektion 8 wurden Herrn Hölldobler zur Kenntnis übersandt. Der Zoologe wandte sich daraufhin erneut an den Präsidenten der Max-Planck-Gesellschaft und fragte an, ob diese Kommentare im Sinne der MPG seien. Die Reaktion des amtierenden MPG-Präsidenten ist im nächsten Abschnitt beschrieben.

Eine Anfrage von *Nature* und die Folgen

Im Februar 2003 hatte ich über den Briefwechsel zwischen den Herren B. Hölldobler und P. Gruss (MPG-Präsident, Nachfolger von H. Markl) bereits angekündigt, dass ich das weltweit führende Wissenschaftsjournal *Nature* über die Inhalte auf der MPIZ-Homepage informieren werde, sollte innerhalb von vier Wochen keine Kompromisslösung herbeigeführt werden. Auch dieser Hinweis auf eine bevorstehende internationale Aktivität der AG Evolutionsbiologie wurde ignoriert. Anfang März 2003 reichte ich bei der *Nature*-Redaktion (London) einen kurzen *Correspondence*-Artikel ein, in dem ich den Fall Saedler/Lönnig (sowie den in Kapitel 8 dargelegten Pro-ID-Beitrag dieser Autoren im *Annual Review of Genetics*) in Kurzform beschrieben und kommentiert hatte. Mein Beitrag war unter der Überschrift "The Intelligent Designer in the scientific literature" verfasst und knüpfte in der Einleitung an einen *Nature*-Artikel vom 12. Dezember 2002 an. In diesem "News-Report" wurde dargelegt, dass ein US-Kreationist (Mitglied der Sieben-Tage-Adventisten, s. Kapitel 3) gegen die Sperrung seiner Internetseiten durch seinen Arbeitgeber (Cornell University, New York) geklagt hatte. Im Anschluss daran war eine kurze Darlegung der Verhältnisse in Deutschland zusammengestellt.

Nur wenige Tage nach Eingang meines Beitrages wurde ich von Frau Dr. A. Abbott (München), die als *Senior European Correspondent* für den "News- Bereich" von *Nature* mitverantwortlich ist, angerufen. Die Journalistin erkundigte sich nach den Hintergründen

Axeing of website article sparks row at Max Planck

Alison Abbott, Munich

The Max Planck Institute for Plant Breeding Research in Cologne has removed the detailed description of 'intelligent design' from its website, following complaints from scientists that it was inconsistent with the laboratory's scientific mission.

The article, which was posted by Wolf-Ekkehard Lönnig, a theorist at the institute, discusses the idea that an intelligent force must be responsible for the origin of the Universe and for the diversity of life forms. Known as intelligent design, this theory rejects natural selection, and has been portrayed by its opponents as a 'front' for creationism (see *Nature* 416, 250; 2002).

Earlier this month, Peter Gruss, president of the Max Planck Society, asked the four directors of the Cologne institute to provide a scientific justification for Lönnig's pages. Lönnig posted the material five years ago, and the site has since received over 35,000 hits. A disclaimer identifying the article as a personal opinion was added in 2001, following earlier complaints.

"Only scientific issues should be discussed on a Max Planck site," says Gruss. And last week, Lönnig's pages were removed from the institute's site, pending a directors' meeting on 28 April to determine their fate.

Ulrich Kutschera, an evolutionary biologist at the University of Kassel, has campaigned against the presence of the material on an official Max Planck website, branding it "pseudoscience". "It is fine as a personal opinion expressed on a personal website, but not on the official site of a scientific organization of international status," he says.

Many evolutionary biologists share Kutschera's concerns: Axel Meyer of the University of Constance, for example, says that he was "shocked" by the contents of the pages. But others, such as Diethard Tautz at the University of Cologne and Svante Pääbo at the Max Planck Institute for Evolutionary Anthropology in Leipzig, are more circumspect, saying that independent opinions should be permitted. Tautz, however, says it might be more appropriate for such opinions to be aired at "an institute of philosophy" than at the Max Planck.

Lönnig is displeased by the removal of his discussion. "No one is happy when someone switches off the information flow of what he thinks is right," he says. And Heinz Saedler, one of the institute's directors, who has supported Lönnig and published jointly with him, says that although he doesn't believe in intelligent design himself, he enjoys discussing it with Lönnig. ■

NATURE | VOL 422 | 3 APRIL 2003 | www.nature.com/nature

Abb. 7.4: Der im Text diskutierte *Nature*-Artikel vom 3. April 2003.

dieser Angelegenheit und führte Telefon-Interviews mit den folgenden Herren durch: P. Gruss (München), U. Kutschera (Kassel), A. Meyer (Konstanz), D. Tautz (Köln), S. Pääbo (Leipzig), W.- E. Lönnig und H. Saedler (Köln). Ein bezüglich Stil und Inhalt treffend formulierter "News-Artikel" mit dem ins Deutsche übersetzten Titel " Abhacken eines Internet-Artikels löst Aufruhr bei Max-Planck aus" wurde am 3. April 2003 in *Nature* publiziert. In diesem Beitrag (Abb. 7.4) wurde auch eine Original-Karikatur reproduziert, in welcher der "Intelligente Designer" aus einer Wolke heraus mit dem Zeigefinger eine Taste eines Max-Planck-Institutscomputers drückt.

Der *Nature*-Beitrag war neben der "*Leopoldina*-Affäre" der entscheidende Auslöser, der zur vorläufigen Sperrung der MPIZ-Homepage von Herrn W.-E. Lönnig geführt hatte (19. März 2003). In der deutschen Presse wurden u. a. im Wochenmagazin *Der Spiegel* über diesen Vorfall berichtet. Im *Spiegel* (16/2003) wurde allerdings die Bedeutung der Angelegenheit missverstanden. Unter der Überschrift "Forscherposse um die Schöpfung" waren u. a. die folgenden Sätze abgedruckt: "Dürfen Naturwissenschaftler an einen schlauen Schöpfer glauben ? Um diese Frage wird unter deutschen Biologen derzeit eine Posse aufgeführt. ... Lange bereits ist er (W.-E. Lönnig, MPIZ Köln) Anhänger der 'Intelligent-Design-Theorie'. Diese postuliert, das Leben sei ein zu komplexes Phänomen, um als bloßes Zufallsprodukt erklärlich zu sein – also müsse da ein intelligenter Baumeister mitgeschraubt haben. ... Der Kasseler Biologe U. Kutschera ... hält Lönnigs Thesen für 'pseudowissenschaftliche Ideologien'. Solange hat er gegen ihre Veröffentlichung gestänkert, bis das Kölner MPIZ Lönnigs Internet-Seiten bis auf Weiteres sperrte. Ende April wollen die vier MPIZ-Direktoren gemeinsam mit ihrem langjährigen Mitarbeiter über das endgültige Schicksal der Homepage beschließen. ...Die derzeit verbotene Homepage stößt offenbar auf Interesse. In den letzten fünf Jahren wurde sie 35 000 mal aufgerufen".

Diesen *Spiegel*-Beitrag, der unter der Rubrik "Prisma: Wissenschaft, Technik/Biologie" publiziert wurde, möchte ich wie folgt kommentieren. Selbstverständlich darf auch ein Naturwissenschaftler an einen Schöpfer glauben. Allerdings sollte er derartige religiöse Bekenntnisse der Privatsphäre vorbehalten und nicht über seinen

Arbeitgeber derartige Inhalte, vermischt mit wissenschaftlichen Fakten, verbreiten. Der Begriff "Posse" beweist, dass der betreffende *Spiegel*-Redakteur überhaupt nicht begriffen hatte, worum es in dieser ernsten Angelegenheit ging (siehe oben). Die ganze Terminologie dieses Beitrages ist unseriös; Begriffe wie z. B. "mitschrauben" oder "gestänkert" sollten wohl eher der Boulevard-Presse vorbehalten bleiben.

In der April-Ausgabe der Zeitschrift *Laborjournal* (4/2003) wurde ein origineller Beitrag zur Kutschera/Lönnig-Kontroverse publiziert, der im Wesentlichen auf dem in Abb. 7. 4 wiedergegebenen *Nature*-Artikel basierte. Hervorzuheben ist die eingefügte Karikatur; diese zeigt, wie ein Kreationist, mit dem Kreuz und der "Holy Bible" in der Hand, vom "Affenmann Darwin" verprügelt wird (Abb. 7. 5). Mit diesen (und weniger bedeutenden) Presseberichten nahm die Debatte

Max-Planck-Gesellschaft — *Laborjournal* 04/2003

Schluss mit Kreationismus

■ Die lebhafte Debatte zwischen „Evolutionisten" und „Kreationisten" auf den Internetseiten des Max-Planck-Instituts für Züchtungsforschung (MPIZ) in Köln ist seit Ende März rigoros beendet. Wie *Nature* berichtete (Bd. 422, S. 460), wurde eine entsprechende Website von der offiziellen MPIZ-Homepage bis zur endgültigen Entscheidung der Direktoren über ihr Schicksal Ende April gelöscht.

„Vater" dieser Seiten ist der Theoretiker Wolf-Ekkehard Lönning, ebenfalls am MPIZ tätig, der sie vor fünf Jahren dort einrichtete. Er propagiert darin die Idee, dass eine „intelligente Kraft" verantwortlich sei für den Ursprung des Universums und die Entstehung unterschiedlicher Lebensformen. Die Theorie des „Intelligenten Designs", die vor allem in den USA viele Anhänger hat, schließt damit die Evolution an sich und das Wirken der natürlichen Selektion aus.

Unter experimentellen Evolutionsbiologen, wie etwa Ulrich Kutschera aus Kassel oder Axel Meyer aus Konstanz, regte sich heftiger Widerspruch. *Nature* zufolge lehnen sie eine entsprechende Internetseite auf der Instituts-Homepage mit der Begründung ab, dass solche „Pseudowissenschaft" auf den offiziellen Seiten einer Forschungseinrichtung wie dem MPI fehl am Platz wäre. Dort sollten nur wissenschaftliche Beiträge veröffentlicht werden, so auch der Präsident der Max-Planck-Gesellschaft, Peter Gruss.

Andere Wissenschaftler hingegen, wie etwa Diethard Tautz von der Uni Köln oder Svante Pääbo, Direktor am MPI für evolutionäre Anthropologie in Leipzig, würden die Veröffentlichung unabhängiger Meinungen auf den Institutsseiten jedoch durchaus tolerieren. Auch wenn sie in diesem konkreten Fall vielleicht besser an einem Institut für Philosophie untergebracht wären, wie Tautz *Nature* sagte.

Auch der Kölner MPIZ-Direktor Heinz Saedler, der mit Lönning publiziert hat, scheint nicht überzeugt von der Maßnahme. Er glaubt selbst nicht an „Intelligentes Design", hat die erfrischenden Diskussionen jedoch genossen, wie er mitteilte. - *PST* -

Abb. 7. 5: Ein Bericht über den *Nature*-Artikel in der Zeitschrift *Laborjournal*.

zur Evolution ihren Lauf und erreichte mit dem im nächsten Abschnitt beschriebenen Artikel in der Wochenzeitung *Die Zeit* einen weiteren Höhepunkt.

Die Sperrung der Homepage: Erste Reaktionen

Nach dem Anruf von Frau Dr. A. Abbott (*Nature*) beim Präsidenten der Max-Planck-Gesellschaft, Prof. P. Gruss, erfolgte eine rasche Reaktion: Innerhalb kurzer Zeit wurde die strittige Homepage bis auf Weiteres gesperrt. Man befürchtete eine internationale Reaktion, die dem Ruf des Kölner Forschungsinstituts hätte schaden können. Die ausführlichen Berichte in der Vdbiol-Zeitschrift *Biologen heute* sowie die Beiträge auf der entsprechenden Homepage wurden offensichtlich nicht wirklich ernst genommen. Erst die Intervention des "High-Impact"-Journals *Nature* zeigte entsprechende Wirkung.

Herr W.-E. Lönnig reagierte in einer ersten Internet-Stellungnahme wie folgt:

"Leserbrief, Vorbemerkung: Seit 19. März 2003, gegen 14.30, sind alle Links auf meine Library Site zur Zeit gesperrt. Die an diesen Beiträgen interessierten Leser des Vdbiol bitte ich, sich an Herrn Kutschera als dem für diese Sperrung Verantwortlichen zu wenden. Antwort auf die Versuche und Methoden von U. Kutschera, meine Homepage (und damit naturwissenschaftliche Argumentation) am MPIZ verbieten zu lassen". In diesem langen Pamphlet wurden von Herrn Lönnig u. a. die folgenden Behauptungen aufgestellt: "Kutschera selbst bestätigt übrigens in seinem Nachruf zu S. J. Gould die Richtigkeit der obigen Definition des Kreationismus-Begriffs, wenn er ... anerkennend hervorhebt, dass Gould in seinem Buch *Wonderful Life* eine gegen den Kreationismus gerichtete Zeitungskarikatur reproduziert". Diese strittige Zeichnung ist in Abb. 7.3 wiedergegeben. Herr Lönnig führte u. a. das Folgende aus: "Zu dieser Form der Diskriminierung (der Kreationist als Ur- und Untermensch !) sei übrigens erwähnt: Bei Haeckel wurden die Juden als fehlendes Bindeglied zwischen Menschen und Affen verunglimpft !
Kommentar: Die Aussage, Ernst Haeckel hätte die Juden als Affe-Mensch-Zwischenform bezeichnet, ist mir aus den Hauptwerken dieses großen Zoologen nicht bekannt. Wer derartiges behauptet,

sollte die exakte Quelle nennen. Das strittige Thema "Haeckel und Nationalsozialismus" wird ausführlich in Kapitel 9 behandelt.

Der Präsident des Vdbiol, H. - J. Jacobsen, antwortete am 20. März 2003 auf die oben zitierten Vorwürfe wie folgt: "Lieber Herr Lönnig, wir haben Ihre e-mail betreffs der Schließung Ihrer Homepage erhalten. Lassen Sie mich kurz darauf eingehen, dass dies nach meinen Recherchen nicht auf unsere oder die Aktivitäten von Prof. U. Kutschera zurückzuführen ist, sondern offenbar auf Ihre Anwürfe gegen Herrn Prof. B. Hölldobler, der sich an das Max-Planck-Präsidium gewandt hat".

Am 30. April 2003 erschien in der Wochenzeitschrift *Die Zeit* ein ausführlicher Artikel von Herrn U. Willmann, in dem u. a. der Entschluss des Direktoriums des MPIZ Köln bezüglich der gesperrten Homepage dargelegt ist. Dieser Artikel wurde unter der Überschrift "Schöpfung – Entwürfe in Gottes Namen" publiziert und ist hier in gekürzter Form wiedergegeben:

Darf ein Biologe die Evolution infrage stellen? Ausgerechnet am Kölner Max-Planck-Institut für Züchtungsforschung erklärt ein Wissenschaftler die Natur als Werk eines intelligenten Designers. Jetzt kämpft das Institut um seinen guten Ruf.

Könnte man sich die Website von W.-E. Lönnig noch immer ansehen, stieße man nach einigen Klicks auf die Zeichnung eines Wasserschlauchs. Diese Pflanze mit lateinischem Namen *Utricularia vulgaris* wächst aus Moorgräben in die Höhe und hat ein trickreiches System aufgebaut, um sich zu stärken. Unter der Wasseroberfläche erbeutet das Grünzeug kleinste Wassertiere, und zwar mithilfe Tausender kleiner Bläschen. Paddelt ein Zweighornkrebschen daher – angelockt vom abgesonderten Schleim der Pflanze – und streift dabei eines der feinen Sinneshaare des Wasserschlauchs, ist es bereits verloren. Mitsamt dem Umgebungswasser wird das Beutetier in die Falle geschlürft. Zwei Millisekunden nachdem der Winzling das Sinneshärchen berührt hat, ist die Klappe wieder zu. Das Grünzeug pumpt das Wasser ab, spritzt über Drüsenschläuche Verdauungssäfte auf die Beute und verdaut sie wie ein tierischer Magen (Abb. 7.6).

Das raffinierte Konstrukt muss ausgedacht worden sein. Von einem Universalgenie. Wolf-Ekkehard Lönnig glaubt das. Er ist gruppen-leitender Genetiker am Kölner MPIZ. Aufgrund seiner

Beobachtungen im Pflanzenreich ist er zu dem Schluss gekommen, dass hinter einer solchen Kreatur ein Schöpfer stehen muss, ein "Designer". Seit Darwin postulieren die Evolutionstheoretiker, dass neue Lebensformen in natürlicher Auslese entstehen: durch zufällige winzige Mutationen in den Genen, von denen die meisten keine erkennbare Wirkung haben. Und so, Schrittchen für Schrittchen, sollen

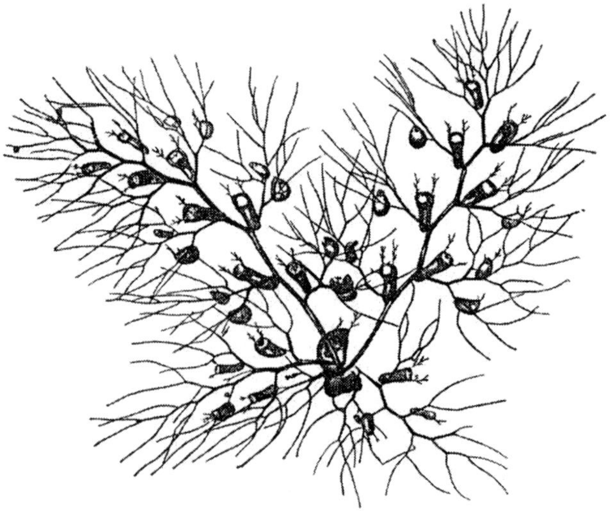

Abb. 7.6: Der Wasserschlauch (*Utricularia vulgaris*) mit Laubblättern und Fangapparaten. Ein Hinweis auf den Intelligenten Designer ? (s. Kapitel 10).

aus simplen, einzelligen Organismen hoch komplexe Kreaturen entstanden sein? So wurde aus einem normalen Blatt, das einst friedlich von der Photosynthese lebte, der komplexe Fangapparat von *Utricularia vulgaris*?

Lönnig glaubt das nicht und vertritt mit der Lehre vom "Intelligenten Design", eine Ansicht, die fast jeden seiner Zunft die Haare raufen lässt. 1000 Seiten hat er voll geschrieben und über den offiziellen Server seines Instituts ins Netz gestellt. Da fand sich neben Resultaten seiner Studien und daraus gefolgerten Deutungen jede Menge harsche Kritik an der "herrschenden neodarwinistischen Abstammungslehre".

Seit einem Monat aber klickt man vergebens. Im Namen der Max-Planck-Gesellschaft würde hier pseudowissenschaftliches, kreationistisches Gedankengut verbreitet, hatten sich seine Gegner echauffiert, darunter der berühmte Ameisenforscher Prof. B. Hölldobler. Er sah den Ruf der Max-Planck-Gesellschaft in Gefahr, wenn deren Web-Seiten dazu verwendet würden, Glaubenskonzepte zu verbreiten: "Wenn Sie das zulassen, müssen Sie auch erlauben, dass in der Astronomie Astrologie betrieben sowie Kaffeesatz lesen und Horoskope schreiben gelehrt wird".

Der Präsident der MPG verlangte von den vier Direktoren des Kölner Instituts eine Überprüfung der wissenschaftlichen Inhalte auf Lönnigs Seiten. Daraufhin wurden die Seiten zunächst gesperrt. Lönnig genoss zwar die Unterstützung seines direkten Vorgesetzten und MPI-Direktors H. Saedler ("Freie Meinung beflügelt die Wissenschaft"). Am Montag (28. 4. 2003) hat das vierköpfige Direktorium nach dreistündiger Debatte aber entschieden, dass Lönnigs Website in dieser Form "nicht akzeptabel" sei. "Wir hätten uns", sagt der geschäftsführender Direktor des Instituts, "lächerlich gemacht, würden wir diese Verquickung von wissenschaftlich abgesicherten Befunden und persönlicher Meinung weiterhin auf unseren Sites dulden." Nur eine "massiv entrümpelte" Web-Seite von Lönnig wird in Zukunft auf dem MPG-Server zu finden sein. Die am Montag beschlossenen neuen Regeln für das Gestalten von MPIZ-Websites seien jedoch keine "Lex Lönnig". Sie gelten für alle Mitarbeiter. Unter anderem dürfen nur Publikationen, die ein *Peer Review* durchlaufen haben, aufgelistet sein. Persönliche Meinungen, auch wenn sie "vordergründig abstrus erscheinen", werden explizit geduldet – müssen aber klar gekennzeichnet sein. Der lauteste Lönnig-Kritiker ist der Kasseler Biologieprofessor U. Kutschera. Er glaubt, dass Lönnigs Schriften auf der MPIZ-Homepage "der Verbreitung einer religiösen Weltanschauung" dienten und die MPG "als Verbreitungsorgan einer pseudowissenschaftlichen Ideologie missbraucht" wurde. Entsprechend erfreut ist er über den "klugen Entscheid" – allerdings dürfe es nicht 15 Jahre dauern, bis das Direktorium interveniere. Hätte Lönnig seine Thesen von Anfang an auf eine private Homepage gesetzt, wären weder Kutschera noch Hölldobler bei der MPG vorstellig geworden. Doch Lönnig nutzte die Seite seines Instituts, weil er seine Hypothesen als Resultat von Forschung und nicht als Produkt seiner Zugehörigkeit zur Glaubensgemeinschaft der *Zeugen Jehovas* interpretiert sehen will.

Es entspricht der Taktik der Anhänger von "Intelligentem Design", dass sie ihren Schriften einen wissenschaftlichen Anstrich verpassen und sie im Umfeld von Forschungsinstituten präsentieren möchten. Statt Gott beim Namen zu nennen, räsonieren sie in ihren Papieren wolkig über Design. Außerdem distanzieren sie sich vordergründig von den Anhängern religiöser Schöpfungslehren. "Ich bin kein Kreationist", sagt Lönnig, er akzeptiere "weder die sechs buchstäblichen Tage noch die 10 000 Jahre", die seit der Erschaffung der Welt durch Gott laut Kreationismus ins Land gegangen sein sollen.

Kutschera und Hölldobler aber sind sich einig: "Die ID-Theorie" ist Kreationismus unter einem wissenschaftlichen Deckmantel. Der Trend kommt aus den USA: Dort ist der Religionsunterricht aus den Schulen verbannt. Indem sie ihre Weltanschauung angeblich objektiv, ideologiefrei und wertneutral präsentierten, haben die Kreationisten ihren Glauben durch die Hintertür des Biologielabors wieder in die Schulen gebracht. 1999 untersagte die Schulbehörde von Kansas, Evolution und Urknall in den staatlichen Leistungsprüfungen abzufragen oder auch nur zu erwähnen. Viele Sachbuchverlage meiden seither – um teure Klagen zu verhindern – das Reizwort Evolution. Und Forschern rät die amerikanische *National Science Foundation*, in ihren Anträgen um staatliche Zuschüsse die Begriffe "Sex" und "Evolution" zu vermeiden. Konservative Senatoren und Kongressangehörige stöbern in der *Library of Congress* nämlich mit Vorliebe in diesen 250-Zeilen-Anträgen – in der Absicht, dort auf diese "Schmuddelwörter" zu stoßen und so Forschungsvorhaben, die das Wort der Bibel untergraben könnten, zu unterbinden. Gesponsert werden die "wissenschaftlichen" Umtriebe der Kreationisten vom *Discovery Institute* in Seattle, das von reichen christlichen Fundamentalisten unterhalten wird. Kutschera vermutet, dass das *Discovery Institute* auch das deutsche Treiben finanziert, und er befürchtet amerikanische Verhältnisse, wenn man die Fundamentalisten gewähren lasse. Tatsächlich laufen in Seattle die Fäden amerikanischer und deutscher Kreationisten zusammen. Einer der Fellows des Instituts heißt Prof. S. Scherer (TU München). Scherer hat hierzulande für Unruhe gesorgt, als er zusammen mit dem Koautor Reinhard Junker *Evolution – ein kritisches Lehrbuch* publizierte.

Darin wird anstelle der naturalistischen Auffassung ein mit der Schöpfungslehre kompatibles Theoriewerk präsentiert: Statt durch einen gemeinsamen Stammbaum verbunden, sollen die Lebewesen in verschiedenen Grundtypen unabhängig voneinander entstanden sein, zum Beispiel "durch Schöpfungsakte Gottes". Dieses Buch ist in Deutschland nicht offiziell als Schulbuch zugelassen. Da aber in manchen Bundesländern Lehrfreiheit besteht, wird es trotzdem an einigen Schulen benutzt. ... Auf der MPG-Seite Lönnigs wurde Scherers "kritisches Lehrbuch" in den höchsten Tönen gelobt. Auf den Kreationismus-Kritiker Kutschera dagegen ist Lönnig gar nicht gut zu sprechen. "Seit einem Jahr versucht der Mensch meine Homepage abzustellen; ich kannte ihn zuvor gar nicht". Lönnig fühlt sich angesichts dieser "Bücherverbrennungsmentalität" ins "finsterste Mittelalter" versetzt und erinnert daran, dass seine Glaubensbrüder schon in der Nazizeit verfolgt worden seien.

Sind die erstaunlichen Fähigkeiten von *Utricularia vulgaris* auf dem Reißbrett einer unbekannten Größe entstanden? Handelt es sich, wie Lönnig sagt, um ein Beispiel für "nichtreduzierbare Komplexität" – ein Begriff, den Michael J. Behe, Biologe in Diensten des *Discovery Institute*, geprägt hat? Nach Kutscheras Ansicht hat kein Schöpfer bei diesem Geniestreich an der Pflanze herumgefingert. Zöge man den Einfluss übernatürlicher Kräfte in Betracht, dann "kann man die Naturwissenschaften abschreiben". Einzig biologische Laien, sagt Kutschera, fielen auf die plumpen Argumente von Lönnig herein. Der Wasserschlauch zähle, gerade wegen seiner bizarren Fresskünste, zu den Paradebeispielen – für die Kräfte der Evolution (Abb. 7.6) (*Die Zeit*, 30. April 2003).

Nur wenige Tage nach Erscheinen dieses Artikels meldete sich Herr Lönnig auf der Vdbiol-Homepage mit dem folgenden Kommentar zurück: "Darf die Evolutionslehre nicht mehr hinterfragt werden? Kommentar zum Zeitartikel 'Entwürfe in Gottes Namen' (*Die Zeit,* 30. 4. 2003). Nach dem bisherigen Drama um meine MPIZ-Homepage scheint mir der materialistische Fundamentalismus nicht weniger dogmatisch, intolerant und wissenschaftsfeindlich zu sein als der religiöse: Statt meine naturwissenschaftlichen Einwände zur Synthetischen Evolutionstheorie zu diskutieren und zu widerlegen, hat Herr Kutschera nun zusammen mit Herrn Hölldobler deren Verbot am MPIZ erreicht. ... Was den Wasserschlauch anlangt, so hat Kutschera bislang nichts weiter vermocht, als diesen 'gerade wegen seiner bizarren Fresskünste' autoritär zu einem Paradebeispiel der Evolution zu bestimmen. Dabei versucht er, den Zugang zur eigentlichen naturwissenschaftlichen Fragestellung, nämlich der völlig ungelösten (und der Theorie nachweislich widersprechenden) Problematik, wie die hochkomplexe Synorganisation der Saugfalle durch das neodarwinistische Faktorensystem entstanden sein soll, durch Polemik zu blockieren ... Ich denke jedoch, dass gerade an Kutscheras Behandlung von *Utricularia* deutlich wird, wer in flagranti und überdies auch grundsätzlich beim Evolutionsthema eine 'Verquickung von wissenschaftlich abgesicherten Befunden und persönlicher Meinung' in den Naturwissenschaften praktiziert. In der Tat bestand meine Institutshomepage zum größten Teil aus der Kritik einer solchen Vermischung von wissenschaftlichen Tatsachen und persönlichen evolutionistischen Glaubenssätzen".

In einer Stellungnahme zu Lönnigs Kommentar vom 22. Mai. 2003 äußerte sich Herr M. Neukamm wie folgt: "In einer Hinsicht muss man Lönnig Recht geben: Die Diskussion um die Sperrung der MPIZ-Homepage scheint in der Tat allmählich dramaturgische Züge anzunehmen. Dabei mag man Kutscheras und Hölldoblers Vorgehensweise kritisieren oder gutheißen; Tatsache ist, dass Lönnig nicht unwesentlich dazu beiträgt, die emotive Gemengelage weiter anzuheizen. Lönnig, das wurde mehrmals in sachlich und nüchternem Tone festgestellt, verfügt über eine *private* Homepage. Wie alle Beteiligten hinreichend deutlich gemacht haben, war nicht dessen Grundauffassung Stein des Anstoßes, kann er sie doch auf diesem Wege nach belieben kundtun. Es wäre also angebracht, würde Lönnig zu einem sachlich-konstruktiven Niveau zurückfinden. Doch statt dessen werden seine Kritiker auf der besagten Homepage mit Polemiken und *ad hominem*-Kritik förmlich überschüttet. Man gewinnt den Eindruck, dass es ihm schlicht nur darum geht, sein Weltbild im Namen der Max-Planck-Gesellschaft abzusichern und sich zugleich als Märtyrer vor der eigenen Klientel zu profilieren. ... Die Kritik ist jedoch vollkommen unverstehbar, ist es doch gerade Lönnig, der bislang alle wesentlichen Einwände, die seit Jahrzehnten gegen die Wissenschaftsphilosophie der Evolutionsgegner vorgetragen wurden und werden, komplett ignoriert. Insbesondere in der Frage des Fundaments der Wissenschaft haben Wissenschaftler und

Wissenschaftstheoretiker seit Generationen erörtert, weshalb gerade der Naturalismus keine ideologische, religiöse oder gar 'wissenschaftsfeindliche' Ontologie darstellt.

Herr Kutschera hat mir übrigens den Grund verraten, weshalb er nicht daran denkt, *coram publico* mit Lönnig oder einem anderen Evolutionsgegner zu disputieren. Dessen Begründung entspricht in etwa derjenigen des Kreationismuskritikers L. Flank, die im folgenden auszugsweise vorgetragenen werden soll und dezidiert vor Live-Diskussionen warnt (Textübersetzung von T. Waschke): 'Obwohl viele Gegner der Kreationisten sich danach sehnen, mit diesen in einer offenen Debatte zu streiten, ... gibt es mehrere gute Gründe, warum das nicht ratsam ist. Wie wir schon gesehen haben, überzeugen diese Debatten niemanden, weil nur die schon Überzeugten anwesend sein werden. Dadurch wird den Kreationisten die Möglichkeit gegeben, die Getreuen jeder fundamentalistischen Vereinigung in der Gegend zu mobilisieren, die dann busladungsweise erscheinen werden, um ihre Helden anzufeuern ... Selbst wenn die Anwesenden bereit wären, die evolutionistische Darstellung anzuhören (was sie nicht tun werden), sind die Hände der Debattierer durch die übliche Form solcher Debatten (jede Seite stellt in 45 Minuten ihren Standpunkt dar, gefolgt von einer halben Stunde Widerlegungen) gebunden. Das Thema biologische Evolution ist so umfangreich und komplex, dass Menschen ihre gesamte berufliche Laufbahn damit verbringen, nur winzige Teilbereiche derselben zu erforschen. Es ist schlicht unmöglich, in 45 Minuten einen angemessenen Überblick über ein derartig komplexes Thema zu geben ... Diese Einschränkungen helfen auf der anderen Seite den Kreationisten enorm. Weil sie kein eigenes konsistentes Weltbild präsentieren können, werden sie ihre gesamte Redezeit dazu nutzen, ... von Punkt zu Punkt zu springen und dabei einen nicht enden wollenden Orkan von Quatsch und unzutreffenden Annahmen über Evolution vorbringen, wobei dem armen Evolutionisten die undankbare Rolle zufällt, diese Punkte aufzugreifen und richtig zu stellen ... Der evolutionistische Streiter wird niemals in der Lage sein, auf alle Falschinformationen einzugehen, die ein Kreationist in diesem länglichen Debatten-Format aufstellen kann ... Wann immer ein Wissenschaftler gültige naturwissenschaftliche Daten präsentiert, braucht der Kreationist nur zu sagen: Das ist nicht wahr. Es obliegt dann dem Wissenschaftler, zwanzig Minuten

Redezeit darauf zu verschwenden, zu erklären, warum sie doch wahr ist. Dabei wird nicht die grundlegende Aussage des Naturwissenschaftlers hängen bleiben, sondern die des Kreationisten. Aufgrund des abgekarteten Spiels dieser öffentlichen Debatten stimmen die meisten Kämpfer gegen den Kreationismus darin überein, dass sie nichts bringen und dass man sie am besten vermeidet' ".

Meine eigenen Erfahrungen bei öffentlichen Debatten mit Evolutionsgegnern decken sich weitgehend mit den oben zitierten Ausführungen. Abschließend sei ein kurzer Kommentar von Herrn T. Waschke vom 2. Juni 2003 wiedergegeben, der die Sache auf den Punkt bringt: "Inzwischen hat Herr Lönnig die Inhalte auf seine private Site gestellt und das MPIZ hat auf seiner dortigen Site einen Link auf diese Texte gestattet. Mit dieser Regelung dürften alle Seiten zufrieden sein. Ich begrüße diesen Schritt von Herrn Lönnig ausdrücklich, denn nun sind seine Texte wieder zugänglich. Zuvor konnte der Verdacht entstehen, dass es darum gegangen sein könnte, Herrn Lönnig mundtot zu machen, weil man keine Argumente gegen seine Position haben würde".

Mit diesen Worten wollen wir die Referierung der Beiträge auf der Vdbiol-Homepage abschließen und in den letzten Abschnitten einige Kommentare aus anderen Medien und von Privatpersonen wiedergeben.

Das Ende der öffentlichen Evolutionsdebatte

In Heft 4 /2003 der bereits vorgestellten Schweizer Zeitschrift *factum* (s. Kapitel 4) äußerte sich Herr Lönnig unter der Überschrift "Fühle mich gründlich missverstanden" u. a. wie folgt: ... Die Verquickung von wissenschaftlichen Tatsachen und persönlichen Deutungen (ist) gerade in der Evolutionsbiologie seit rund hundertfünfzig Jahren alltägliche Praxis. ... Anstatt die Entstehung solcher Beispiele (der Wasserschlauch, *Utricularia*, s. Abb. 7.6) durch Mutation und Selektion im Detail zu belegen und meine Einwände zu widerlegen, versuchen meine Kritiker immer wieder, das Publikum von der eigentlichen biologischen Fragestellung abzulenken, indem sie ... meine Zugehörigkeit zur Religionsgemeinschaft der *Zeugen Jehovas* hervorheben. Beim Leser soll der Eindruck erweckt werden,

Lönnig ist religiös motiviert. Daher sind seine Beiträge entweder fragwürdig oder falsch. ... Wenn zahlreiche Naturforscher ... zur Erkenntnis gekommen sind, dass die Natur von einem genialen Urheber und Gesetzgeber zeugt, dann könnte die religiöse Frage ja auch nachgeordnet sein. Genauso wenig wie es jemals eine 'jüdische Physik' gegeben hat (die Nationalsozialisten haben mit diesem Begriff versucht, die Relativitätstheorie und Bereiche der Quantentheorie in Frage zu stellen), genauso wenig gibt es eine 'Bibelforscher-Biologie'... Damit die Naturwissenschaft auch wieder ein Gebiet für 'Theisten' werden kann, bedarf es einer umfassenden öffentlichen Aufklärung über das gesamte Ausmaß der naturwissenschaftlichen Tatsachen und Argumente, die gegen die herrschende Evolutionstheorie sprechen. Fernseh-Live-Diskussionen könnten dazu beitragen".

Diese Ausführungen decken sich weitgehend mit den Argumenten, wie sie der MPIZ-Mitarbeiter auf der (inzwischen geschlossenen) Vdbiol-Homepage geäußert hatte. Ein Kommentar erübrigt sich an dieser Stelle.

Als Reaktion auf diesen Beitrag verfasste Herr T. Waschke einen Leserbrief, der in der Zeitschrift *factum* (5/2003) in gekürzter Form publiziert wurde. Die Redaktion beschnitt dieses Schreiben genau an der Stelle, die unten markiert ist. Durch diese Zensur wurde das eigentliche Anliegen von Herrn Waschke nicht wiedergegeben, da die Abhandlung mit einer positiven Bemerkung zur strittigen Homepage endet. Der Leserbrief ist hier in gekürzter Form mit Genehmigung des Autors wiedergegeben: "Mit großem Interesse habe ich das Interview mit Herrn Lönnig in Ihrer Zeitschrift gelesen. Erfreulicherweise hat er sich sehr zurückgehalten. Denn er ist alles andere als ein Märtyrer. Er hat schlicht und ergreifend den falschen Weg gewählt. Lönnig hat die Inhalte seiner Site auf den Server seines Arbeitgebers gestellt, und auf seiner privaten Site nur auf diese Inhalte verlinkt. ... *Mutatis mutandis* ist das dasselbe, als wenn ich als Gymnasiallehrer an einer Gesamtschule das gegliederte Schulsystem bevorzuge. Niemand wird etwas gegen mich unternehmen können, wenn ich dies auf meiner privaten Homepage darstelle. Aber wenn ich eine Homepage auf dem Server meines Arbeitgebers habe, muss ich mir gefallen lassen, dass der mich, aufgrund der Außenwirkung, 'bittet', das zu unterlassen. Inzwischen ist Herr Lönnig den korrekten Weg gegangen: die Inhalte stehen auf seiner privaten Site. Und sein Arbeitgeber war so großzügig, dafür zu sorgen, dass die alten Links noch funktionieren und Herr Lönnig auf seiner Site auf dem MPIZ-Server einen Link mit einem Hinweis auf seine privaten Arbeiten setzen darf. Eine irgendwie geartete Einschränkung der Meinungsfreiheit von Herrn Lönnig vermag ich nicht zu erkennen. ... Über die Inhalte von Herrn Lönnigs Site kann man geteilter Auffassung sein. Ich finde sie hochinteressant, weil sie Schwachpunkte der Evolutionslehre aufdecken".

– Ende des *factum*-Leserbriefes – Das Originalschreiben enthält noch den folgenden Absatz:

"Vor Jahren hatte Herr Lönnig schon einmal mit einem Versuch zu kämpfen, seine Site zu sperren. Da ich seine Inhalte sehr interessant fand, hatte ich ihm damals angeboten, seine Site auf meinen Server zu nehmen. Inzwischen sind Internet-Präsenzen aber so billig geworden, dass ich keinen Grund darin sah, warum Herr Lönnig seine Inhalte ausgerechnet auf dem Server seines Arbeitgebers stehen haben muss. Wenn die *Scientific Community* die erforderliche Toleranz nicht aufbringt, was ich bedaure, bleibt dem MPIZ keine andere Wahl, als zu reagieren. Mit etwas gutem Willen von Herrn Lönnigs Seite wäre der jetzige Kompromiss, mit dem alle Seiten problemlos leben können, schon längst verwirklichlicht worden. ... Herr Lönnig beschwert sich, dass seine Inhalte nicht ernst genommen werden. Er sollte aber dazu sagen, dass er auf Kritik an seinen Inhalten üblicherweise nicht eingeht. Wenn er in einer Argumentation eines Evolutionisten einen fachlichen Fehler findet, schreibt er sehr lange Artikel. Wenn man ihm aber Lücken in seinen wissenschaftstheoretischen oder -historischen Artikeln aufzeigt, kommt außer 'sehr interessant, leider habe ich gerade keine Zeit ...' nichts mehr. Mit freundlichen Grüßen, T. Waschke".

In einem der nächsten Hefte der Zeitschrift *factum* kommentierte Herr W.-E. Lönnig die Leserbriefe zu seinem Interview u. a. wie folgt: "... Es geht um die Freiheit der Wissenschaft: Ist es möglich, auf einer offiziellen Instituts-Homepage naturwissenschaftliche Argumente und Tatsachen gegen eine zur Zeit herrschende, aber nachweislich falsche, bzw. unzureichende Theorie ... aufzuführen oder nicht ? ... Evolution (ist eine) intolerante Ersatzreligion ... 'Intelligent Design' ist kein Euphemismus für Schöpfung, sondern der beste mir bisher bekannte Terminus sowie das beste Programm für die methodisch erforderliche

Selbstbeschränkung in der wissenschaftlichen Argumentation ... zur Frage nach einer intelligenten Ursache des Universums und des Lebens". Diese Ausführungen zeigen aufs Neue, dass ein rationaler Dialog offensichtlich sinnlos ist (s. Kapitel 1, 2 und 4, insbesondere die dort dargelegten Grundbegriffe und Definitionen zum Themenbereich Evolution/ID-Kreationismus).

In der *Zeit*-Debatte, Rubrik Wissen, Evolutionstheorie Pro & Contra, waren im Mai 2003 einige anonyme Internet-Beiträge zum Artikel von U. Willmann veröffentlicht, die hier in Ausschnitten zitiert werden sollen. "Ich denke, das MPI macht einen Fehler. Die Website eines Wissenschaftlers ist nicht einfach nur eine Site des Instituts, sondern ist Teil der Mittel, die es dem Wissenschaftler für seine Arbeit zur Verfügung stellt, als Mittel der Kommunikation. ... Ich denke, ein mögliches Kriterium wäre, dass dem Ruf der Institution nicht geschadet werden darf. ... Sobald man die Ansicht vertritt, die Welt sei irgendwie 'erschaffen, designed oder gemacht' worden, ist man natürlich automatisch ein Kreationist. ... Und so wenig es sich die Bundesärztekammer erlauben könnte, dass eines ihrer Mitglieder in einer Subdomain ihrer offiziellen Homepage für die Bach-Blüten-Therapie eintritt, oder es sich die Max-Planck-Gesellschaft für Festkörperphysik erlauben könnte, dass eines ihrer Mitglieder in einer Subdomain von deren offizieller Seite schreibt, dass am Wünschelrutengehen doch was dran sein könnte, so wenig kann es sich das MPIZ erlauben, Herrn Lönnig eine Subdomain für dessen kreationistische Sperenzchen zur Verfügung zu stellen. ... Homöopathie ist aber doch immer noch anerkannt und wird von den Krankenkassen bezahlt. Oder ? Bach-Blütentherapie ist nicht Homöopathie ... Ich weiß, aber wissenschaftlich dürften wohl beide gleich wenig seriös sein. ... Da sind die Fachleute wohl geteilter Meinung, aber Medizin besteht ja auch eh zur Hälfte aus Voodoo. ... Das ist ja der Jammer ! Von meinen Beiträgen – ein Skandal ! ... Bach-Blütentherapie wird von der gesetzlichen Krankenkasse nicht bezahlt. Wohl aber Homöopathie. Das liegt nicht an der Bundesärztekammer, sondern am Gesetzgeber, der bestimmte 'besondere Therapierichtungen' als anerkannt ins Gesetz geschrieben hat und für sie keinen Wirksamkeitsnachweis fordert. ... Der Gesetzgeber hat dabei natürlich entsprechenden Klientelinteressen nachgegeben. Das Klientel, das Gesetzgeber beeindruckt hat, dürfte nicht aus den Anbietern, sondern aus den Nachfragern bestanden haben. ... Viele Kassen machen ja sogar Werbung damit, dass sie Homöopathie zulassen. ... weil sie damit eine attraktive Klientel ansprechen und weil diese Therapien meist billiger sind als andere Behandlungen. ...Wobei an dieser Stelle noch einmal deutlich gemacht werden sollte, dass das nicht etwa ein Argument für Homöopathie ist. Sondern ein Beweis dafür, dass unsere Krankenkassen einen Riesenhaufen Mist mitfinanzieren. ... Macht sich der Fug der Evolution eigentlich schon in einer reduzierten Lebenserwartung bei Geisteswissenschaftlern bemerkbar ? ... Homöopathie lebt davon, dass Leute diese Vermutung zur Grundlage ihrer Entscheidungen machen, gleichberechtigt mit oder sogar bevorzugt gegenüber der Auswertung klinischer Versuchsreihen".

Kommentar: Diese Ausführungen zeigen, dass eine kontroverse Debatte zum Thema Evolution - Kreationismus rasch in Richtung Pseudowissenschaft-Esotherik (Homöopathie, Bachblüten-Therapie, Wünschelrutengehen etc.) abgleiten kann. Die hier zusammengetragenen Argumente und Gegenansichten sind aus meiner Sicht jedoch originell und konstruktiv. Sie sollen zur Abrundung des in diesem Abschnitt Gesagten als "Zeit-Dokument" der Vergessenheit entrissen und in diesem Buch aufbewahrt werden.

Persönliche Briefe und ein Schlusswort

Im Verlauf des Jahres 2003 habe ich zahlreiche zum Teil anonyme Briefe und e-mails erhalten, die schwere Vorwürfe gegen meine Person und die Aktivitäten der AG Evolutionsbiologie enthielten. In diesem Abschnitt möchte ich aus drei dieser Schreiben zitieren und die dort getroffenen Behauptungen kommentieren.

Beispiel 1 (7. Mai 2003): " ... das, was Sie bezüglich der Evolutionstheorie tun, ist doch auch nur glauben. Beweisen können Sie doch überhaupt nichts. Ihre Argumentationen beruhen ausschließlich auf Theoremen. ... Da es Ihnen gelungen ist, dass die Homepage auf MPIZ gesperrt ist, kann ich nur (wieder mal enttäuscht) feststellen, dass Sie eine feine Meinungsfreiheit in Ihrer Bundesrepublik haben".

Beispiel 2 (19. Juni 2003): "Aufmerksam habe ich Ihre anti-kreationistischen Artikel im Net gelesen. Darin stellen Sie kreationistische

Sichtweisen und Argumente als strikt anti-wissenschaftlich und allein religiös motiviert dar. Den Evolutionismus beschreiben Sie hingegen als strikt wissenschaftlich. Wenn Sie ein aufrichtig denkender Mensch sind, sollte es Ihnen nicht schwer fallen, zu entdecken, dass dies so nicht stimmen kann. Denn der Kern des Evolutionismus ist eine Glaubensrichtung ... Als sehr aufmerksamer und kritischer Mensch, 1er-Schul- und preisgekrönter Lehrabgänger war mir dies schon als Schüler klar, so dass ich meinen Lehrern bei evolutionären Aussagen ziemlich zugesetzt haben muss. ... Mein Fazit: das dümmste, was einem Menschen passieren kann, ist, wenn er über eine rein materialistische Weltanschauung nicht hinauskommt. Ein solcher Mensch weiß nichts und lebt nicht wirklich. ... Es bleibt ihm nur noch, alles, was seiner eindimensionalen Weltsicht widerspricht, zu widersprechen und dies zu bekämpfen. Die vielen Argumente gegen die Makroevolution und die furchtbaren Auswirkungen in der Geschichte (die Macht der Stärke, der Triumph des Selbstismus ...) ließen mich schon in frühen Jahren den evolutionistischen Glauben ablehnen. Dies hat mich in die glückliche Lage versetzt, paranormale Phänomene ...zu begreifen. ... Denken Sie doch mal gründlich nach und hören Sie auf, kreationistisch denkende und kreationistisch forschende Menschen zu diffamieren. Warum diese furchtbare Polemisierung und Diffamierung ? Mir scheint, dies sagt eine ganze Menge über die Haltung, die hinter dem Glaubensmodell Evolutionismus steckt, aus. Vielleicht ist es aber auch so, dass die überall feststellbare Aggression gegen frische Gedanken und Neueinordnung alter und neuer Erkenntnisse in Wirklichkeit der beginnende Abgesang auf ein Modell ist, auf das Generationen nach uns mit Schaudern blicken werden und dabei sagen: 'Wie konnte man so einen Unsinn nur glauben ?' Die Aufrichtigen, die sich quer-denkend ... handeln getrauen, hatten zwar schon immer höchsten Widerstand gegen sich, aber manchmal die Ehre, zu gegebener Zeit Neues und Wirkliches zur Geltung zu bringen".

Beispiel 3 (29. Oktober 2003): "Ich habe im Internet mitverfolgt, wie Sie gegen Herrn W.-E. Lönnigs Ansichten auf dessen Homepage im Max Planck Institut Köln vorgegangen sind und letztendlich auch erreicht haben, dass dessen Seiten dort gelöscht wurden. Wenn Sie meinen, damit einen Sieg errungen zu haben, täuschen Sie sich. Wir leben mittlerweile im 21. Jahrhundert, in welchem Verständnis,

Toleranz und eine gewisse Art von Bescheidenheit vorherrschen sollten. Gerade deshalb bedauere ich wieder einmal, feststellen zu müssen, dass es selbst heute immer noch Menschen gibt, die, wie Sie, den Alleinvertretungsanspruch erheben und gegensätzliche Ansichten mit allen Mitteln zu unterdrücken suchen. Ich bezweifele weder Ihre Intelligenz noch Ihr Fachwissen. Was ich jedoch bezweifele ist Ihr Toleranzverständnis. Aus all Ihren schriftlichen Äußerungen gegen Herrn Lönnig spricht das Wesen eines wissenschaftlichen Papstes, im "status perfectionis". *Prof. Dr. Kutschera lacuta est, causa finita est.* Ihre Ansichten sind demnach absolut und lassen keine anderen Meinungen zu. Dadurch begeben Sie sich in den Stand eines Großinquisators auf wissenschaftlichem Gebiet. Ein Mann Ihres Standes hätte das nicht nötig. Schade. Für solcherlei Methoden kann ich leider (und ich hoffe, Tausende anderer Menschen ebenfalls) kein Verständnis aufbringen und ich hoffe, Sie nehmen mir meine Offenheit nicht übel".

Kommentar und Schlussbemerkung: Herr W.-E. Lönnig hat als vom Steuerzahler unterhaltener wiss. Mitarbeiter an einer staatlichen Forschungseinrichtung seine Position dazu missbraucht, private religiöse Glaubensinhalte unter dem Deckmantel der Wissenschaftlichkeit zu verbreiten. Ich habe als Sprecher der AG Evolutionsbiologie und besoldeter Fachvertreter dieser Disziplin bei seinem Vorgesetzten angefragt, ob dieser mit der Missionstätigkeit seines Mitarbeiters einverstanden ist. Zu meiner Überraschung habe ich feststellen müssen, dass das Umfeld von Herrn Lönnig von dem Glauben an übernatürliche Mächte und Kräfte (d. h. den imaginären "Intelligenten Designer") angesteckt war.

Jeder Bürger hat in unserem Land selbstverständlich das Recht, seine Ansicht als Privatperson im Internet oder sonst wo zu verbreiten. Vom Staat alimentierte Naturforscher sind jedoch im Dienst dazu verpflichtet, die weltweit geltenden Grundsätze der wissenschaftlichen Arbeits- und Denkweise einzuhalten. Glaubensinhalte, die nicht überprüfbar sind (z. B. das Dogma vom "Intelligenten Design") bleiben Privatsache und können nicht "im Namen der Naturwissenschaft" unter Missachtung der Prinzipien derselben der ahnungslosen Bevölkerung (d. h. dem Steuerzahler) dargeboten werden. Die Toleranz in der Wissenschaft hört somit dort auf, wo die Grundlagen derselben untergraben werden.

Der Sieger in diesem intellektuellen Wettstreit war übrigens Herr Lönnig und nicht die deutsche Wissenschaft: Der gläubige Genetiker hat seine anti-evolutionären Thesen seit August 2003 wieder auf seiner privaten Internetseite im Netz stehen, wobei sein Arbeitgeber einen *unkommentierten* Link von der offiziellen MPIZ-Homepage zur *Private Internet Library* von W.-E. Lönnig eingerichtet hat. Diese "freundliche Empfehlung" des Forschungsinstituts wird weiterhin viele ahnungslose Schüler und Studenten in die Irre führen: durch Ignorieren und Verdrehen biologischer Fakten, Einarbeitung religiöser Glaubenssätze (intelligente Mächte, Kräfte und Designer) wird dem Leser eine Art "Theo-Biologie" präsentiert, die nur noch von ausgewiesenen universitären Fachvertretern mit detaillierter Kenntnis der neuesten Literatur entwirrt und korrigiert werden kann. Seit Oktober 2003 wird auf der genannten Homepage u. a. behauptet, der in jahrzehntelanger Forschungsarbeit dokumentierte "Industrie-Melanismus" bei Nachtfaltern (Birkenspanner, *Biston betularia*) basiere auf einer Daten-Fälschung, die u. a. auch als gravierender Fehler in meinem Lehrbuch *Evolutionsbiologie* wiedergegeben ist. Hierzu in Kurzform die folgende Sachinformation.

Seit einiger Zeit ist bekannt, dass die Nachtfalter bevorzugt in Baumregionen, die *zwei und mehr Meter* über dem Erdboden liegen, ruhen. Die bis vor einigen Jahren allgemein akzeptierten Zahlenwerte bezüglich der Ruheposition der Nachtfalter am Tag (in %, bezogen auf die insgesamt aufgesammelten *Biston*-Exemplare) sind durch diese neuen Befunde überholt. Man hatte tagsüber Baumstämme in Bodennähe abgesucht und hierbei beobachtet, dass nur wenige Nachtfalter in Augenhöhe des Menschen auffindbar sind (Kutschera 2003 b). Fazit: Durch selektiven Vogelfraß werden jene Birkenspanner-Varietäten bevorzugt per natürlicher Selektion aus der Population entfernt, die keine Tarnfärbung aufweisen. Das "Birkenspanner-Modell" ist weiterhin ein Paradebeispiel für "Mikroevolution in Aktion" und kein Kunstprodukte ideologisch vorbelasteter Evolutionisten, wie es von Herrn W.-E. Lönnig neuerdings im Internet behauptet wird (Kutschera 2001, 2003 b).

Meine naturalistische Position wird u. a. vom *Verband Deutscher Biologen* und der Zeitschrift *Nature*, und somit von der nationalen wie der weltweiten *Scientific Community* vertreten. Sie stellt keineswegs die Privatansicht eines "bösartigen" Evolutionsbiologen dar, wie die drei oben zitierten Briefschreiber und die MPIZ-Mitarbeiter Lönnig und Gieffers meinen. So identifiziert sich z. B. das Journal *Nature* mit meiner dort im Mai 2003 publizierten Darlegung zur "ID-Theorie"; keine der zahlreichen eingesandten Gegendarstellungen wurde abgedruckt (s. Kapitel 8).

Was hätte Max Planck letztendlich zu der hier dargestellten Evolutionsdebatte gesagt ? Der große Physiker warnte vor neuen Religionen, die Mystik und Aberglauben propagieren. Es ist schwer vorstellbar, dass der gläubige Christ Planck die Glaubenssätze der *Zeugen Jehovas*, insbesondere den "allmächtigen Planer" (Synonym: "Intelligenter Designer") akzeptiert hätte. Nach Planck (1949) wird durch Umdeutung und Ignorieren empirischer Fakten die Wissenschaft entstellt und zur inhaltsleeren Konstruktion (d. h. Pseudowissenschaft). Fazit: Eine Propagierung und Bewerbung des ID-Dogmas auf einer MPI-Homepage hätte der Namensgeber dieser wissenschaftlichen Gesellschaft mit Entschiedenheit abgelehnt.

Zum Abschluss dieses Kapitels wollen wir auf den eingangs zitierten Berliner Philosophen G. W. F. Hegel zurückkommen, der noch heute von vielen Geisteswissenschaftlern hoch verehrt wird. Dessen Grundansicht, dass sich die Tatsachen vorgefassten Ideen unterzuordnen hätten, führten diesen Denker in einigen seiner Abhandlungen zu völlig abstrusen Schlussfolgerungen. Ein Beispiel, das ich der Streitschrift des Botanikers Matthias J. Schleiden (1804 – 1881) entnehme, soll diesen Sachverhalt verdeutlichen. Hegels Vorstellung über das Blut im Tierkörper lautete, wörtlich zitiert, folgendermaßen: "Das Blut, als die achsendrehende, sich um sich selbst jagende Bewegung, dieses absolute In-sich-Erzittern ist das individuelle Leben des Ganzen, in welchem nichts unterschieden ist – die animalische Zeit. Die Blutkügelchen kommen nur beim Sterben des Blutes zum Vorschein, wenn das Blut an die Atmosphäre kommt. Ihr Bestehen ist also eine Erdichtung, wie die Atomistik, und ist auf falsche Erfahrungen gegründet, wenn man nämlich das Blut gewaltsam hervorlockt". Die Antwort des Naturwissenschaftlers M. J. Schleiden lautete wie folgt: "Also das sichtbare Zirkulieren der Blutkörperchen im unverletzten Tier ist eine falsche Erfahrung. Solches sinnlose Geschwätz haben im Jahre 1842 noch sogenannte Gebildete für tiefe philosophische Weisheit gehalten" (Schleiden 1844).

Der große Botaniker, der die Pflanzenwissenschaften von der spekulativen Naturphilosophie befreit und zur "Induktiven Naturwissenschaft" erhoben hatte, bekämpfte in seinen Schriften derartige Spekulationen in den schärfsten Worten. M. J. Schleiden trug daher entscheidend dazu bei, die Botanik von einer mystisch- esotherischen Kräutersammelkunst Schritt für Schritt zu einer exakten, quantitativen Naturwissenschaft zu entwickeln. Die moderne Pflanzenphysiologie ist der derzeitige Endpunkt dieser "intellektuellen Evolutionslinie" (Kutschera 2002). Die Ablehnung der Atomtheorie durch Hegel und andere bedeutende Philosophen des 19. Jahrhunderts wird in Kapitel 10 kommentiert.

8. Intelligent Design-Kreationismus auf Videofilm

Im Anschluss an die im letzten Kapitel in Ausschnitten wiedergegebenen Interviews war in der Zeitschrift *factum* ein Artikel abgedruckt, der unter einem reißerischen Titel angekündigt war: "Aufgeregte Schöpfungsgegner – Im Rahmen eines Referates über die Evolutionstheorie schoss ein Kasseler Professor eine Breitseite gegen evolutionskritische Werke". Ein Redakteur dieses Journals berichtete über die Jahrestagung des *Verbands Deutscher Biologen* an der Universität Potsdam. Am Sonntag, den 27. Oktober 2002 fand eine Vortragsreihe mit dem Titel "Evolutionsbiologie in Deutschland" statt. Im Anschluss daran wurde die AG Evolutionsbiologie gegründet (s. Kapitel 2). In *factum,* Heft 1, 23. Jahrgang 2003, lesen wir das Folgende: "Im Rahmen der Tagung sprach U. Kutschera zum Thema 'Evolution, das Generalthema der Biowissenschaften'. Im Verlauf seiner Ausführungen schwärzte er unverhofft auch drei alternative schöpfungstheoretische Modelle an. Einmal 'Darwins Irrtum' von H.-J. Zillmer, dann den Titel 'Evolution – Ein kritisches Lehrbuch' der Biologen R. Junker und S. Scherer, das der Redner als ein 'Propagandastück des Kreationismus' bezeichnete, und schließlich den Film 'Hat die Bibel doch Recht? Der Evolutionstheorie fehlen die Beweise'. Dieses Video von F. Poppenberg enthalte 'Falschaussagen' und zeige lediglich ein 'Zerrbild der Evolutionsbiologie' (z. B. zur Stammesentwicklung der Giraffe, Abb. 8.1). Der Mann am Rednerpult störte sich z. B. am Umstand, dass die im Film auftretenden Biologen als Mitarbeiter der TU München sowie des Max-Planck-Instituts für Züchtungsforschung beschrieben werden. So würden diese Institute als 'Qualitätssiegel' missbraucht. 'Das kann ich nicht akzeptieren', polterte Kutschera. Was er nicht wusste: In den Reihen der Zuhörer saß kein geringerer als F. Poppenberg selbst".

Die Kontroversen um den oben genannten Videofilm sowie eine Nachfolgeproduktion mit ähnlichem Inhalt sind in diesem Kapitel dargestellt. Beide Videos haben Auszeichnungen im In- und Ausland erhalten und wurden bisher über 50 000 mal verkauft. Um eine objektive Bewertung dieser "Meisterwerke" des deutschen Kreationismus zu vermitteln, sind Urteile ausgewiesener Biologen und Wissenschaftshistoriker in den Text integriert.

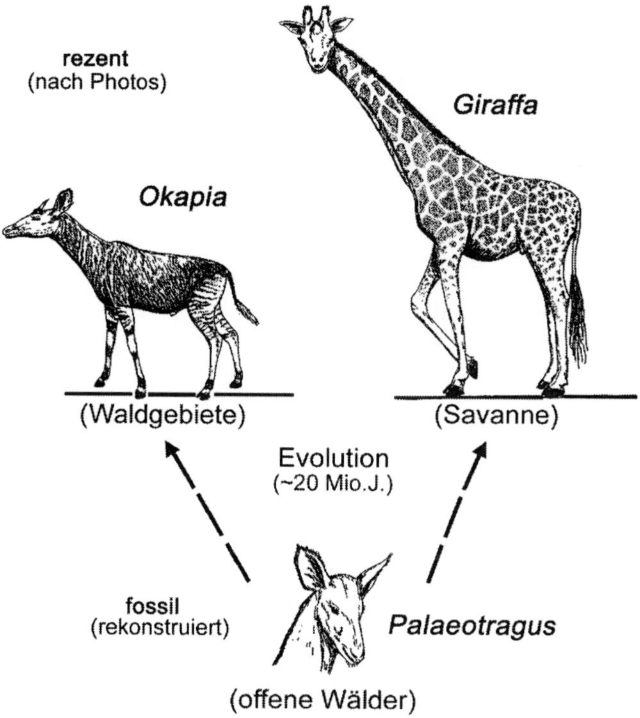

Abb. 8.1: Fossile und rezente Giraffen. Ausgestorbene Urform (Kurzhalsgiraffe *Palaeotragus*, Miozän) und lebende Kurzhals- und Langhalsgiraffen (Okapi, *Okapia johnstoni*; Giraffe, *Giraffa camelopardalis*) (Nach Churcher, C. S. , in: Evolution of African Mammals, Maglio, V. J., Cooke, H. B. S. , eds., Harvard University Press, Cambridge, Massachusetts, 1978).

Evolutionskritische Dokumentarfilme

Über die Hintergründe des ersten Videofilms berichtete das Magazin *factum*, Heft 6, 19. Jahrgang 1999 im Rahmen eines Interviews mit dem Berliner Filmemacher F. Poppenberg. Nachdem dieser einige "evolutionskritische Bücher" gelesen hatte, stand der Entschluss fest, einen entsprechenden Film zu drehen. Dieser wurde dann im Oktober 1998 vom Sender Freies Berlin (SFB) unter dem Titel "Hat die Bibel doch Recht ? Der Evolutionstheorie fehlen die Beweise" ausgestrahlt. In diesem Film werden u. a. die "ID-Schöpfungstheoretiker" S. Scherer (TU München) und W.- E. Lönnig (MPIZ Köln) ausführlich in Interviews vorgeführt. Thesen, die sich weitgehend mit dem Inhalt entsprechender Buchveröffentlichungen decken (Junker und Scherer 1998, Lönnig 1993), werden in grafisch ansprechender Form vermittelt. Hauptaussagen: Die Beweise für die Darwinsche Evolutionslehre fehlen bis auf den heutigen Tag; Mutationen, die komplexe Strukturen geschaffen hätten, sind bisher nicht bekannt geworden. Eine "Höherentwicklung" ist trotz intensiver Forschung weder experimentell nachvollziehbar, noch eindeutig in der Natur dokumentiert; im Dritten Reich dienten die Lehren des deutschen Zoologen und Evolutionsbiologen Ernst Haeckel (1834 – 1919) zur Begründung des nationalsozialistischen Rassenwahns. Schlussfolgerung: Ist das Wunder des Lebens nicht doch auf Intelligenz, Weisheit und Geist zurückzuführen?

Der nur einmal ausgestrahlte Film wurde nach Protesten abgesetzt: ein zuständiger SFB-Redakteur belegte den Film mit einem Sperrvermerk, d. h. das Dokument darf nicht planmäßig im Fernsehen gezeigt werden. Der Grund waren Einwände von drei Fachwissenschaftlern, die nicht mit dem Inhalt einverstanden waren. Als Video ist der Film jedoch noch heute im Handel erhältlich, da der Produzent die Kassettenrechte erworben hatte. Das Heimvideo – konzipiert für den Gebrauch in Familien, Schulen und Weiterbildungseinrichtungen – wurde 1999 mit dem "Goldenen Kompass" von der *Konferenz Evangelikaler Publizistik* ausgezeichnet. Ein Jahr später gewann der Film den 1. Preis auf dem internationalen Film- und Videofestival in Illinois (USA). Das Kreationistenvideo wurde in die englische, persische und russische Sprache übersetzt. Wie mir ein Wissenschaftler aus St. Petersburg mitgeteilt hat, wurde der Streifen "Hat die Bibel doch Recht?" wiederholt im russischen Fernsehen gezeigt, zur Freude der christlichen Fundamentalisten und zum Ärger der Biowissenschaftler.

Der Berliner Filmemacher hat mich in einem persönlichen Brief vom 8. Dezember 2002 unter Androhung juristischer Schritte aufgefordert, pauschale Urteile zu seinem Video bei öffentlichen Vorträgen zu unterlassen: "Das mindeste, was ich von Herrn Kutschera erwarte, ist die konkrete Benennung angeblicher Falschaussagen". In meinem

Antwortschreiben hielt ich dem Filmemacher das Folgende entgegen: "Nach Rücksprache mit dem Justitiariat der Universität Kassel möchte ich Ihnen eine Rechtsauskunft mitteilen. Als berufener Universitätsprofessor ist es nicht nur mein Recht, sondern auch meine Pflicht, Fehlinformationen, die über meine Fachgebiete (Pflanzenphysiologie, Evolutionsbiologie) verbreitet werden, aufzudecken (§ 2 Grundgesetz, Wissenschafts- und Meinungsfreiheit). Ich gebe Ihnen allerdings in einem Punkt Recht. Eine Begründung hat bisher gefehlt und wird in Zukunft in geeigneter Form veröffentlicht werden".

Diese Auflistung von Falschaussagen soll hier in Stichworten vorgenommen werden. Die folgenden Aussagen im Poppenberg-Video Nr. 1 (in der Regel Interview-Passagen) sind unzutreffend:
1. Der Evolutionstheorie fehlen die Beweise (Untertitel des Films). 2. Die Biologie ist eine reine Experimentalwissenschaft und die "Evolutionslehre" stellt daher keine echte biologische Theorie dar. 3. Evolution ist ein Synonym für Höherentwicklung bzw. Verbesserung der Organfunktionen. 4. Die natürliche Selektion trägt zur Gefährdung der Art bei und führt zu keiner Neubildung. 5. Für eine "echte Evolution" (Makroevolution) gibt es keine Belege. 6. Die Giraffe (Abb. 8.1) kann nach gängigen Evolutionsvorstellungen nicht "erklärt werden", fossile Kurzhals-Vorstufen dieser afrikanischen Großsäuger sind bis heute unbekannt; 7. Die Evolutionisten Darwin und Haeckel waren die geistigen Wegbereiter des Nationalsozialismus, nach Haeckel sind die Juden "biologisch untauglich". 8. Der Urvater der Vererbungslehre, Gregor Mendel (1822 – 1884), lehnte die Evolutionstheorie ab. 9. Mutationen führen fast ausschließlich zu Fehlbildungen und praktisch niemals zu neuen Genfunktionen. 10. Der reptilienartige Urvogel *Archaeopteryx* sei keine Bauplan-Zwischenform, sondern lediglich ein ausgestorbener Vogel. 11. Schuppen der Eidechsen sind als phylogenetische Vorstufen rezenter Federn der Vögel zu betrachten. 12. Im Präkambrium gibt es keinerlei Fossilien, die als Vorstufen der in späteren Erdepochen auftretenden Hartschaler gelten könnten. 13. Die Bakterien-Flagelle kann naturalistisch überhaupt nicht erklärt werden: die Wahrscheinlichkeit, mit der dieser "Bakterienmotor" in einem Schritt entstanden sein könnte, ist gleich Null. 14. Die Ableitung des modernen *Homo sapiens* von fossilen Urahnen ist rätselhaft: Übergangsformen Affe/Mensch (z. B. *H. erectus*) werden als nicht relevant abgetan.

Zu diesen Behauptungen verweise ich zunächst auf die Kapitel 1, 2, 5, 7 und 9. Zur Evolution der Giraffe gibt es sehr wohl fossile Vorstufen, wenn auch die Versteinerungen unvollständig und lückenhaft sind. So kennen wir z. B. aus dem mittleren Miozän an heutige Kurzhalsgiraffen erinnernde Arten wie *Palaeotragus primaevus*. Über Formen wie *Samotherium africanum* lässt sich die Phylogenese der heutigen Kurz- und Langhalsgiraffen in groben Zügen rekonstruieren (rezente Vertreter der Gattungen *Okapia* und *Giraffa*, die Waldgebiete bzw. Savannen bewohnen, Abb. 8.1). Eine aktuelle Zusammenfassung zur Giraffen-Evolution wurde vor einigen Jahren publiziert (Simmons und Scheepers 1996). Gregor Mendel war über den Inhalt von Darwins Artenbuch informiert und hat die Deszendenztheorie akzeptiert; ob Darwin die Arbeiten von Mendel gekannt hat, ist unbekannt. Detaillierte Gegendarstellungen zu den Punkten 1 – 14 finden sich im nächsten Abschnitt.

Am Ende des Films argumentiert der Genetiker W.-E. Lönnig etwa wie folgt: "Die Komplexität der Lebewesen ist auf eine intelligente Ursache zurückführbar – auf Bewusstsein, Intelligenz und Geist". Im Anschluss daran formuliert der Sprecher des Videos die folgenden Sätze: "Es gibt ein Buch, in dem das Leben auf Bewusstsein, Intelligenz und Geist zurückgeführt wird: die Bibel; dort steht geschrieben, dass alle Lebewesen auf ihre Art erschaffen worden sind". Man wundert sich über die Präsentation dieses erstaunlichen "biblischen Wunders": Mit welcher Begründung wird ausgerechnet der judaisch-christliche Schöpfungsmythos präsentiert und nicht ein anderes religiöses Ursprungsmodell?

Evolution und die Bibel: Kritische Kommentare

Etwa eine Woche vor meinem eingangs zitierten Vortrag in Potsdam hatte mir ein Biologielehrer das hier diskutierte Kreationisten-Video zugesandt und um einen kritischen Kommentar gebeten. Diesen habe ich dann in meinem öffentlichen Vortrag abgegeben. Nachdem ich mir ein eigenes Exemplar gekauft hatte, bat ich einige ausgewiesene Fachleute, sich diesen Filmstreifen anzusehen und zu kommentieren. Einige dieser Urteile sind in diesem Abschnitt wiedergegeben. Im November 2002 äußerte sich der Zoologe Prof. V. Storch (Universität

Heidelberg) mit den folgenden Worten: "Vielen Dank für das Video, welches ich über mich habe ergehen lassen. Ich muss es so ausdrücken. Die merkwürdige Verquickung von Unterstellungen, Falschaussagen und punktueller Sachkompetenz ist hoffentlich ein Produkt des unwissenden Filmmachers und von den Interviewten nicht autorisiert worden. Da ich in meinem Bekanntenkreis keine Person kenne, der ich so ein Video zumuten kann, gebe ich es Ihnen mit getrennter Post zu meiner Entlastung zurück".

In ähnlicher Weise urteilte im Februar 2003 der Verhaltensphysiologe und Evolutionsforscher Prof. B. Hölldobler (Universität Würzburg): "Es stehen einem die Haare zu Berge! Selbst als kreationistisches Propaganda-Werk finde ich dieses Video nicht sonderlich gelungen. Da habe ich in den USA schon bessere gesehen. Das ist allerdings ein schwacher Trost".

Im Dezember 2003 übersandte mir der Wissenschaftshistoriker Dr. T. Junker (Privatdozent an der Universität Tübingen) den nachfolgend wiedergegebenen ausführlichen Kommentar: "Neben Beobachtung und Theorie ist die Kritik ein zentraler Kern der Wissenschaft, der sie von anderen Weltanschauungen, vor allem der religiösen, unterscheidet. Keine noch so bewährte Theorie und keine noch so offensichtliche Beobachtung sind davon ausgenommen. In diesem Sinne kann man Wissenschaft als organisierten Skeptizismus auffassen. Gegner der wissenschaftlichen Weltanschauung haben seit jeher versucht, sich diese Grundhaltung zunutze zu machen. Treibt man den Skeptizismus auf die Spitze, dann entsteht, so das Kalkül, ein Eindruck generellen Zweifels und der Ungewissheit. Weil es der Wissenschaft zufolge keine absolute Wahrheit gibt, hat, so wird weiter suggeriert, jede noch so absurde Idee und jeder historische Aberglauben Anspruch auf Anerkennung. Diese Taktik verfolgt auch das hier kommentierte Video. Wie im Titel angedeutet, hat es zwei Ziele. Zunächst soll es eine *Widerlegung der Evolutionstheorie* in ihrer heute wissenschaftlich akzeptierten Form leisten und nachweisen, dass der Anspruch, die Vielfalt biologischer Arten durch Aufspaltung und Weiterentwicklung weniger ursprünglicher Arten zu erklären, unberechtigt ist. Die Zuschauer, überwiegend Laien, werden dabei mit einer Vielzahl offener Fragen, Details und Behauptungen konfrontiert. Die Überhäufung (und Überforderung) der Zuschauer mit Einzelheiten ist offensichtlich gewollt und hat weniger eine argumentative als eine psychologische Funktion, auf die ich abschließend eingehen werde. Das Video konzentriert sich fast ausschließlich auf die Kritik der Evolutionstheorie, obwohl sie eigentlich nur Mittel zum Zweck ist. Das übergeordnete Ziel besteht darin, nicht nur die Evolutionstheorie, sondern jeden Versuch einer wissenschaftlichen Erklärung für die Entstehung der Arten zu diskreditieren und durch den *naiven Bibelglauben* zu ersetzen. Die rhetorische Frage des Titels "Hat die Bibel doch Recht?" wird also positiv beantwortet. Wie eingangs erläutert, soll die Kritik der wissenschaftlichen Erklärung (in diesem Falle der Evolutionstheorie) eine Leerstelle erzeugen, an die dann ohne weitere Begründung eine historische Legende (in diesem Falle Erzählungen in der Bibel) treten soll. Dem ist aber nicht so. Selbst wenn eine wissenschaftliche Theorie für bestimmte Phänomene nicht überzeugend sein sollte, wird damit nicht eine beliebige andere Idee richtig, sondern diese müsste ihrerseits empirisch und theoretisch begründet werden. An einem Beispiel soll diese Asymmetrie, der rhetorische Trick der kreationistischen Vorgehensweise, erläutert werden. So wird in dem Video ein menschliches Artefakt präsentiert, dessen Alter mit 400 000 Jahre angegeben wird. Damit soll belegt werden, dass Menschen schon zu diesem Zeitpunkt über ihre heutigen geistigen Fähigkeiten verfügten, also keine evolutionäre Höherentwicklung stattfand. Wie ein entsprechendes Artefakt zu interpretieren ist, wie sein tatsächliches Alter festzustellen ist, welche geistigen Fähigkeiten und Gehirnstrukturen es voraussetzt usw. sind wichtige und interessante Fragen für die anthropologische Forschung. Eines aber ist klar: mit einer wörtlichen Auslegung der Bibel steht es auf jeden Fall in Widerspruch, da diese von wenigen Tausend Jahren seit Beginn der Schöpfung ausgeht, d. h. der angebliche Beleg eines Widerspruchs in der Evolutionstheorie ist vor allem eine Widerlegung der biblischen Legenden. Wie gesagt, Kritik ist eine Grundlage der Wissenschaft und als solche zu begrüßen. Dies ist aber nur der Fall, wenn der untersuchte Gegenstand einigermaßen zutreffend charakterisiert wird. Und das ist in Poppenbergs Video nur in Ansätzen gegeben. Es besteht vielmehr überwiegend aus falschen oder schiefen Darstellungen. An dieser Stelle sei nur ein Punkt exemplarisch angesprochen. So wird die Wissenschaftlichkeit der Evolutionstheorie bestritten, weil viele ihrer Erkenntnisse nicht auf Experimenten beruhen. Da die Biologie eine experimentelle Wissenschaft sei, so wird behauptet, sind Erkenntnisse, die auf anderen Wegen gefunden wurden, nicht wissenschaftlich. Es ist richtig, dass sich die Evolutionstheorie auch mit der Stammesgeschichte, d.h. mit historisch einmaligen, nicht wiederholbaren Ereignissen beschäftigt, aber auf diesen Gebieten hat sie – ähnlich wie die Geschichtswissenschaft allgemein oder die Archäologie – andere Methoden entwickelt, die eine Rekonstruktion der Vergangenheit ermöglichen. Konsequent weitergedacht würde die Einengung der Wissenschaft auf experimentelle Methoden bedeuten, dass weder die meisten Geisteswissenschaften wie Philologie und Geschichte, noch verschiedene biologische Disziplinen und Methoden, wie die sammelnde und klassifizierende Systematik, die vergleichende Morphologie und Embryologie, die beobachtende und beschreibende Anatomie (Mikroskopie) wissenschaftlich sein können. Auch die anderen angeblichen Widerlegungen der Evolutionstheorie in Poppenbergs Video beruhen auf irreführenden Definitionen oder unbewiesenen, meist auch falschen Aussagen. So wird behauptet, dass 'positive' Mutationen nicht bekannt seien und dass Züchtung ausschließlich zu Funktionsausfällen oder Degeneration führt. Für beide Behauptungen wurde schon vor Jahrzehnten gezeigt, dass sie unzutreffend sind. Wie gesagt, all diese Kritik, Rabulistik und Spitzfindigkeit hat nicht den Zweck, Schwachpunkte und ungeklärte Fragen der Evolutionstheorie zu diskutieren, um eine andere wissenschaftliche Erklärung zu finden, sondern um zu beweisen, dass es eine solche nicht geben kann.

An die Stelle der Evolutionstheorie soll nicht eine alternative wissenschaftliche Erklärung treten, sondern der religiöse Mythos, eine wortgetreue Übernahme der biblischen Legenden, wie sie in der Genesis zu finden sind: Es soll somit keine Erklärung für die Entstehung der Arten, für ihre geographische Verbreitung, für ihre Veränderung im Laufe der Erdgeschichte, für die Verwandtschaft ausgestorbener und rezenter Arten oder die Existenz der Baupläne geben. Diese und viele andere biologische Phänomene sollen vielmehr auf die unerforschlichen Launen eines Schöpfergottes zurückgehen. Welchen Gottes eigentlich? Es gibt ja bekanntermaßen sehr viele verschiedene Religionen, die jeweils ihre eigenen Götter nebst speziellen Schöpfungslegenden haben. Nach welchen wissenschaftlichen Kriterien soll man eigentlich die Richtigkeit der christlichen, hinduistischen, griechischen Mythen oder die Legenden diverser Naturvölker bewerten? Die hier gezeigte Vorgehensweise von Poppenbergs Video ist typisch für die sich wissenschaftlich gebenden Kreationisten. Zunächst werden die Zuschauer mit einer Vielzahl von Argumenten und (angeblichen) Fakten konfrontiert – man könnte sagen überschüttet –, deren detaillierte Würdigung Sachkenntnis und Mühe erfordert, dann wird eine simple Legende aus dem Hut gezaubert, die ihrerseits unbesehen übernommen werden soll. Indirekt wird damit auch vermittelt, dass die Evolutionstheorie nicht nur falsch ist, sondern dass sie so kompliziert ist, dass Laien sie nicht verstehen können. An die Stelle anstrengender Gedankenarbeit, mühevoller Beobachtung und genauer Argumentation, die die organische Natur in ihrer Vielfalt verstehbar machen, tritt eine infantile Sandkastenphantasie: Der Gott der Bibel habe 'aus Erde alle die Tiere auf dem Felde und alle die Vögel unter dem Himmel' gemacht, 'ein jedes nach seiner Art'. Realistischerweise muss man wohl davon ausgehen, dass viele Menschen intellektuelle Anstrengung scheuen und Gedankenfaulheit vorziehen. Sie werden sich deshalb mit einer Legende, die an geistiger Dürftigkeit kaum mehr zu überbieten ist, begnügen. Den anderen aber, diejenigen, die nicht zufrieden damit sind, sollten es die Fachleute nicht unnötig schwer machen. Eines der besten Mittel gegen die Verwirrungstaktik der Kreationisten besteht in einer verständlichen Darstellung der Evolutionstheorie, die zeigt, welche Fülle von empirischen Details und theoretischen Zusammenhängen sie verstehbar macht und zu einem ästhetischen Gesamtbild verbindet".

Im Januar 2004 wurde mir von dem Zoologen und Evolutionsbiologen Prof. A. Meyer (Universität Konstanz) das folgende Schreiben übersandt, welches hier unverändert wiedergegeben ist: "Ich habe heute das Kreationistenvideo in meinem Laborseminar gezeigt. Tja, was soll man sagen? Haarsträubender Blödsinn, man weiß nicht, ob man beim Zuschauen weinen oder lachen soll, aber die Verdrehungen, Unterschlagungen von Information und Desinformationen sind schon bemerkenswert. Es wäre skandalös, wenn der SFB dieses Video wirklich produziert und mit Steuergeldern finanziert hätte – was fanatische Christen mit ihrem Geld tun geht mich nichts an, aber wenn öffentlich rechtliche Anstalten mit Steuergeldern religiöse Randgruppen unterstützen, dann gehört das hinterfragt. Darwin mit den Verbrechen der Nazis in Verbindung zu bringen ist selbstverständlich reine Demagogie – hat aber natürlich nichts mit der

Gültigkeit von darwinistischen Prinzipien zu tun, sondern ist die übliche Desinformation der Kreationisten. Wäre es nicht bedauernswert, wenn Gott so phantasielos wäre und so viele Gemeinsamkeiten (angefangen beim universellen genetischen Code bis zur gleichen Anzahl der Halswirbel aller Säugetiere) aller Tiere 'belassen' hätte? Ich hätte mir einen kreativeren Gott gewünscht, der, wenn es wirklich so gewesen wäre wie die Kreationisten behaupten, jede Art einzeln erschaffen haben würde, sie unterschiedlicher voneinander gemacht hätte. Anstatt an einen langweiligen, phantasielosen Gott zu glauben, akzeptiere ich dann doch lieber weiterhin die Evolution. Ich bin ein großer Verfechter von Meinungsfreiheit, aber man sollte, meiner Ansicht nach, nicht versuchen, Religion (und die Kreationisten sind ja nichts anderes als fundamentale Religionsfanatiker) mit pseudowissenschaftlichen Argumenten in die Nähe von Wissenschaft zu bringen".

Ende Februar 2004 erhielt ich vom Präsidenten des Vdbiol, Herrn Prof. H.-J. Jacobsen (Universität Hannover), die folgende Beurteilung: "Man merkt dem propagandistisch gemachten Poppenberg-Film die Absicht an und ist verstimmt. Es ist schon erstaunlich, wie naturwissenschaftlich gebildete Menschen, offenbar von einem gewissen Sendungsbewusstsein getrieben, wissenschaftlich verbrämte Faktenklauberei betreiben, um die Evolutionstheorie in Misskredit zu bringen. Sie gleichen in ihrer Vorgehensweise den Betroffenheitskonzernen aus dem Umweltbereich, die beispielsweise alles daran setzen, die Gentechnik zu verteufeln. Um dieses Ziel zu erreichen, scheuen sie nicht davor zurück, Fakten zu verdrehen oder welche zu erfinden. Sie geben vor, wissenschaftlich zu argumentieren, werden aber niemals bereit sein, Argumente, die ihre eigenen widerlegen, zu akzeptieren. Von daher ist es müßig, mit ihnen zu diskutieren, es sei denn der 'Intelligente Designer', so es ihn gibt, erklärt ihnen mal privatissime seine Vorgehensweise".

Wenige Tage später übersandte mir der Botaniker und Zellbiologe Prof. P. Sitte (Universität Freiburg) die folgende Stellungnahme: "Der Film ist propagandistisch geschickt gemacht. Er wendet sich an interessierte, aber nur begrenzt vorgebildete Zuschauer, die in ideologischer Weise beeinflusst werden sollen. Vom wissenschaftlichen Standpunkt aus fällt dem Kundigen eine geradezu abenteuerliche Einseitigkeit auf. Was für die Evolutionstheorie spricht, bleibt unerwähnt oder wird mit zum Teil unrichtigen Behauptungen und Unterstellungen heruntergespielt. Immerhin wird – entgegen anderen kreationistischen Darstellungen – die Existenzdauer der Erde und von Leben auf diesem Planeten nicht auf wenige Jahrtausende eingeschränkt. Dass evolutive Entwicklungen nur innerhalb von Artgrenzen möglich seien, wird zunächst behauptet, später aber im Hinblick auf die Galapagos-Finken stillschweigend zu Gunsten der Feststellung revidiert, dass sich doch innerhalb einer Gattung neue Arten bilden können (Mikroevolution innerhalb eines Komplexitätsgrades). Für Makroevolution fehlen angeblich 'jegliche Beweise'. Symbiogenese und Endosymbiontentheorie, neuere Vorstellungen über phyletische Großübergänge, DNA- und Proteinsequenzvergleiche werden nicht erwähnt. Die Untersuchungen von G. Mendel wurden – entgegen der Feststellung im Video – nicht unterdrückt bzw. 'nicht Ernst genommen', sondern blieben damals weitgehend unbekannt. Nach der Wiederentdeckung wurden sie sofort voll Ernst genommen, obwohl sie den Vorstellungen von Darwin zu widersprechen schienen – das Vorkommen mutativer Veränderungen von Genen konnte erst etwas später zweifelsfrei belegt werden. Dass auch der Neandertaler schon erstaunlich intelligent war, ist kein Argument gegen die Einordnung von *Homo sapiens* in die Hominiden, also auch kein Argument gegen die Darwinsche Evolutionstheorie. Besonders abwegig finde ich die Darstellungen über die Rolle des Zufalls in der Evolution (dazu werden die alten, ständig wiedergekäuten Denkfehler einmal mehr aufgetischt), dann die wissenschaftstheoretisch unhaltbare Forderung nach 'lückenlosen' Beweisen, ebenso die nach experimenteller Untersuchung historisch einmaliger, weit zurückliegender Vorgänge wie der Lebensentstehung. Frage dazu: Darf etwa die Vorstellung vom Urknall nicht wissenschaftlich behandelt werden?

Dass man über nichts alles weiß, ist jedem Ernst zu nehmenden Wissenschaftler selbstverständlich. Wozu sonst schließlich die immer weiter fortgesetzte Forschung, die ja gerade im Bereich der Evolutionsbiologie zur Zeit enorme, immer weiter beschleunigte Fortschritte macht. Geradezu demaskierend ist schließlich der Versuch, alles das, was die Evolutionstheorie heute noch nicht überzeugend zu deuten vermag, durch die sehr knappen und ausgesprochen metaphorischen Feststellungen im Buche Genesis der Bibel 'zu erklären'. Um Gottes Willen! Die Bibel kann man nach Worten von C. F. v. Weizsäcker entweder Ernst nehmen oder wörtlich. Man darf schließlich nicht ignorieren, dass die Erschaffung des Menschen im Buche Genesis zweimal knapp nacheinander dargestellt wird, wobei sich die beiden Erzählungen deutlich widersprechen, wenn man sie wörtlich nimmt und sie nicht, wie sie offenbar gemeint sind, metaphorisch versteht".

Diese sechs Filmkritiken, die aus ganz unterschiedlichen Blickwinkeln erfasst wurden, zeigen die Unseriosität der Vorgehensweise des Berliner Filmemachers und seiner "Intelligent Design"-Kreationisten auf. Von einer objektiven Darstellung der offenen Fragen der modernen Evolutionsforschung, die sich als Lehr-Video für Bildungseinrichtungen eignen würde, ist dieses Propagandawerk der deutschen Evolutionsgegner weit entfernt. Das auf Seite 160 von Herrn Prof. W. Bergmann (Jena) formulierte Urteil zu einer einschlägigen Publikation kann unverändert auf das hier diskutierte Video übertragen werden.

Die Würfel des biblischen Gottes

Der Erfolg des Videos "Hat die Bibel doch Recht ?" motivierte den Filmemacher F. Poppenberg und die deutschen ID-Kreationisten, im Jahr 2001 ein zweites (professionelleres) Video mit dem Titel "Gott würfelt nicht. Über den erbitterten Kampf zwischen Wissenschaft und Ideologie" zu veröffentlichen. Es werden hier im Prinzip die oben beschriebenen Inhalte in erweiterter Form dargestellt. Folgende Behauptungen stehen im Mittelpunkt und sind dem Werbematerial entnommen: "Eine kritische Betrachtung des geschichtlichen Werdegangs der Darwinschen Theorie erhärtet den Verdacht, dass die Evolutionstheorie keine naturwissenschaftliche Theorie ist, sondern ein pseudowissenschaftliches Gebilde. Der Film belegt den Irrweg dieser Theorie und zeigt, dass hinter den Dingen und dem Leben ein Bauplan und ein Schöpfer angenommen werden muss". Neben den Hauptakteuren S. Scherer und W.-E. Lönnig, die wieder in ihren staatlichen Institutsräumen interviewt wurden, äußert sich u. a. auch der bereits zitierte Kreationist W. Gitt zum Thema "Information und Leben".

Diesen Video-Streifen kommentierte der Biologe und Philosoph Prof. O. Breidbach (Universität Jena) in einem Aufsatz in den Mitteilungen des *Verbands Deutscher Biologen*, der unter der Überschrift "Täuschung und Vereinnahmungsstrategie der Deutschen Kreationisten" im Dezember 2002 publiziert wurde: "Im Jahr 2000 meldete sich ... ein Filmemacher, Herr F. Poppenberg (Berlin), im Ernst-Haeckel-Haus mit dem Anliegen, ihn bei den Recherchen zu einem Film über Ernst Haeckel zu unterstützen... Entsprechend erfuhr er durch das Haus Unterstützung. Es wurde ihm gestattet, im Museum des Ernst-Haeckel-Hauses zu drehen und mehrere Mitarbeiter zum Thema 'Haeckel und die Evolutionsbiologie' zu interviewen. Dabei entstanden zwei längere Interviews mit dem Leiter des Hauses, Prof. O. Breidbach und seinem wiss. Mitarbeiter, Dr. U. Hoßfeld. ... Den entstandenen Film haben wir nie gesehen. Eine Nachfrage unseres Sekretariats wurde negativ beschieden. Da abgesprochen war, dass der Film zumindest in den Interview-Passagen durch die beteiligten Mitarbeiter vor der Fragestellung noch einmal gesichtet und autorisiert werden sollte, und hier keine Nachricht kam, mussten wir davon ausgehen, dass diese Produktion nicht zustande gekommen war. Umso überraschter waren wir, dass solch ein Film nun doch existiert und seit 2001 als Video im Handel ist. Dieser Film ist aber alles andere als eine biographische Studie zu Haeckel, es ist vielmehr eine Arbeit, die versucht, mit dem Renommee des Ernst-Haeckel-Hauses seine eigene weltanschauliche Position abzusichern. Die Interviews mit den Mitarbeitern und dem Direktor sind im Film derart platziert, dass sie sich in einem Argumentationskontext finden, der die Tatsache der Evolution als naturwissenschaftliche Theorie leugnet. Der Film entpuppt sich insgesamt als ein Manöver, mit dem eine weltanschauliche, gegen Ergebnisse der Biologie und der Wissenschaftsgeschichte arbeitende Gruppe, die sogenannten Kreationisten, die Öffentlichkeit zu täuschen sucht. Dass hier Interviews mit Personen vorkommen, die eine dezidiert anti-kreationistische Auffassung vertreten, d. h. also Wissenschaftler, die diese kreationistische Weltanschauung für Unsinn halten, ist schlicht unverschämt.

Für uns ist es neu, dass die Kreationisten in Deutschland derart aggressiv vorgehen, um sich ein Autoritätsmäntelchen zu erschleichen. ... Hier können wir nur vor dieser weltanschaulichen Vereinnahmungsstrategie warnen. Die Grundaussage des Films ist falsch. Die Technik – ein Puzzle aus richtigen Details, herausgerissenen Zitaten, vermeintlicher Autoritäten und weltanschaulich-emotionalen Sentenzen zu einem Cocktail zu rühren – ist unredlich. Hier wird die Öffentlichkeit schlicht getäuscht. Es wird ein Zerrbild vermittelt, das alles andere als die Position der modernen Biologie und Wissenschaftsgeschichte vermittelt. Ein derartiges Vorgehen war uns bisher nur von der Scientology-Sekte bekannt. Die Öffentlichkeit, insbesondere Schüler und Lehrer, seien nachdrücklich vor diesem Machwerk gewarnt. ... Dieser Film wird von uns als unseriöses Täuschungsmanöver bewertet, der den Biowissenschaften ... nachhaltigen Schaden zufügt. In einer freien Gesellschaft darf jeder seine Meinung äußern und seine Argumente darlegen. Niemand darf aber seine Argumente erschleichen. Dies ist nicht nur etwa unfein. Personen, und vor allem Personen, die als Journalisten oder Filmemacher derart vorgehen, sind aus der öffentlichen Diskussion zu verbannen, und ihre Machwerke sollten nur als Lehrstücke dafür herhalten, dass Demagogie auch im Mantel der Dokumentation verhüllt sein kann" (*Biologen heute* Heft 464/6, 2002).

In einem an mich gerichteten Brief vom 2. Januar 2003 beschwerte sich der Filmemacher F. Poppenberg über die Veröffentlichung des oben zitierten Aufsatzes in einer biologischen Fachzeitschrift des Vdbiol. Er behauptete u. a., der Beitrag enthielte "falsche Tatsachenbehauptungen". Da ich die Herren O. Breidbach und U. Hoßfeld seit Jahren persönlich kenne, besteht für mich kein Zweifel an der Korrektheit ihrer Beschreibung der "Kreationistenvideo-Affaire". Des weiteren lud mich der Filmemacher ein, einen öffentlichen Vortrag mit meinen Kontrahenten S. Scherer bzw. W.-E. Lönnig zu halten, der z. B. auch auf Video vertrieben werden könnte. Dieses ehrenvolle Angebot habe ich dankend abgelehnt, da eine Vermarktung als "Ultra-Darwinist" der sachlichen Diskussion zum Thema Evolution und Schöpfung keinen Dienst erwiesen hätte.

Die beiden erfolgreichen Filmproduktionen "Hat die Bibel doch Recht?" und "Gott würfelt nicht" zeigen, dass die deutschen Kreationisten ihre biblisch inspirierte "Schöpfungstheorie" mit allen zur Verfügung stehenden Mitteln und Medien unter die Jugend (bzw. das Volk) bringen wollen. Diese religiös motivierte Missionstätigkeit erinnert an die Strategien der US-Evolutionsgegner (Futuyma, 1995): Man versucht, durch Falschaussagen und Verdrehen von Fakten die wichtigste Entdeckung der Menschheit (Tatsache Evolution) durch einen Vor-Darwinschen Schöpfungsmythos zu ersetzen und insbesondere die Jugend (sowie erwachsene Personen ohne biologische Sachkenntnis) zu "evangelisieren". Beide Videos werden von der evangelikalen *Studiengemeinschaft W+W* in Zeitschriften und im

Internet beworben sowie vertrieben. Die *Evangelikalen* und die *Zeugen Jehovas* haben sich in diesen Werbeproduktionen zu einer zweifelhaften Allianz zusammengeschlossen, die auch aus Sicht der christlichen Glaubenslehre mehr als fragwürdig erscheint, da die Endzeitsekte *ZJ* den etablierten christlichen (Frei)-Kirchen ablehnend gegenübersteht (s. Kapitel 3).

Seit Februar 2004 ist ein drittes Poppenberg-Video im Handel, ein verfilmter Vortrag des Mikrobiologen S. Scherer. Unter dem Titel "Was Darwin nicht wissen konnte" werden die bereits thematisierten "Lücken im Evolutionsmodell" aufgezeigt. Der Werbetext enthüllt die wahre Botschaft des Videos: "Den Kritikern an der Evolutionstheorie wird von Vertretern der Darwinschen Lehre Unwissenschaftlichkeit vorgeworfen, weil sie 'Intelligent Design' in Betracht ziehen – einen Schöpfergott, der das Leben und die Arten erschaffen hat". Präziser kann man die neo-kreationistische Formel "Designer = Gott in der Bibel" kaum formulieren.

Der Video-Designer im *Annual Review*

In Kapitel 2 wurden die wichtigsten Fachzeitschriften, in denen regelmäßig das Thema Evolution behandelt wird, aufgelistet. Es wurde dargelegt, dass deutschsprachige Journale, wie z. B. die *Naturwissenschaftliche Rundschau,* heute nur noch eine begrenzte Bedeutung haben, da sich das Englische als Wissenschaftssprache durchgesetzt hat. In internationalen Fachzeitschriften, die zur Etablierung unserer weltweiten "Scientific Community" beigetragen haben, werden in der Regel nur Beiträge publiziert, die den üblichen wissenschaftlichen Standard erfüllen (u. a. Einhaltung des methodischen Naturalismus). Es war daher für die Evolutionsbiologen eine große Überraschung, dass in einer "High-Impact-Serie", dem *Annual Review of Genetics*, ein Artikel von W.-E. Lönnig und H. Saedler (2002) publiziert wurde, in dem der "Designer" indirekt beworben ist.

Unter Verweis auf die Homepage des Erstautors und die populären Bücher der ID-Vertreter M. J. Behe und W. A. Dembski wurden, eingehüllt in ein Netzwerk biologischer Fakten, u. a. folgende Behauptungen aufgestellt: 1. Lehrbuchbeispiele für das Wirken der natürlichen Selektion, wie z. B. das Birkenspanner-Phänomen (s. S.

Designer scientific literature

Sir — Your News report[1] "Axeing of website article sparks row at Max Planck", describing the removal of several hundred web pages discussing a concept called 'intelligent design' (ID), is welcome.

In Germany, efforts to undermine evolution education — mostly in the form of ID, which rejects the theory of natural selection — have evolved into a successful campaign, including a standard textbook in its fifth edition, several journals and two professional video films in which proponents of ID such as the microbiologist Siegfried Scherer and the geneticist Wolf-Ekkehard Lönnig give interviews in the laboratories of their government-sponsored departments. The ID strategy is not to identify the 'designer' as God in the Bible or for adherents to call themselves creationists; they have coined the term 'theists' to describe themselves (see ref. 2 for a discussion).

Last year, ID–creationism took a step towards scientific respectability when Lönnig and Heinz Saedler published a review[3] entitled "Chromosome rearrangements and transposable elements". In this article they summarize arguments against Darwin's concept of gradual evolution with reference to the prominent German anti-Darwinists Otto Heinrich Schindewolf (1896–1971) and Richard Goldschmidt (1878–1958).

Lönnig and Saedler discuss the possibility of "a partly predetermined generation of biodiversity and new species", which they characterize as a "nonselection-driven and autonomous" process. Popular books by ID proponents Michael Behe and William Dembski are cited as credible sources. (For critical reviews of these books, see refs 4 and 5.) Lönnig and Saedler refer to a "wide range of opinions" and cite evolutionists such as Michael J. Benton, Stephen Jay Gould and John Maynard Smith as well as ID–creationists such as Behe and Dembski, and Lönnig's now-removed web pages. On the basis of these references and polemical comments, the authors state that we should welcome all ideas and hypotheses on the origin of life, "wherever they may lead".

In a German video film called *Is The Bible Right? There is No Evidence for the Theory of Evolution*, Lönnig argues that an intelligent force, endowed with consciousness and spirit, has been at work in the creation of all complex forms of life. This viewpoint is now implicitly proposed as a hypothesis in the scientific literature.[3]

Four years ago, this journal published two excellent editorials[6,7] entitled "The difference between science and dogma" and "Combating the exploiters of creationism". I think that the time is ripe to continue this series.

U. Kutschera
Department of Biology, University of Kassel, Heinrich-Plett-Strasse 40, 34109 Kassel, Germany

1. Abbott, A. *Nature* 422, 460 (2003).
2. Palevitz, B. A. *Evolution* 56, 1718–1720 (2002).
3. Lönnig, W. E. & Saedler, H. *Annu. Rev. Gen.* 36, 389–410 (2002).
4. Coyne, J. A. *Nature* 383, 227–228 (1996).
5. Charlesworth, B. *Nature* 418, 129 (2002).
6. *Nature* 400, 697 (1999).
7. *Nature* 402, 843 (1999).

NATURE | VOL 423 | 8 MAY 2003 | www.nature.com/nature

116

Abb. 8.2: Beitrag zum Thema Intelligent Design in *Nature*, 8. Mai 2003.

243) oder der lange Hals der Giraffe (Abb. 8.1) seien nicht mehr glaubwürdig bzw. viel komplizierter als ursprünglich angenommen; das Darwinsche Konzept einer graduellen Stammesentwicklung wird unter Verweis auf obskure Quellen als fragwürdig (bzw. unhaltbar) dargestellt. 2. Hypothesen der Anti-Darwinisten O. H. Schindewolf (1896 – 1971) und R. Goldschmidt (1878 – 1958) in Bezug auf eine plötzliche, nicht kontinuierliche Entstehung von Arten (bzw. höherer Organisationsformen) seien noch heute vereinbar mit den aktuellsten Forschungsergebnissen. 3. Eine nicht durch natürliche Selektion getriebene, abrupte Entstehung neuer Lebensformen wird diskutiert und mit der Genese "nicht reduzierbar komplexer Systeme" in Verbindung gebracht.

Der "Intelligente Designer" wird nicht erwähnt, aber durch entsprechende Zitate und Bemerkungen indirekt ins Spiel gebracht. Eine Anfrage beim Editor der Serie *Annu. Rev. Genetics* führte zur Aufklärung des Hintergrundes dieses Sachverhalts. Der Ko-Autor, H. Saedler, wurde eingeladen, einen Übersichtsartikel zum Thema "Transposable Elements" zu verfassen. Saedler soll dann – als Max-Planck-Abteilungsdirektor – seinen weisungsgebundenen wissenschaftlichen Mitarbeiter Lönnig beauftragt haben, einen derartigen Aufsatz zu schreiben. Somit trägt der Erstautor die Hauptverantwortung. Da jedoch heutzutage eine "geschenkte Autorschaft" nicht mehr gebilligt wird, tragen beide Personen die Verantwortung für den Inhalt dieses Beitrags. In Zukunft soll es einen derartigen Fall nicht mehr geben, d. h., die Fachgutachter (Referees) wurden vom Editor angewiesen, genauer zu evaluieren und Manuskripte, die pseudowissenschaftliche Inhalte und Schlussfolgerungen enthalten, strikt abzulehnen.

Die versteckte Bewerbung des ID-Kreationismus in einer internationalen Fachzeitschrift hat mich dazu motiviert, diesen Sachverhalt in der Zeitschrift *Nature* darzulegen. Mein *Correspondence Article* mit dem ins Deutsche übertragenen Titel "Designer – Wissenschaftsliteratur" erschien am 8. Mai 2003 und ist in Abb. 8.2 wiedergegeben. Dieser Kurzbeitrag (Kutschera 2003 a) löste in der Welt der "Intelligent Design-Gläubigen" eine heftige Reaktion aus. Die *Nature*-Redaktion wurde mit eingesandten Gegendarstellungen geradezu überhäuft; keine dieser Entgegnungen wurde jedoch abgedruckt. Die von mir dargelegte Position zum ID-Kreationismus wird von der weltweit führenden Fachzeitschrift uneingeschränkt geteilt und reflektiert somit die offizielle Position des Journals *Nature*.

Im Internet wurden einige der abgelehnten Gegenartikel veröffentlicht, so z. B. ein "Open Letter to Nature" von M. J. Behe (*Discovery Institute*, Seattle, USA). Der in Kapitel 4 vorgestellte IDEA-Club beklagte sich darüber, dass *Nature* diesen Beitrag eines "German Darwinist" veröffentlichte, ohne die Position der ID-Theoretiker zu berücksichtigen. In den Niederlanden wurde unter dem Stichwort "infocreaton" eine ausführlicher Beitrag publiziert. Unter der Überschrift "Duitse ID-beweging monddood gemaakt" wurde über meinen *Nature*-Artikel berichtet. Diese (und andere) Internet-Kommentare zeigen, dass die ID-Bewegung zwar nicht "mundtot gemacht" wurde, aber einen deutlichen Rückschlag erlitten hatte.

Einer der gravierendsten Vorwürfe der ID-Vertreter gegen die "Evolutionisten" ist die angebliche intellektuelle "Nazi-Verbindung". In den ersten beiden Videostreifen wird das Thema "Darwin-Haeckel-Evolutionstheorie" in Zusammenhang mit der NS-Ideologie gebracht. Dieses ernste Thema soll im nächsten Kapitel dargelegt und diskutiert werden.

9. Darwin, Haeckel und der Nationalsozialismus

In den ersten beiden Videos des Berliner Filmemachers F. Poppenberg wird u.a. behauptet, Charles Darwin, Ernst Haeckel und deutsche Vertreter der modernen Evolutionsbiologie (genannt wurde der Anthropologe Gerhard Heberer, 1901 – 1973) seien die ideologischen Wegbereiter der Nazi-Ideologie gewesen. Diese Ansicht wird auch in populären Zeitschriftenbeiträgen noch immer verbreitet (Kapitel 2). Sollte diese Aussage zutreffen, so wären die Urväter der Abstammungslehre und deren "wissenschaftliche Nachkommen" mit verantwortlich für die schlimmsten Gräueltaten des 20. Jahrhunderts: Rassenhygiene, NS-Eugenik, Konzentrationslager, millionenfacher Massenmord an Juden und anderen ethnischen Gruppen.

Dieser noch heute latent gegen die Evolutionsbiologie im Raum stehende Vorwurf ist ernst zu nehmen und soll in den nachfolgenden Abschnitten untersucht werden. Hierbei geht es zunächst um die Darlegung der relevanten Fakten aus der Zeit zwischen ca. 1900 bis 1945. Die Frage, welche Rolle die wissenschaftlichen Werke von Darwin, Haeckel (Abb. 9.1) und Heberer in der Ideologie von Hitlers Nazi-Regime gespielt haben, soll auf Grundlage dieser Informationen analysiert werden Bei der abschließenden Bewertung werden wir u. a. die umfassenden quellenhistorischen Studien der Wissenschaftshistoriker U. Hoßfeld (2003) und T. Junker (2004) zugrunde legen.

Abb. 9.1: Der Jenaer Evolutionsbiologe Ernst Haeckel (1834 – 1919).

Ernst Haeckel und der Biologismus im 20. Jahrhundert

Nach der Publikation von Darwins Artenbuch (1859) setzte mit Beginn des 20. Jahrhunderts eine Bewegung ein, die im Nationalsozialismus (1933 – 1945) ihren traurigen Höhepunkt erreichte und noch heute unter dem Schlagwort "Biologismus" bekannt ist. Welche Bedeutung hat dieser Begriff ? Biologische Fakten, Hypothesen und Theorien wurden auf andere Bereiche übertragen , um diese zu interpretieren, Gesetzmäßigkeiten zu erkennen und Vorgaben für das praktische Leben zu erstellen. Schon zu Beginn des 19. Jahrhunderts waren Übernahmen biologischer Konzepte auf andere Lebensbereiche nicht unüblich, aber in diesem Frühstadium kann man noch nicht von "Biologismus" sprechen. In der Romantik sah man in der belebten Natur ein höheres Prinzip, in gewisser Weise den Kernpunkt eines umfassenden Weltbildes, das z. B. der damaligen Naturforschung erheblichen Auftrieb gab.

Der deutsche Zoologe Ernst Haeckel (1834 – 1919) war einer der großen Vorkämpfer der von Darwin und Wallace begründeten Deszendenztheorie. Er wurde 1834 in Potsdam geboren und studierte das Fach Medizin in Berlin, Würzburg und Wien. Nach der Habilitation (1861) war er Privatdozent und später a. o. Professor an der Universität Jena. Nach dem Erwerb eines zweiten (naturwissenschaftlichen) Doktortitels wurde Haeckel zum o. Professor für Zoologie an die Universität Jena berufen, wo er bis zu seinem Tod als Hochschullehrer, Wissenschaftler, Schriftsteller, Künstler (Zeichner, Maler) und Philosoph unermüdlich tätig war.

Der Zoologe Haeckel war von Anfang an bemüht, die neue "britische" Theorie in weiten Kreisen bekannt zu machen. Bereits 1863 übertrug Haeckel die Darwinsche Lehre auf den deutschen Staat und eröffnete so neue Wege für biologisches Denken. Auf der Naturforscherversammlung in Stettin (1863) hielt der Jenaer Biologe eine Rede mit dem Titel: "Über die Entwicklungstheorie Darwins". In diesem publizierten Aufsatz waren bereits die meisten seiner Grundgedanken formuliert. Haeckel ging davon aus, dass sich der Mensch stufenweise "aus dem primitiven Zustande tierischer Rohheit zu den ersten, einfachen Anfängen der Kultur emporgearbeitet hat". Eine berühmte Abbildung aus Haeckels Büchern der damaligen Zeit, die wir aus heutiger Sicht als Menschen verachtend und diskriminierend

ansehen, ist in Abb. 9.2 reproduziert. Die wesentlichen Thesen des jungen Erst Haeckel sind in dem folgenden Zitat aus dem Jahr 1863 zusammengefasst:
"Das Gesetz des Fortschritts finden wir dann weiterhin in der historischen Entwicklung des Menschengeschlechts überall wirksam. Ganz natürlich: denn auch in den bürgerlichen und geselligen Verhältnissen sind es dieselben Prinzipien, der Kampf ums Dasein und die natürliche Züchtung, welche die Völker unwiderstehlich vorwärtstreiben und stufenweise zu höherer Kultur emporheben. .... denn dieser Fortschritt ist ein Naturgesetz, welches keine menschliche Gewalt, weder Tyrannenwaffen, noch Priesterflüche, jemals dauernd zu unterdrücken vermögen" (Bäumer 1990).

Deszendenztheorie und Rassenhygiene

Im Jahr 1900 wurde unter der Leitung von Ernst Haeckel und zwei weiteren Jenaer Professoren ein Preisausschreiben veranlasst, das den folgenden Titel trug: "Was lernen wir aus den Prinzipien der Deszendenztheorie in Beziehung auf die innenpolitische Entwicklung und Gesetzgebung der Staaten ? " Das Preisausschreiben gewann Wilhelm Schallmayer (1857 – 1919), dessen Werk in erweiterter und überarbeiteter Version später zur Gründungsschrift der Rassenhygiene wurde. Unter dem Titel *Vererbung und Auslese im Lebenslauf der Völker* (1. Auflage 1903, 4. erweiterte Auflage 1920) wurden u. a. Strategien zur Begrenzung oder gar Umkehr der "Entartungstendenzen der Menschheit" beschrieben.

Wie beantwortete der Rassenhygieniker Schallmayer die vom Professorenteam Haeckel et al. formulierte Frage ? Die Darwinsche Abstammungslehre führt zu der Erkenntnis, dass sich die erblichen Eigenschaften in menschlichen Populationen in Schritten sehr langsam ändern, da eine Reproduktionsauslese durch unterschiedliche Fortpflanzungsraten der Individuen zu verzeichnen ist. Da sich insbesondere die höheren Gesellschaftsschichten oft künstlicher "Fruchtbarkeitsbeschränkungen" (d. h. Mitteln zur Verhütung ungewünschter Kinder) bedienen, pflanzen sich jene oft kaum noch fort, was im Laufe der Zeit die sogenannte "Rassentüchtigkeit" des deutschen Volkes schwächt.

Abb. 9.2: Originalzeichnung von Ernst Haeckel zum Thema Abstammung des Menschen: 1. Schimpanse, 2. Gorilla, 3. Orang-Utan, 4. Schwarzafrikaner (Neger). (Nach Haeckel, E.: Anthropogenie oder Entwicklungsgeschichte des Menschen, Leipzig 1874).

Diese "schädliche Tendenz" wird noch dadurch verstärkt, dass die Nachkommenzahl in unterprivilegierten Gesellschaftsschichten meist sehr hoch ist. Diesen unheilvollen Entwicklungen sollte der Staat entgegenwirken und zwar durch Verbote und Gesetze in Bezug auf Ehe und Reproduktion. Ansonsten befürchtete Schallmayer für die "weiße Rasse" eine sogenannte "Entartungsgefahr". Die "Bio-Politik" verdient daher nach Meinung des Rassenhygienikers höchste Aufmerksamkeit und ein geplanter "Rassendienst" werde immer dringender erforderlich. In der modernen Gesellschaft sei u. a. durch medizinische Maßnahmen und Vorsorgeleistungen bei gesundheitlich Beeinträchtigten die an sich positiv bewertete natürliche Selektion eingeschränkt. Den Krieg bewertete der Autor als "Umkehrung der natürlichen Auslese", da in modernen Kriegen nicht, wie in Urzeiten, die Ausbreitung jener Völker begünstigt wird, die anderen auf Grund angeborenen Eigenschaften überlegen sind, sondern die in das Schlachtfeld entsendete Elite eines Volksstammes mit Hilfe technischer Kriegsgeräte ausgerottet wird.

Schallmayer hob allerdings hervor, dass nicht die "nordische Rasse" begünstigt werden solle. Nichts weise auf deren überlegene Position hin, und es sei erstaunlich, in welchem Ausmaß ihr Wert in zahlreichen Artikeln so überschätzt würde. Der Begriff "Rasse" im Sinne der Rassenhygiene solle nach Schallmayer nicht als Synonym für Unterart (d. h. Subspezies), und somit als Systematik-Begriff verwendet werden. Unter der Rassenhygiene verstand der Autor vielmehr die Lehre von den Bedingungen der "Entartung und Veredelung eines Volkskörpers", unabhängig davon, ob dieser aus einer einzigen "Rasse" oder einem "Rassen-Gemisch" bestehe. Nach A. Bäumer (1990) blieb bei Schallmayer das deutsch-nationale im Hintergrund. Der Autor fühlte sich dennoch als Deutscher und wünschte sich, dass sein "Rassendienst" vom deutschen Volke durchgeführt werde und diesem zu Gute komme. Das eigentliche Ziel dieser Bewegung bestand in einer "Veredelung der Menschheit".

Diese biologistischen Ansätze aus den Jahren 1900 – 1920 führten zu rassenhygienischen Gedankengängen, die später in der pseudowissenschaftlichen Ideologie des nationalsozialistischen Terror-Staates aufgegriffen und auf rücksichtslose Art und Weise in die Praxis umgesetzt wurden (Hoßfeld und Brömer 2001).

Eine Variante biologistischer Ansätze war die seltsame Vereinigung des Sozialismus mit dem Darwinismus. Diese eigenartige Wahlverwandtschaft zweier völlig verschiedener Gebiete fiel auch bald den Gegnern diese Ideologie auf. Insbesondere der Mediziner Rudolf Virchow (1821 – 1902) warnte vor den möglichen Folgen einer derartigen Synthese. Im September 1877 hielt er die Festrede auf der 50. Jahresversammlung der *Gesellschaft Deutscher Naturforscher und Ärzte* in München. Im Rahmen dieses publizierten Vortrages griff er die Abstammungslehre in klaren Worten an: "Nun stellen Sie sich einmal vor, wie sich die Deszendenztheorie heute schon im Kopf eines Sozialisten darstellt! Ja, meine Herren, das mag manchem lächerlich erscheinen, aber es ist sehr ernst, und ich will hoffen, dass die Deszendenztheorie für uns nicht alle Schrecken bringen möge, die ähnliche Theorien wirklich im Nachbarlande angerichtet haben. Immerhin hat auch diese Theorie, wenn sie konsequent durchgeführt wird, eine ungemein bedenkliche Seite, und dass der Sozialismus mit ihr Fühlung genommen hat, wird Ihnen hoffentlich nicht entgangen sein" (Bäumer 1990).

Diese Thesen des berühmten Pathologen führten bei Haeckel zu heftigem Widerspruch. Dieser bezeichnete Virchows Ausführungen als bösartige Diffamierung des großen Naturforschers Charles Darwin. Haeckel hat zwei Jahre vor seinem Tod ein letztes Buch publiziert, in dem das in Abb. 9.2 veranschaulichte Konzept von den "niederen (dunkelhäutigen) und höheren (weißen) Menschenrassen" (Haeckel 1874) zu der folgenden Schlussfolgerung führte: Der unbefangene Vergleich "des Seelenlebens bei den höheren und niederen Menschenrassen" (zeigt) ..., dass der höhere Geist nur ein Produkt vieltausendjähriger Kultur ist, da er den niederen Naturvölkern noch ebenso fehlt wie den Affen und den übrigen Säugetieren" (Haeckel 1917). Es ist offensichtlich, dass der alternde Zoologe mit diesen (und ähnlichen, bereits früher publizierten) Äußerungen das Gebiet der seriösen, objektiven Naturwissenschaften verlassen hatte. Zwei Jahrzehnte später wurden derartige Aussagen von einigen Vertretern des NS-Regimes aufgegriffen und missbraucht. Die Frage, ob Haeckel (wie auch Charles Darwin) jemals antisemitistische Bemerkungen publiziert haben, ist unbeantwortet. Ich habe in den Hauptwerken dieser Naturforscher nach negativen Äußerungen über Juden gesucht, jedoch keine derartigen Bemerkungen gefunden.

Sozialdarwinismus und NS-Ideologie

Der britische Sozialphilosoph Herbert Spencer (1820 – 1903) wurde ohne formale Ausbildung zu einem anerkannten Buchautor und Journalisten. Nachdem er u. a. als Eisenbahn-Ingenieur gearbeitet hatte, lebte er seit den 1840er Jahren als freier Schriftsteller. Ihm kommen zwei Verdienste zu, die weitgehend in Vergessenheit geraten sind: Spencer verwendete als erster den Begriff "Evolution" im modernen biologischen Sinne und prägte den von Darwin angenommenen Ausdruck "survival of the fittest". Dieses "Überleben des Tüchtigsten" (in heutiger Interpretation: des am besten an die Umwelt Angepassten) wurde zum Leitsatz einer Ideologie, die unter dem Begriff "Sozialdarwinismus" in die Literatur eingegangen ist. Durch direkte Übertragung der Darwin/Wallaceschen Selektionstheorie (Bell 1997, Kutschera 2003 b) auf gesellschaftlich-soziale Prozesse sollte ein "weltanschaulicher Darwinismus" etabliert werden, der das Ausleseprinzip zum Maß aller Dinge erhob (Engels 1995).

Der Sozialdarwinismus war eine der Wurzeln der nationalsozialistischen Ideologie. Das Buch "Mein Kampf" (1933) von Adolf Hitler (1889 – 1945), in dem allerdings weder Darwin noch Haeckel zitiert sind (Hoßfeld 1999), zeigt, wie stark der "Führer" bestimmte Prinzipien des Sozialdarwinismus übernommen hatte und sie in seinem Sinne missbrauchte. Dieser ideologische Irrweg hatte allerdings mit den ursprünglichen Ausführungen des britischen Naturforschers Charles Darwin inhaltlich nichts mehr zu tun.

Als der Zoologe Oscar Hertwig (1849 – 1922) im Jahr 1918 vor der undifferenzierten Übertragung des Selektionsprinzips auf gesellschaftliche Prozesse warnte, war diese unheilvolle Richtung bereits eingeschlagen. Der Sozialdarwinismus, eine weltanschauliche Modeströmung unter Medizinern und Biologen, hatte die breite Öffentlichkeit erreicht und war in zahlreichen populären Schriften etabliert. Die Warnung des Anti-Darwinisten O. Hertwig kann aus heutiger Sicht wie eine vorhergesehene Darlegung von Verbrechen während der nationalsozialistischen Terrordiktatur angesehen werden. Da diese Ausführungen außerdem eine prägnante Zusammenfassung der sozialdarwinistischen Weltanschauung liefert, sollen nachfolgend einige Passagen zitiert werden:

"Ich komme zum letzten Einwand in meiner Abwehr des sozialen Darwinismus, zur Undurchführbarkeit der als ideales Ziel von ihm angestrebten Einrichtung eines menschlichen Züchtungsstaates. Künstliche Zuchtwahl, wie sie von Darwin als Mittel zur Hervorbringung der Kulturrassen beschrieben und zum Vorbild seiner *Natural Selection* gemacht worden ist, soll nach Ansicht seiner Jünger, die sich mit der Veredelung des Menschengeschlechts beschäftigen, in Zukunft auch von menschlichen Zuchtkommissionen planmäßig und zielbewusst wie von Tierzüchtern geübt werden. ... Von vornherein ist klar, dass ohne Zwangsgesetze und ohne geradezu ungeheuerliche Eingriffe in das Selbstbestimmungsrecht des Einzelnen ein erfolgreicher Züchtungsstaat sich nicht einrichten lässt. Bis jetzt erfolgt bei allen Kulturvölkern die Eheschließung und die Ergreifung eines Berufes, durch den die erstere ermöglicht wird, nach ... freier Wahl der Beteiligten. ... Hiervon abgesehen gehört die Eheschließung bis jetzt jedenfalls zu den wenigen Gebieten, die von staatlichen Zwangsmaßregeln frei geblieben sind. In dieses Verhältnis soll nach den Zukunftsphantasien der Sozialdarwinianer der Züchter als maßgebender Auslesefaktor wie ein Gestütsdirektor eingreifen. Aufgrund seiner beschränkten, teils richtigen, teils falschen, teils eingebildeten wissenschaftlichen Kenntnisse soll er mit weitgehender Befugnis ausgerüstet werden, um das Fortpflanzungsgeschäft auf einen engeren Kreis der Tüchtigen, wie das jetzt gebräuchlicher gewordene Losungswort heißt, einzuschränken. Und damit diese positive Auslese auch wirksam wird, muss er zugleich auch negative Auslese treiben; er muss einen großen Teil der menschlichen Gemeinschaft von Kindes Beinen an als minderwertig brandmarken und wenn sie erwachsen ist, durch Zwangsmittel der Möglichkeit berauben, Nachkommen zu hinterlassen. ... Die zur Leitung und Regulierung des Fortpflanzungsgeschäfts eingerichteten Behörden müssten dann mit gesetzlichen Befugnissen ausgerüstet werden, die ihnen eine solche Macht über Leib und Seele aller Mitglieder der sozialen Gemeinschaft einräumt, wie sie selbst die katholische Kirche nicht zu Zeiten ihrer höchsten Macht über die Seelen ihrer Angehörigen durch Erstickung ungläubiger Gesinnung im Keim, durch religiöse Zwangsmittel, Inquisition, Ketzergerichte und Hexenverbrennung ausgeübt hat. ... Ein System von Behörden würde geschaffen werden, in denen die Ärzte selbstverständlich die Hauptrolle spielen vermöge ihrer besseren

Kenntnis der Anatomie und Physiologie und ihrer Bekanntschaft mit den ausschlaggebenden Gesetzen des Darwinismus. Wie die Kirche mit ihren Institutionen die ihr Zugehörigen auf ihren Lebenswegen begleitet, sie mit der Taufe in die christliche Gemeinschaft symbolisch aufnimmt, sie mit der Konfirmation in das werktätige Leben entlässt, die Ehe als Sakrament schließt und heiligt, endlich ihnen und ihren Angehörigen beim nahenden Tod und beim Begräbnis tröstend zur Seite steht, so würde im Züchtungsstaat nach den Utopien einiger Sozialdarwinianer eine Kommission schon den Neugeborenen empfangen und durch ärztliche Untersuchung feststellen, ob er zur Aufzucht geeignet oder besser gleich wegen zu schwacher Konstitution, oder wahrscheinlicher, erblicher Belastung als untauglich für eine Edelrasse, als unnützer Ballast für den Staat durch eine Dosis Morphium oder andere milde Verfahren auszujäten ist. ... Eine oberste und den Ausschlag gebende Behörde des Züchtungsstaates würde schließlich ihre Vorarbeiten als schätzbares Material benutzen und nach Marstallprinzipien die Auslese bei den Eheschließungen vornehmen, damit bei der Fortpflanzung eine allmähliche Verbesserung des Menschengeschlechts erzielt wird. ... Meinem Argument, das keine menschliche Gesellschaft sich den Zwangsgesetzen eines Züchtungsstaates unterwerfen würde, füge ich noch ein zweites an. Wenn ein Gestütsdirektor sich in der Auswahl seiner Zuchtpferde irrt, kann er nur wenig schaden. Welches Unheil würde dagegen eine Menschenzuchtbehörde bei ihrer unendlich schwierigen Aufgabe durch Irrtum anrichten und wie viel Leid und Wehe würde sie auch sonst noch bei allen ihren Entscheidungen, von denen Menschenglück abhängt, hervorrufen ? ... Sie müsste wie ein Gott nicht nur die äußerlich erkennbaren Merkmale und Fähigkeiten eines Menschen richtig beurteilen, sondern sein inneres Wesen, auch seine nicht direkt wahrnehmbaren Anlagen durchschauen können. ... Jedermann weiß, dass auch sehr begabte und in mancher Hinsicht ausgezeichnete Väter eine minderwertige, ihnen nicht gleichende Nachkommenschaft hinterlassen können. Ein Menschenzüchter müsste also eine geradezu übermenschliche Voraussicht besitzen. Auch der in sittlicher und geistiger Beziehung vollkommenste Mensch würde diesen Anforderungen nicht entsprechen, und er am allerwenigsten würde sich bereit finden, im Bewusstsein seiner menschlichen Schwäche einem solchen Tribunal als Mitglied anzugehören, wie auch früher sich gewiss nicht die Besten zum Amt eines Großinquisitors und Ketzerrichters gedrängt haben. ... Schließlich sei noch auf eine letzte Reihe von Gründen gegen die Unmöglichkeiten der Utopien eines Züchtungsstaates hingewiesen. Wenn wir die Phrasen: Auslese der Tüchtigen, Zucht des Übermenschen, Errettung des Menschengeschlechts von unheilbarer Degeneration, Veredelung desselben durch eine Fortschrittsentwicklung zu schwindliger Höhe nur etwas genauer zergliedern, so wird recht bald hervortreten, wie die Ansichten in der menschlichen Gesellschaft über die erstrebenswerten Ziele der natürlichen Auslese und über die zu ihnen führenden Wege weit auseinander gehen würden." (Hertwig 1918).

Die oben aufgeführten Zitate zeigen, dass dieser bedeutende Zoologe (der allerdings die Darwinsche Theorie nicht akzeptiert hat) ein glänzender Psychologe war. Die Vergleiche mit den Aktivitäten der katholischen Kirche und der Hinweis, die Sozialdarwinisten der Vor-NS-Zeit seien "religiöse Fanatiker" gewesen, sind bemerkenswert. Im nächsten Abschnitt werden wir die Rassenhygiene im Dritten Reich rekapitulieren und die Ideologisierung der Biologie im NS-Staat kennen lernen.

Eugenik und Euthanasie

Ein Vetter von Charles Darwin, Francis Galton (1822 – 1911), gilt als Urvater der "Wissenschaft vom guten Erbe" , die auch Eugenik genannt wird. Unter der Überschrift "positive Eugenik" wird eine Verbesserung des menschlichen Erbguts (in moderner Sprache des Genpools) durch entsprechende "Zuchtmaßnahmen" angestrebt, während die "negative Eugenik" eine Eliminierung des als minderwertig eingestuften Erbguts aus der Erbmasse einer Population beabsichtigt. Welche Gedanken führten Galton zu diesem Konzept ?

In einem populären Aufsatz aus dem Jahr 1865 formulierte Darwins Vetter seine Ideen erstmals und publizierte dann 1883 ein Buch mit dem Titel *Inquiries into Human Faculty and its Development.* Galton leitete den Begriff Eugenik von "eugenes" ("edel geboren") ab. Er meinte damit dem Sinne nach "von der Abstammung her gut" oder auch "mit guten erblichen Eigenschaften". Dieser Hypothese lag die Annahme zugrunde, dass nicht nur körperliche, sondern auch geistige Eigenschaften vererbt werden. Der Autor versuchte, anhand empirischer Daten die ererbten Eigenschaften und Fähigkeiten verschiedener Menschen, sortiert nach ihren Unterschieden in Völkern, Familien und ethnischen Gruppen zu dokumentieren. Auf dieser Basis beabsichtigte er, gemäß der Darwinschen Deszendenztheorie biologische Mechanismen zu entschlüsseln sowie praktische Maßnahmen zu erstellen. Diese der Verbesserung des Genpools dienenden Maßnahmen sollten nach Galton in kleinen Schritten erfolgen und die Entwicklungsgeschichte der betreffenden menschlichen Population unmerklich verändern.

Galton definierte die Eugenik als die Lehre all jener Einflüsse, die bewirken, dass angeborene Eigenschaften innerhalb einer Population im Verlauf vieler Jahrzehnte verbessert werden. Eine stufenweise Entwicklung zur "Vollkommenheit" war ebenfalls eines seiner erklärten Ziele. Zentrale praktische Aufgaben waren für Galton die Sammlung von Datenmaterial zur Dokumentation, unter welchen Bedingungen kinderreiche und begabte Familien optimal gedeihen können; geistige und körperliche Kriterien bei der Wahl des Ehegatten zu entwickeln und letztendlich die Aufnahme dieser eugenischen Grundsätze in das staatliche Gesundheitssystem zu vollziehen. Nach Galton soll in einer zivilisierten Menschengruppe das Darwinsche Prinzip vom Überleben und Durchsetzen des Tüchtigsten nicht mehr wirksam oder gar ins Gegenteil umgeschlagen sein, d. h. die natürliche Auslese sei ausgeschaltet. Aus diesem Grund seien Gegenmaßnahmen erforderlich. Allerdings sollte hervorgehoben werden, dass Galtons Grundkonzept nichts mit rassenhygienischen Konzepten, Zwangsehen u.s.w. zu tun hat. Eine aus dem Tierreich abgeleitete Vorgabe sollte, übertragen auf die Menschheit, in die Praxis umgesetzt werden und dem Wohle des Volkes dienen.

Im Jahr 1912 wurde in London der erste internationale Eugenik-Kongress veranstaltet. Diese Tagung wurde von Wissenschaftlern aus aller Welt besucht. Die Tatsache, dass die Eugenik sich später in eine so unheilvolle Richtung entwickelt hat, konnte zu diesem Zeitpunkt von keinem der Beteiligten erahnt werden.

Der Begriff "Rasse" (in der Biologie: ethnische Gruppe, die durch gemeinsame phänotypische Merkmale gekennzeichnet ist) wurde durch Joseph A. C. de Gobineau (1816 – 1882) erweitert und zum Teil umdefiniert. In einem 1855 in Paris erschienenen Essay wurde die folgende Hypothese formuliert. Die weißen, schwarzen und gelben Menschenrassen entstammen nach Gobineaus christlicher Glaubensansicht einem urtümlichen Geschlecht und sind als Varietäten oder Sekundärtypen zu interpretieren. Durch eine Vermischung werden die Folgerassen abgeleitet. Die "Arier", die in den 1930er Jahren das Rassedenken in verhängnisvoller Weise geprägt hatten, bilden eine Art "Kern-Population"; nach Gobineau wurden sie u. a. wie folgt beschrieben: die "erlauchte Menschenfamilie", die "unbestreitbar edelste weiße Abkunft", die allen anderen weit "überlegene Rasse". Dieser angeblich "auserlesenen Rasse" wurden die dunkelhäutigen Menschen sowie die gesundheitlich Beeinträchtigten auf abfällige Weise entgegengesetzt (Bäumer 1990).

Neben Gobineau muss an dieser Stelle auch auf die Schriften von Alfred Ploetz (1860 – 1940) eingegangen werden. Dieser Autor war in hohem Maße durch die Werke von Darwin beeinflusst. Dies wird in seinem 1895 erschienenen Buch mit dem Titel *Die Tüchtigkeit unserer Rasse und der Schutz der Schwachen* deutlich. Als Mediziner sah Ploetz die Gefahr, dass die Krankenfürsorge und verbesserte Hygiene durch ihre positiven Auswirkungen auf die Schwachen der natürlichen Selektion (und damit einem im Tierreich nachgewiesenen Prozess) entgegenwirkt. Aus diesem Grunde lehnte dieser Rassenhygieniker die sozialistische Forderung nach Gleichheit ab. Nach Ansicht von Ploetz konnte nur durch die "Beherrschung der Variabilität" ein Fortschritt erzielt werden. Daher stellte der Arzt dem Begriff "Individualhygiene" einen neuen Terminus, den der sogenannten "Rassenhygiene", entgegen. Es sollte darauf hingewiesen werden, dass bei Ploetz das Wort "Rasse" im allgemeinen Sinne verwandt war und nicht auf eine spezifische ethnische Gruppe Bezug genommen wurde. Die beabsichtigte Rassenhygiene erstrebt somit eine Verbesserung der gesamten Menschheit, wobei auch hier der Begriff "Vervollkommnung" in die Diskussion gebracht wurde.

Interessanterweise hatte durch die Aktivitäten des populären Mediziners Ploetz die Rassenhygiene um das Jahr 1910 auch im Kreise führender Soziologen Eingang gefunden. In einem publizierten Vortrag, den Ploetz in Frankfurt auf Einladung der *Deutschen Gesellschaft für Soziologie* hielt, betonte der Rassenhygieniker, dass die Gesellschaft ein Instrument im Kampf ums Dasein der Rasse sei. Er prägte die Begriffe "Gesellschafts- bzw. Rassenbiologie" und betonte die Bedeutung der von ihm als besonders hochwertig angesehenen "germanischen Rasse". Es sei darauf hingewiesen, dass die Nationalsozialisten zwei Jahrzehnte später die Grundidee von Ploetz in verfälschter Form popularisiert haben. Bei Ploetz kann man in gewisser Weise von einem Idealbild sprechen, das in der "germanischen und nordischen Rasse" verwirklicht sein soll. In seinem Vortrag sprach Ploetz jedoch nur von den Europäern oder "Westariern", deren rassenhygienische Vorzüge eine Vervollkommnung der Menschheit ermöglichen solle. Erst nach Machtübernahme der Nationalsozialisten, d. h. in den 1930er Jahren, bekannte sich Ploetz auch öffentlich zu "seiner" bevorzugten nordischen oder germanischen Rasse.

Abschließend sei auf die von August Weismann (1834 – 1914) formulierte Theorie von der Kontinuität des Keimplasmas als Grundlage der Vererbung hingewiesen. Wie in Kapitel 1 dargelegt wurde, gingen Charles Darwin und Ernst Haeckel noch von einer Vererbung erworbener Körpereigenschaften aus, d. h. Teilaussagen der Lamarckschen Abstammungshypothese waren Bestandteil des klassischen Darwinismus. Der Zoologe Weismann widerlegte in den 1880er Jahren den "Glaubenssatz" von der Vererbung erworbener Eigenschaft und wurde somit zum Begründer des Neo-Darwinismus. Das hypothetische Konzept der Rassenhygieniker wurde durch Weismanns Keimplasmatheorie unterstützt. Der Zoologe und Cytologe postulierte eine Trennung zwischen den Geschlechtszellen (Gameten) und den Körperzellen (Soma) beim sich entwickelnden Tier. Die somatischen Zellen sollten nach Weismanns Vorstellungen einerseits aus den Gameten hervorgehen, aber andererseits auf diese keinen Einfluss ausüben. Veränderungen im Soma verursachen somit keine Wirkung auf die Keimbahn. Durch diese Darlegung wurde die natürliche Auslese in gewisser Weise nochmals aufgewertet. Weismann prägte in seinen Schriften u.a. den populären Begriff von der "Allmacht der Naturzüchtung". Für die Rassenhygieniker ergaben sich aus den Postulaten von Weismann eine Reihe von Konsequenzen. Eine Eindämmung der "Degeneration der Menschheit" konnte nicht ausschließlich über Maßnahmen wie Armenfürsorge, medizinische Unterstützung und Sozialversicherungen bewirkt werden. Die fehlende natürliche Selektion sollte durch einschneidende Maßnahmen ersetzt werden. Wie bereits von O. Hertwig (1918) vorhergesehen, sollte eine Art "Menschenzüchtung" etabliert werden. Die von Gobineau und Ploetz postulierte Rassenhygiene wurde dann bald in der Praxis erprobt.

Wie die Historikerin A. Bäumer (1990) betont, waren die Rassenhygiene als wissenschaftliche Ideologie und der Nationalsozialismus als politisches Programm weder dem Inhalt noch der Form nach identisch: sie zeigten nur eine gewisse Grund-Übereinstimmung. Die geistige Verwandtschaft ergab sich aus der Tatsache, dass die Nationalsozialisten die wissenschaftlichen Inhalte und politischen Forderungen der Rassenhygieniker vereinnahmten, wenn auch in einer verfälschten Form. Die Rassenhygieniker lieferten der NS-Ideologie theoretische Konzepte, die ihre Etablierung förderte und ihre angeblich "wissenschaftliche" Legitimierung sicherte.

Den menschenverachtenden Höhepunkt der aus vorgeblich rassenhygienischen Gründen durchgeführten Zwangsmaßnahmen bildete eine Nazi-Aktion unter dem Titel "Vernichtung lebensunwerten Lebens", die Euthanasie. An der praktischen Durchführung waren zwar nur wenige Rassenhygieniker beteiligt; jene hatten jedoch die theoretische Grundlage für diese unvorstellbaren Verbrechen gegen die Menschlichkeit geschaffen. Das Euthanasieprogramm war eher ökonomischer als rassenhygienischer Denkweise verpflichtet. Ein weiterer entscheidender Unterschied zeigte sich in der Tatsache, dass die Nationalsozialisten rassenhygienische Maßnahmen offen legten, die Euthanasieaktionen jedoch im Verborgenen durchführten.

Unmittelbar nach der Machtübernahme durch Adolf Hitler (1933) wurde das Euthanasieprogramm propagandistisch vorbereitet und in folgenden Stufen verwirklicht: Auslese der Kranken, Tötung der Opfer, Kinder-Euthanasie, Vernichtung mehrerer Millionen Juden und anderer Menschengruppen. Des weiteren soll an dieser Stelle auf die sogenannte positive Auslese hingewiesen werden. Im Jahr 1936 wurde auf Veranlassung des Reichsführers Heinrich Himmler (1900 – 1945) der sogenannte "Lebensborn e. V." gegründet. Es sollten "rassisch und erbbiologisch wertvolle kinderreiche Familien" gefördert und werdende Mütter in den Heimen des "Lebensborn" aufgenommen werden. Dieses "Menschen-Züchtungsprogramm" war eines der geheim gehaltenen Projekte der Nationalsozialisten, dessen Inhalt erst im Verlauf der letzten Jahrzehnte offengelegt wurde (Bäumer 1990).

Darwin und Haeckel als Wegbereiter der NS-Ideologie ?

Nach dieser kurzen Rekapitulation einiger historischer Fakten soll abschließend die Frage diskutiert werden, inwieweit Darwin, Haeckel und Heberer (u. a. als Herausgeber des Sammelwerks "Die Evolution der Organismen", 1943) als geistige Urahnen der Nazi-Verbrechen zu bewerten sind. Bei Charles Darwin, der 1882 starb, ist die Sachlage eindeutig. Wie bereits dargelegt wurde, fehlte in den wichtigsten NS-Schriften, wie z. B. Hitlers "Mein Kampf" (1933), jeglicher Verweis auf Darwin (Hoßfeld 1999). Dieser war als Engländer und somit Angehöriger einer "feindlichen Nation" wohl kaum ein Vorbild für die NS-Strategen. Über den auf Darwins Werken aufbauenden Sozialdarwinismus und die Eugenik haben sich allerdings Begriffe wie der "struggle for existence" (Daseinswettbewerb) in verfälschter Form in manche Nazi-Propagandaschriften eingenistet. Da der britische Urvater der Abstammungslehre jedoch das Selektionsprinzip zeit-gleich mit A. R. Wallace entdeckt und beschrieben hatte, und in seinem Hauptwerk (Darwin 1859) diesen Grundgedanken bereits bei zahlreichen Vorgängern nachweisen konnte, kann von einer "Wegbereiterschaft Darwins" wohl kaum die Rede sein. Diese Schlussfolgerung wird u. a. durch die Tatsache unterstützt, dass in einem populären Biologiebuch aus der NS-Zeit (Trinkwalter 1935) der Name Darwin nur in einem Satz erwähnt wird.

Der amerikanische Historiker D. Gasman (1998) hat in zahlreichen Veröffentlichungen die Behauptung aufgestellt, der "deutsche Darwin" (Ernst Haeckel) sei als direkter ideologischer Wegbereiter der Nationalsozialisten einzustufen. Diese Hypothese wird z. B. durch das folgende Zitat, das 1934 im 2. Heft der Zeitschrift *Der Biologe* zum 100. Geburtstag des Jenaer Biologen publiziert wurde, unterstützt: "Der 100. Geburtstag des großen Jenenser Naturforschers steht unter glücklichen Zeichen! Endlich sind die wesentlichen Forderungen, die er stellte, erfüllt: Minderwertige zu beseitigen, mehr Wert zu legen auf den naturwissenschaftlichen Unterricht in der Schule, die Ergebnisse der Wissenschaft bis in die unteren Führerschichten zu tragen". Diesen Ausführungen soll jedoch ein anderes Zitat, publiziert im Jahr 1937 in der *Zeitschrift für die Gesamte Naturwissenschaft* , entgegengesetzt werden: "Mögen auch Philosophen und Biologen verschiedenster Forschungsrichtungen aus Haeckel bei der großen

Vielfalt seiner Gedanken und Forschungen materialistische, biologische, idealistische oder sonst welche Vorstellungen herauslesen: die Gesamtschau des materialistischen Monismus wird philosophisch von dem völkisch-biologisch schauenden Nationalsozialismus abgelehnt. Weitere und eingehendere wissenschaftlich-philosophische Auseinandersetzungen darüber gehören ausschließlich in den Bereich wissenschaftlicher Forschung. Die Partei und ihre Vertreter müssen nicht nur eine teilweise Übertragung Haeckelscher Gedankengänge, wie sie zeitweilig gefordert wird, ablehnen, sondern jede parteiamtliche Auseinandersetzung mit Einzelheiten der Forschungen und der Lehre Haeckels überhaupt".

Bedenkt man weiterhin, dass in den zentralen Werken der NS-Bewegung, d. h. in Hitlers Buch "Mein Kampf" (1933) und Rosenbergs "Mythus des XX. Jahrhunderts" (1930) der Jenaer Zoologe Haeckel nicht erwähnt wird, ein Verweis auf Haeckel im bereits angesprochenen Buch von L. Trinkwalter (1935) fehlt und Haeckels "Monistenbund" im Jahr 1936 von den Nationalsozialisten verboten wurde, so bleibt nach Hoßfeld (1999) nur eine Schlussfolgerung: Die Bedeutung von Haeckel wurde von Gasman (1998) und unseren zeitgenössischen Anti-Evolutionisten maßlos überschätzt. An dieser Stelle soll nochmals betont werden, dass anti-jüdische Bemerkungen im Werk von Haeckel bisher nicht nachgewiesen werden konnten. In zwei Schemazeichnungen des Zoologen, dem "Stammbaum der Menschenrassen" (1895) und dem "Stammbaum der zwölf Menschenarten" (1911) sind die Semiten (Araber und Juden) mit den Indogermanen, Chinesen und Japanern auf gleich hoher Stufe eingezeichnet; "Kaffern, Papuas, Hottentotten und Neger" wurden von Haeckel als "urtümliche, niedere Formen" an der Basis des Menschen-Stammbaums eingezeichnet (Hoßfeld 2003).

Zu diesem letzten Punkt sei vermerkt, dass der Königsberger Philosoph Immanuel Kant (1714 – 1804) in einer seiner *Kleinen Schriften* Äußerungen über Schwarzafrikaner publiziert hat, die jenen von Ernst Haeckel weitgehend gleichen: "Übrigens ist feuchte Wärme dem starken Wuchs der Tiere überhaupt beförderlich, und kurz, es entspringt der Neger, der seinem Klima wohl angemessen, nämlich stark, fleischig, gelenk, aber unter der reichlichen Versorgung seines Mutterlandes faul, weichlich und tändelnd ist" (Kant 1775). An anderer Stelle schreibt Kant von den "Ausdünstungen der phosphorischen

Säuren, wonach alle Neger stinken". Liest man diese Schrift etwas genauer, so findet man auch eindeutige Empfehlungen zur Eugenik. Der Autor verweist "auf die Möglichkeit, durch sorgfältige Aussonderung der ausartenden Geburten von den einschlagenden endlich einen dauerhaften Familienschlag zu errichten ... einen von Natur edlen Schlag Menschen in irgendeiner Provinz zu ziehen, worin Verstand, Tüchtigkeit und Rechtschaffenheit erblich wären" (Kant 1775). Ähnliche negative Bemerkungen über Schwarzafrikaner finden sich auch in den Werken des geistigen Kant-Nachfolgers Arthur Schopenhauer (1788 – 1860). Zum 200. Todestag von Immanuel Kant (12. Februar 2004) wurden zahlreiche Artikel und Schriften publiziert. In keiner der mir bekannt gewordenen Würdigungen wurde der Königsberger Philosoph als "geistiger Wegbereiter von Rassismus und NS-Eugenik" bezeichnet. Die Ausführungen von Kant, Schopenhauer, Haeckel und anderer Denker müssen aus ihrer Zeit heraus verstanden werden: Politische Entscheidungen zur Zuwanderungspolitik aus dem Jahr 2000 wird man möglicherweise in einigen Jahrzehnten in Deutschland ganz anders bewerten als heute. Wendet man diese "Wegbereiter-Logik" konsequent an, so müsste man z. B. auch die Urväter des Autos, G. Daimler und C. Benz (Kapitel 2) für die Millionen Verkehrstoten verantwortlich machen, die seit der Erfindung des PKWs zu beklagen sind. Von einer "Kollektiv-Schuld" der beiden Erfinder des "Massenmörders Automobil" habe ich allerdings bis heute noch nichts gelesen.

Welches Verhältnis hatten die führenden Nationalsozialisten zur Darwins Abstammungslehre? Wie aus dem nachfolgenden Zitat aus dem Brief von der Hauptstelle des kulturpolitischen Archivs an das deutsche Volksbildungswerk vom 12. Juni 1939 deutlich wird, standen die Nationalsozialisten der Naturwissenschaft Evolutionsbiologie eher ablehnend gegenüber: "Dabei ist jedoch zu berücksichtigen, dass die politische Rassenlehre des Nationalsozialismus Distanz hält von der menschlichen Abstammungslehre, die in ihren Einzelheiten zwangsläufig dem Wechsel wissenschaftlicher Theorien unterworfen ist, in ihren weltanschaulichen Grundgedanken im Augenblick noch sehr häufig mit Haeckelschen Gedanken durchsetzt wird, und damit nicht ganz ohne Grund vor der Öffentlichkeit als Bestandteil materialistisch-monistischer Ideen gilt" (Hoßfeld 2003). Zur angeblichen "Mitschuld" der Vertreter der Synthetischen Evolutions -

theorie sei an dieser Stelle ein Zitat aus der Monographie des Biologiehistorikers T. Junker (2004) angeführt: "Von den von mir untersuchten Publikationen zum synthetischen Darwinismus aus den Jahren 1933 – 1945 findet sich keine Aussage, in der die Zukunft der Menschheit aus Sicht der nationalsozialistischen Herrenrassenideologie zustimmend diskutiert wird".

Wie ist die Rolle des Anthropologen G. Heberer zu bewerten, der in NS-Politorganisationen eingebunden war? In den evolutionsbiologischen Hauptwerken dieses Wissenschaftlers, insbesondere auch im ideologiefreien Sammelwerk (Heberer 1943) sind keine rassenpolitischen Propagandasätze abgedruckt (Hoßfeld 1997). Obwohl einige Aussagen von Darwin, Haeckel und anderer Evolutionisten von manchen Nationalsozialisten ideologisch vereinnahmt wurden, kann auf Grundlage der hier zusammengestellten Fakten von einer direkten "Wegbereiter-Funktion" dieser Naturforscher wohl kaum die Rede sein (Hoßfeld 2003, Junker 2004).

Eine Bemerkung aus dem Ernst-Haeckel-Haus

Abschließend soll ein Kommentar zu dem zweiten Video von F. Poppenberg ("Gott würfelt nicht") wiedergegeben werden, der von den Wissenschaftshistorikern O. Breidbach und U. Hoßfeld (Ernst-Haeckel-Haus, Universität Jena) im März 2004 verfasst wurde: "Eine zentrale Rolle in der 'evolutionskritischen' Argumentation des Filmes nimmt der Jenaer Zoologe Ernst Haeckel ein. Berichtet wird hierbei nicht über seinen Entwurf einer Biologie und dessen wissenschaftshistorische Einbindung. Interessanterweise fehlt auch eine Diskussion der bewusst antiklerikalen wissenschaftspolitischen Aktivitäten Haeckels. Der Film konzentriert sich vielmehr auf einzelne ideologisch-weltanschauliche Aspekte. Haeckel wird dabei insgesamt von seinen keineswegs unproblematischen Vereinnahmungen durch den Nationalsozialismus her begriffen, woraus sich im Film die einfache Gleichung 'Darwinismus = Konzentrationslager' ableitet. Mit wissenschaftlich-kritischer Darstellung hat dies nichts mehr zu tun. Dies ist von zweierlei Seiten her zu bedauern. Einerseits findet sich der Film mittlerweile in zahlreichen Schulbibliotheken, wo er auch an Schüler, die an der Biologie interessiert sind, ausgeliehen wird; was bei der Qualität dieser Darstellung aus Sicht eines Biologen aber schlicht unterbunden werden sollte. Andererseits macht der Film es aber auch denjenigen, die undifferenziert gegen jeden Glauben zu Felde ziehen, zu einfach. Vermittelt der Film doch eine derart indifferente Darstellung des Religiösen, dass es einem engagierten weltoffenen Katholiken doch sehr erschwert wird, sich gegenüber solchen Darstellungen religiöser Argumentationen abzusetzen.

Insgesamt vermittelt der Film ein Zerrbild, das alles andere als die Position der modernen Biowissenschaften und der Wissenschaftsgeschichte vermittelt und hinterfragt. Die Öffentlichkeit, insbesondere (Hochschul-)Lehrer, Schüler sowie Studenten, sei nachdrücklich vor diesem Machwerk gewarnt (in dem auch das 'evolutionskritische Lehrbuch' von R. Junker und S. Scherer 1998 beworben wird)".

Mit diesen klaren Worten wollen wir die Besprechung der Propagandawerke unserer deutschen "Theo-Biologen" abschließen und im letzten Kapitel eine Bewertung des ID-Arguments vornehmen. Warum ist der Glaube an Paleys "göttlichen Designer" noch immer aktuell ?

10. Schlussfolgerungen: Design, Lebenskräfte und Schneeflocken

Kein Thema hat denkende Menschen seit Urzeiten mehr gefesselt als die Ursprungsfrage. Der im Alten Testament der Bibel niedergelegte judaisch-christliche Schöpfungsmythos lieferte über Jahrhunderte hinweg für Millionen gläubiger Menschen eine hinreichende Antwort auf diese große Frage der Metaphysik. Die Art und Weise, wie diese "göttlichen Schöpfungsakte" in der Natur erkannt werden können, wurde mit W. Paley (1802) in dem Gleichnis "design must have a designer" festgehalten. Der übernatürliche biblische Schöpfer konnte mit einem imaginären "Intelligenten Designer" gleichgesetzt werden, dessen "Schöpfungen" in Form der an die jeweilige Umwelt angepassten Organismen dem denkend-forschenden Menschen offenbart werden (Abb. 10.1). Das klassische "Design-Argument" wurde von Darwin (1859, 1872) durch ein naturalistisches Konzept ersetzt: Innerhalb variabler Populationen sich fortpflanzender Organismen kommt es zum Überleben derjenigen Varianten (Individuen), die besser an die herrschenden Umweltbedingungen angepasst sind als ihre Konkurrenten. Der "Designer" wurde somit aus der "Ursprungsforschung" verdrängt und durch einen natürlichen Prozess ersetzt: Phänotypische Variabilität, die genetisch verankert ist, gefolgt von der natürlichen Selektion im Verlauf zahlreicher Generationenabfolgen.

Abb. 10.1: Biologisches Design im Körper des Menschen: Arm mit offengelegten Knochen und Muskeln (Nach Paley 1802).

In anderen Worten: Abstammung mit Abänderung (descent with modification) unter Adaptation an die sich im Laufe der Jahrmillionen wandelnde Umwelt, verbunden mit einer Diversifikation der Populationen (Artenaufspaltungen).

Warum ist zweihundert Jahre nach Paley (1802) noch immer ein Glaube an "Intelligent Design" (ID) verbreitet, insbesondere bei christlich-religiös motivierten Denkern? Diese Frage soll im abschließenden Epilog analysiert werden. Weiterhin wollen wir den Kerngedanken des "Design-Arguments" herausarbeiten und die wissenschaftliche Unhaltbarkeit dieses Konzeptes anhand des "Schneeflocken-Beispiels" darlegen.

Daltonismus und Darwinismus

Der bereits zitierte Chemiker J. J. Berzelius (1779 – 1848) hat hervorgehoben, dass wissenschaftliche Theorien sich im Verlauf der Zeit wandeln und immer an der Realität (den Tatsachen) geprüft werden müssen (Kapitel 1). Als der Naturforscher J. Dalton (1766 – 1844) im Jahr 1808 sein berühmtes Werk zur "Chemischen Philosophie" publizierte, galt die dort ausformulierte Atomtheorie noch als höchst spekulatives Gedankengebäude. Ein Schlüsselzitat aus Daltons Hauptwerk soll den revolutionären Charakter der materialistischen Theorie von den Atomen verdeutlichen: "Chemical analysis and synthesis go no farther than to the separation of particles one from another, and to their reunion. No new creation or destruction of matter is within the reach of chemical agency. We might as well attempt to introduce a new planet into the solar system, or to annihilate one already in existence, as to create or destroy a particle of hydrogen. All the changes we can produce, consist in separating particles that are in a state of cohesion or combination, and joining those that are previously at a distance" (Dalton 1808).

Diese Worte leiteten einen Paradigmenwechsel ersten Ranges ein, mit weitreichenden praktischen Konsequenzen : Die Materie besteht der Daltonschen Hypothese zufolge aus Partikeln (den Atomen), deren Vereinigung und Trennung hinter den chemischen Umsetzungen stehen. Die über Jahrhunderte hinweg versuchten alchimistischen Element-Umwandlungen (z. B. Goldgewinnung aus Blei) waren mit

Dalton (1808) ad absurdum geführt, der methodische Materialismus in den "harten" Naturwissenschaften (Physik, Chemie) etabliert. Die von Dalton begründete Atomtheorie wurde später auf glänzende Weise durch eine Vielzahl unterschiedlichster Experimente bestätigt: Daltons Atome existieren wirklich und können heute mit speziellen mikroskopischen Methoden sichtbar gemacht werden (s. Kapitel 1). Der "Daltonismus" (Inhalt von Daltons Atombuch) ist fester Bestandteil der modernen Physik und Chemie, obwohl die Daltonsche Theorie in ihrer Urform modifiziert und erweitert wurde (derzeitiges Endprodukt: die moderne, "synthetische" Atomtheorie; sub-atomare Teilchen wie Elektronen, Protonen und Neutronen sind wiederum Bausteine der Atome und werden im Rahmen der Elementarteilchenphysik erforscht, s. z. B. Wiberg 1985 und Mortimer 1996).

Es sei hier nochmals betont, dass der Begriff *Daltonismus* (im eigentlichen Sinne) seit langem eine andere Bedeutung hat: Wir verstehen darunter eine angeborene, rezessiv-geschlechtsgebundene erbliche Krankheit (Rot-Grün-Blindheit), an der schon Dalton litt und die bei ca. 4 % aller Männer mehr oder weniger intensiv ausgebildet ist. Der hier diskutierte "Daltonismus" (Atomtheorie aus dem Jahr 1808) soll nachfolgend mit dem "Darwinismus" (Deszendenztheorie aus dem Jahr 1859) vergleichend diskutiert werden.

Wie bei Darwin waren auch bei Dalton die weltanschaulichen Widerstände gegen die neue Theorie gewaltig. Es wurde bereits dargelegt, dass der einflussreiche Philosoph G. W. F. Hegel heftig gegen die "Atomistik" polemisierte (Kapitel 7). Die Anfeindungen gegen Daltons Atomtheorie können besonders eindrucksvoll anhand einiger Zitate des Philosophen Arthur Schopenhauer verdeutlicht werden. In seinen "kleinen philosophischen Schriften", die 1851 unter dem Titel *Parerga und Paralipomena* veröffentlicht wurden, finden sich in Kapitel VI, Zur Philosophie und Wissenschaft der Natur, die folgenden Aussagen: "Die chemischen Atome sind bloß der Ausdruck der beständigen festen Verhältnisse, in denen die Stoffe sich miteinander verbinden, ... für diese Gewichtsverhältnisse hat man aber, höchst unglücklicherweise, den alten Ausdruck Atom gewählt; und hieraus ist unter den Händen der französischen Chemiker, die ihre Chemie, sonst aber nichts gekannt haben, eine krasse Atomistik erwachsen, welche die Sache als Ernst nimmt, jene bloßen Rechenpfennige als wirkliche Atome hypostasiert ..., um daraus deren Qualitäten und Verschiedenheiten zu erklären; ohne irgend eine Ahnung von der Absurdität zu haben. ...Wohin denken ohne Experimentieren führt, hat uns das Mittelalter gezeigt: Aber dies Jahrhundert ist bestimmt, uns sehen zu lassen, wohin Experimentieren ohne Denken führt... . Nur aus der gänzlichen Unkunde der Kantischen Philosophie ...., seit dem Hegelschen Verdummungs-Prozeß, ist die unglaubliche Rohheit der jetzigen mechanischen Physik zu erklären, deren Adepten jede Naturkraft höherer Art, Licht, Wärme, Elektricität, chemischen Prozeß u.s.w. zurückführen wollen auf die Gesetze der Bewegung des Stoßes und Druckes und auf geometrische Gestaltung, nämlich ihrer imaginären Atome. .... überhaupt aber, wenn es Atome gäbe, müssten sie unterschiedslos und eigenschaftslos sein, also nicht Atome Schwefel und Atome Eisen etc. , sondern bloß Atome Materie".

Bezüglich des Verhältnises des Naturforschers (Physiker, Chemiker) zum theoretischen Denker (Philosophen) äußerte sich Schopenhauer wie folgt: "Die Physik stößt, in Folge ihres Stoffs, sehr oft und unvermeidlich an die metaphysischen Probleme an, und da offenbaren denn unsere Physiker, die nichts als ihre Elektrisierspielzeuge, Volta'sche Säulen und Froschkeulen kennen, eine so krasse, ja schusterhafte Unwissenheit und Rohheit in Sachen der Philosophie (deren Doctores sie heißen), nebst der die Unwissenheit meistens begleitenden Dummdreistigkeit, vermöge welcher sie über Probleme, welche die Philosophen seit Jahrtausenden beschäftigen, wie Materie, Bewegung, Veränderung, in den Tag hineinphilosophieren, wie rohe Bauern" (Schopenhauer 1851).

Heute sind diese Zweifel an der Realität der von Dalton postulierten Atome überwunden, d. h. der "Materialismus-Streit" ist entschieden: Ein Buch mit dem Titel *Streitpunkt Atom. Daltonismus und Alchimie* würde heute niemanden mehr interessieren. Im Gegensatz zum "Daltonismus" ist der moderne (synthetische) Darwinismus noch immer Gegenstand vieler Streitgespräche, die in diesem Buch und in anderen aktuellen Publikationen dargelegt sind (Junker und Hoßfeld 2001, Kutschera 2001, Storch et al. 2001, Mayr 2001, Levit et al. 2003, Ruse 2003, Lenzen 2003, Junker 2004). Der Hauptgrund scheint darin zu bestehen, dass in der Bibel von göttlichen Schöpfungsakten, insbesondere der Erschaffung des Menschen, berichtet wird. Beschreibungen molekularer Prozesse und Strukturen sind in den niedergeschriebenen "Worten des christlichen Gottes" nicht zu finden.

Wären im "Buch der Bücher" Dogmen zum Aufbau der Materie nachlesbar, so würden sich vermutlich manche bibeltreue Christen noch heute gegen den "Daltonismus" wenden, so wie sie in maßloser Selbstüberschätzung versuchen, den "Dalton der Biologie" (Charles Darwin) durch Scheinargumente abzuqualifizieren (Kapitel 7).

Lebenskräfte und der Wasserschlauch

Die Geschichte der Pflanzenphysiologie lehrt uns, dass erst nach Überwindung des Glaubens an die sogenannte "Lebenskraft", ein metaphysisches, unerforschbares geistiges Prinzip, die kausalanalytische Forschung in der Botanik Einzug gehalten hat. Mit den Werken von Julius Sachs (1832 – 1897) und Wilhelm Pfeffer (1845 – 1920) war die aus der spekulativen Naturphilosophie (Hegel, Schelling, Schopenhauer u. a.) stammende mystische "Lebenskraft" aus der Fachliteratur verschwunden und die moderne, dem methodischen Naturalismus verpflichtete Experimentalphysiologie etabliert (Kutschera 2002). Dieser Wissenschaftszweig schließt – wie die Evolutionsbiologie – übernatürliche Kräfte, Mächte und "Designer" aus. Kein fachkundiger Biologe zweifelt heute mehr daran, dass physiologische Prozesse (z. B. Zellwachstum, Wassertransport) auf physikalisch-chemischen Vorgängen basieren: Eine Aussage wie "die Lebenskraft lässt die Pflanze zum Licht hin wachsen" ist heute nicht mehr akzeptabel.

In analoger Weise ist seit Darwin (1859) das "Design-Argument" aus der Phylogeneseforschung verschwunden (Barlow 1958): Kein Naturwissenschaftler, der den aktuellen Stand unseres Wissens überschaut, akzeptiert heute noch diese unerforschbare (supranaturalisitische) Mystik. Insofern sind die Versuche der naturwissenschaftlich ausgebildeten ID-Kreationisten (W.-E. Lönnig, R. Junker, S. Scherer u. a.) und deren laienhafte Epigonen (R. Eichelbeck, H.-J. Zillmer u. a.) als intellektueller Schritt in die Vergangenheit der Biologiegeschichte zu bewerten. Wer würde ein aktuelles Werk mit dem Titel *Pflanzenphysiologie – Ein kritisches Lehrbuch* ernst nehmen, in dem die unerforschbaren Wirkungen mystisch-magischer Lebenskräfte als Ursache physiologischer Phänomene beschrieben sind? Aus diesem Grund müssen wir auch das "Evolutions-Lehrbuch" mit analogem Titel (R. Junker/S. Scherer 1998) sowie die dazu gehörende Propagandamaschinerie (Buchanzeigen, Zeitschriften, Videos) als pseudowissenschaftliche Irreführung der Bevölkerung brandmarken. Diese Machwerke christlicher Fundamentalisten (*Evangelikale*, *Zeugen Jehovas* usw.) versuchen, die Grundlage aller wissenschaftlichen Forschung zu untergraben und sind daher eine ernst zu nehmende Gefahr für den Wissens- und Wirtschaftsstandort Deutschland (Kotthaus 2003). Man stelle sich vor, einer unserer von innerer Mission getriebenen "Theo-Biologen" würde zum Wissenschaftsminister aufsteigen. Ein *ungläubiger* Biologielehrer wäre dann dazu angehalten, im Unterricht etwa wie folgt zu argumentieren: Hokuspokus – die Grundtypen sind da! (der "Schöpfungsakt" ist naturwissenschaftlich nicht erklärbar, s. Junker und Scherer 1998). Der "Fall Lyssenko", d. h. die Etablierung pseudowissenschaftlicher Thesen als Staatsdoktrin in der ehemaligen UDSSR während der Jahre 1930 bis ca. 1964 hat gezeigt, welche schlimmen Folgen eine Ideologisierung der Wissenschaft mit sich bringen kann (Hoßfeld und Olsson 2002, Levit et al. 2003).

Eine Analogiebetrachtung "Lebenskräfte/Intelligente Designer" führt uns zu der in Kapitel 7 aufgeworfenen Frage nach dem Wasserschlauch (*Utricularia vulgaris*, s. S. 230). In einem Interview mit der Wochenzeitung *Die Zeit* (30. April 2003) habe ich gesagt, der Wasserschlauch gehöre gerade wegen seiner speziellen Anpassungen zu den Paradebeispielen für die Kräfte der Evolution. Dieser Satz wird von den deutschen "Theo-Biologen" besonders heftig attackiert, da es bis heute ungeklärt ist, wie die Fangapparate der Wasserschlauchpflanze im Verlauf der Stammesentwicklung entstanden sind. Warum ist der Wasserschlauch dennoch ein klarer Beleg für die "richtungsgebenden Kräfte" der Evolution?

Utricularia vulgaris ist eine fleischfressende (carnivore) Unterwasserpflanze, die in nährstoffarmen Tümpeln, Teichen und Seen Europas angetroffen werden kann. Die wurzellose, frei im Wasser umherdriftende Pflanze kann in diesem speziellen, extrem stickstoffarmen Lebensraum praktisch ohne Konkurrenz überleben und sich fortpflanzen, weil sie im Verlauf eines jahrmillionenlangen Evolutionsprozesses eine spezielle Blatt-Metamorphose entwickelt hat. Neben den normalen, der Photosynthese dienenden Laubblätter werden zum Einfangen kleiner Tierchen (Insektenlarven, Krebschen) umgestaltete Spezialorgane ausgebildet. Diese Fangblasen oder Saugfallen entwickeln sich während der Ontogenese aus Blattanlagen. Über das Einsaugen und Verdauen kleiner Tiere, die weitgehend aus stickstoffreichen Proteinen aufgebaut sind, deckt der Wasserschlauch in diesem speziellen Lebensraum seinen Bedarf am Mangelelement N und gewinnt außerdem verschiedene Ionen (Friday 1989).

Charles Darwin (1875) hat als einer der ersten Naturforscher die Entwicklung der Fangblasen von *Utricularia* analysiert und gezeichnet. Seine Ergebnisse, die in Zusammenarbeit mit Sohn Francis erarbeitet wurden, sind in Abb. 10.2 zusammengefasst. Im Herbst bilden die Wasserschlauch-Sprosse am Ende große Knospen, die abfallen und den kalten Winter überdauern. Die jungen Blätter, welche diese Knospen umschließen, enthalten Vorstufen von Saugfallen (Abb. 10.2 A, B). Während der Ontogenese der *Utricularia*-Blätter wandeln sich diese Anlagen in funktionstüchtige Fangblasen um (Abb. 10.2 C), die somit als Blatt-Metamorphosen (-Abwandlungen) zu interpretieren sind (Darwin 1875). Obwohl dieser Entwicklungsprozess seit dem 19. Jahrhundert beschrieben ist, sind die biochemisch-molekularen Grundlagen der *Utricularia*-Ontogenese bis heute unbekannt. Selbst die "einfache" Zellstreckung, erforscht an achsenförmigen Organen (z. B. Graskeimlinge), konnte noch nicht vollständig entschlüsselt werden: Die Suche nach dem ratenlimitierenden biochemischen Prozess in den Zellwänden hat zu zahl-

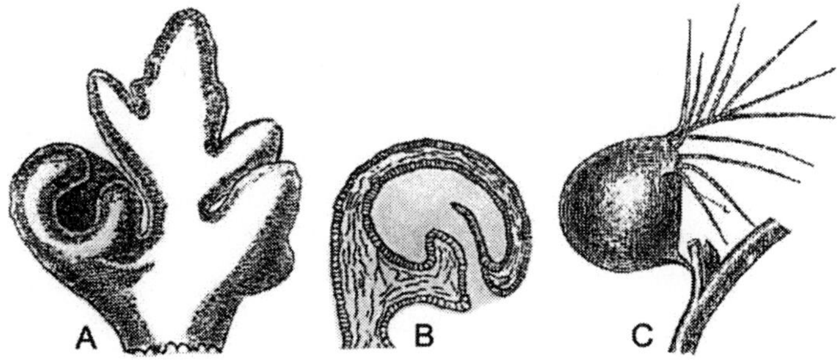

Abb. 10.2: Entwicklung der Saugfalle beim Wasserschlauch (*Utricularia vulgaris*). Junges Blatt aus einer Winterknospe, mit einer entstehenden Fangblase (A); junge Saugfalle im Querschnitt (B) und funktionstüchtiges Organ mit reizbaren Tasthaaren (C) (Nach Darwin 1875).

reichen Hypothesen und Theorien, jedoch zu keiner endgültigen Antwort geführt (Kutschera 2002, 2003c). Dennoch sind sich die Pflanzenphysiologen sicher, dass es bei der Blattentwicklung und der damit einhergehenden Zellexpansion "mit rechten Dingen", d. h. physikalisch-chemisch, zugeht; die Hypothese, dass eine verborgene "Lebenskraft" das Zellwachstum (und somit auch die Entwicklung der Wasserschlauch-Fangblasen) steuert, ist unwissenschaftlich und würde von der modernen Forschung nicht ernst genommen werden.

Sowohl die Mechanismen der Ontogenese (Individualentwicklung) als auch die der Phylogenese (Stammesentwicklung) der *Utricularia*-Blattentwicklung sind bis heute ungeklärt (Ellison und Gotelli 2001). Die Annahme eines "Intelligenten Designers" bei der Phylogenese wäre jedoch genauso pseudowissenschaftlich wie die Implikation "mystischer Lebenskräfte" während der Ontogenese.

Der Wasserschlauch ist trotz dieser Wissenslücken ein Paradebeispiel für eine differenzielle Blatt-Metamorphose (Tierfang) und die Pflanzen-Evolution: Durch Abwandlung und Umbau von Laubblatt-Strukturen konnte *Utricularia* einen Lebensraum besiedeln und besetzt halten, der aufgrund der harschen Bedingungen (Nährstoffarmut, Wasserströmung, ständiges Verdriften) für konkurrierende Unterwasserpflanzen "wenig attraktiv" ist.

Der Designer und der Schnee

Im Oktober 2003 konnte man in der Wochenzeitung *Die Zeit* die folgende Schlagzeile lesen: "Der Designer ist schuld"; im Dezember desselben Jahrgangs äußerte sich ein "Star-Designer" zum Thema Autodesign wie folgt: "Früher waren die Designer in den Autofirmen Knechte, heute sind sie die Könige". Der Autor dieser Zeilen hatte das Fach "Design" studiert, war dann als "PKW-Designer" tätig und konnte dann als "Design-Chef" eine Führungsposition einnehmen. Zu dem neuartigen Autodesign äußerte sich der "Star-Designer" wie folgt: "Die als Augen gestalteten Scheinwerfer ... die markante Front mit dem tiefgezogenen Kühlergrill und den großen Lufteinlässen, die der Designer auch Nüstern nennt ..." Kurz gesagt, sogenannte "Auto-Designer" entwickeln heute PKW mit an Lebewesen erinnernden Gesichtern (Augen, Nasenöffnungen). Sie sind die Schöpfer neuer

Modelle und erinnern an Paleys "Intelligenten Designer". Allerdings hat noch keiner dieser Erfinder ein Auto völlig neu kreiert: Durch Abwandlung von Vorläufermodellen mit fest vorgegebenen Grundeigenschaften (vier Räder, ein Lenkrad, zwei Frontscheinwerfer usw.) werden immer wieder neue Varianten hervorgebracht, d. h. das Darwinsche Prinzip "Abstammung mit Abänderung" wird hier erfolgreich in der Praxis angewandt (Kapitel 2).

In der Zeitschrift *Design-Report* (1/2004) konnte man u. a. über das "Design-Jahrbuch 04", einen japanischen "Roboter-Designer", über "Möbel-, Tapeten- und Lampen-Design", das "Designerinnen-Forum", die "Designer-Ausbildung" und den "Design-Preis Schweiz" lesen. Bei so viel "Design" in der populären Presse ist es daher nicht verwunderlich, dass manche naturwissenschaftlich ausgebildete Denker an einen "Intelligenten Designer in der Natur" glauben. So sprechen die Vertreter der ID-Bewegung auch üblicherweise ganz personenbezogen von "dem Designer". Dem Biologen drängen sich dann jedoch die folgenden Fragen auf: Warum ist "The Designer" ein Mann und nicht ein geschlechtsneutrales Wesen ? Zu einem "Designer" gehört in der belebten Welt auch eine "Designerin". Da dieses "Design-Paar" irgendwie in die "Überwelt" gesetzt werden musste, sollte man logischerweise auch "Designer-Eltern", "-Großeltern", "-Onkel, "-Tanten, "-Nichten und -Neffen" postulieren, wobei die Nachkommen unseres Paares dann als "Designer-Babys" bezeichnet werden. Dieser Gedankengang veranschaulicht die Absurdität der ID-Diskussion in der Biologie.

Nach diesen einleitenden Worten wollen wir das ID-Argument unter Anführung eines konkreten Beispiels diskutieren. Der Schnee kann als eindrucksvolles Dokument für "unintelligentes (d. h. physikalisch-chemisches) Design" angeführt werden. Dieser feste Niederschlag besteht aus meist verzweigten kleinen Eiskristallen. Sie werden als Schneekristalle bezeichnet und haben gewöhnlich die Form sechseckiger Blättchen und Säulen oder sechsstrahliger Sternchen von bizarrer Struktur in vielfältigsten Variationen.

Der Astronom und Mathematiker Johannes Kepler (1571 – 1630) veröffentlichte im Jahr 1611 in einer Schrift mit dem Titel *Vom sechseckigen Schnee* die folgenden Worte: "Da stets, wenn es zu schneien anfängt, die ersten Schneeflocken die Figur von sechsstrahligen Sternen zeigen, muss es eine bestimmte Ursache dafür geben. Denn es wäre Zufall, warum fallen sie nicht fünfstrahlig oder siebenstrahlig, warum immer sechsstrahlig?" Der große Naturforscher vermutete, dass Schneeflocken aus kleinen Bausteinen (runde Schneeteilchen) zusammengesetzt sind und zeichnete entsprechend Kugelmodelle.

Heute wissen wir, dass die Kristallform von der Temperatur und der Übersättigung der Luft während der Schneebildung abhängt: Bei Temperaturen unter dem Gefrierpunkt fällt z. B. der Schnee meist in Form großer, lockerer Flocken aus zusammengeketteten Kristallen. Der Physiker und Kristallforscher K. Libbrecht (2003) hat die Gesetzmäßigkeiten des Schneekristallwachstums analysiert und beschrieben: Wie in einer Population von Lebewesen gleicht kein Kristall dem anderen. Zu vielfältig sind die Varianten, in denen sich die unterkühlten Tröpfchen an den sogenannten "Gefrierkernen" anlagern können. In Abhängigkeit von der in entsprechender Höhe herrschenden Lufttemperatur bilden sich Plättchen, Sterne oder "Bäumchen" (Abb. 10.3): Jeder Schneekristall (und somit Flocke) ist ein Unikat; keines der sechsstrahligen H_2O-Konstruktionen gleicht der anderen. Der Statistiker und gläubige Christ D. H. Bailey (2000) hat nach Analyse von Schwarz-Weiß-Fotos individueller Schneekristalle die Frage analysiert, mit welcher Wahrscheinlichkeit ein derartiges dreidimensionales Gebilde in einem Schritt entstehen kann. Er kommt bei sechs-symmetrischen Schneekristallen (Abb. 10.3) auf eine Zahl von 10^{-2500}. Diese Wahrscheinlichkeit von "gleich Null" ist geringer als all das, was die Kreationisten an Berechnungen "zur Entstehung von Proteinen" bisher geliefert haben (Kutschera 2001). Warum existieren dann die statistisch betrachtet unwahrscheinlichen Schnee-Kristalle ? Genau wie in der Pseudo-Statistik der Anti-Evolutionisten wurde auch in dieser Modellrechnung eine "Ein-Schritt-Entstehung" vorausgesetzt. In der Realität entsteht jedoch ein Schneekristall graduell, d. h. als Serie von Aggregationen: Jeder Teilschritt erfolgt unter definierten physikalischen Bedingungen, wobei die molekularen Interaktionen der Wassermoleküle nach den bekannten Naturgesetzen ablaufen.

Obwohl, anders als in der Evolution, weder Jahrmillionen vergehen, noch ein genetisches Programm verwirklicht wird, entstehen in der Natur statistisch betrachtet äußerst unwahrscheinliche individuelle Gebilde. Der "Intelligente Designer" der Schneekristalle

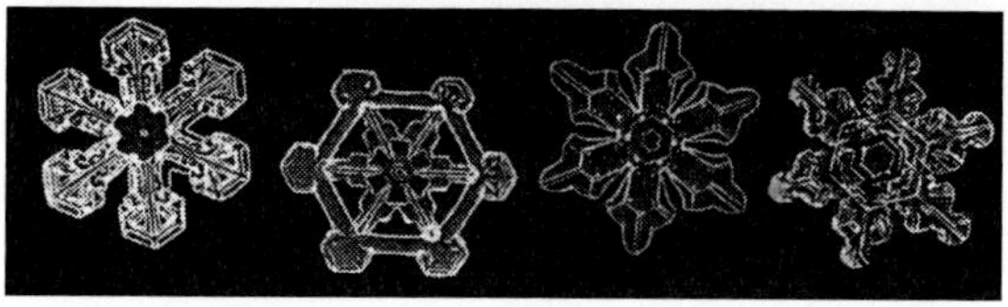

Abb. 10.3: Schneekristalle. Diese sechseckigen Individuen sind "Design-Produkte" physikalisch-chemischer Prozesse, die in feuchter Luft abgelaufen sind.

konnte als Kette physikalisch-chemischer Gesetzmäßigkeiten entschlüsselt werden, wobei Teilaspekte des Schneekristall-Wachstums noch Gegenstand der Forschung sind (Libbrecht 2003).

Der Naturforscher J. Kepler erkannte somit bereits 1611, dass das "Design" der Schneekristalle durch physikochemische Prozesse determiniert wird. Obwohl Kepler als Entdecker der Gesetze der Planetenbewegungen in die Geschichte der Naturwissenschaften eingegangen ist, musste sich dieser rationale Denker über Jahre hinweg mit mittelalterlichem Aberglauben befassen. Die Mutter von Kepler war eine kleine, zänkische, klatschsüchtige, magere Frau, die dem Ideal einer Hexe nahe kam (leichte Personen konnten nach damaligem Glauben nachts durch die Luft fliegen). Sie wurde daher 1614 der Hexerei beschuldigt: Man sagte ihr nach, sie "stehe mit dem Teufel im Bunde". Im 15. und 16. Jahrhundert war dies eine beliebte, von kirchlicher Seite unterstützte Art der "Altenentsorgung" (s. Kapitel 3). Der Prozess gegen Katharina Kepler ist im Detail dokumentiert und zeigt, wohin der naive Glaube an "reine Geistwesen" wie z. B. Engel, Teufel, "Designer" usw. führen kann. Hätte ihr Sohn Johannes, als berühmter Professor und kaiserlicher Mathematiker, ihr nicht tapfer beigestanden, so wäre die alte Frau auf grausamste Weise gefoltert und auf dem Scheiterhaufen verbrannt worden. Im Oktober 1621 wurde Katharina Kepler nach einer einjährigen brutalen Kerkerhaft (ohne Folter) freigesprochen. Sie starb kurz darauf im Alter von 75 Jahren.

Der katholische Theologe und Kirchenlehrer Thomas von Aquin (1224 – 1274) wurde im Jahr 1323 heilig gesprochen. Dieser christliche Denker kombinierte die sogenannte "Teufelsbuhlschaft", den "Teufelspakt", den Aberglauben an "schadensbringende Weiber" und die "Hexenluftfahrt" zu einem wahren "Hexenwahn". Von Aquin war somit einer der geistigen Wegbereiter der brutalen mittelalterlichen Hexenverfolgungen, der schätzungsweise einhunderttausend Menschen (meist Frauen) zum Opfer gefallen sind. Im Jahr 1782 wurde im deutschsprachigen Raum die letzte unschuldige Frau als "Hexe" diffamiert, gefoltert und verbrannt.

Evolutionäres Denken

In Kapitel 1 wurde dargelegt, dass ein Christ durchaus auch Evolutionist sein kann, sofern er seine persönlichen religiösen Glaubensinhalte nicht mit objektiven wissenschaftlichen Fakten durchmischt. Mit der Anerkennung einer "theistischen" Evolution durch die Katholische Kirche Mitte der 1990er Jahre war ein weiterer großer Schritt in Richtung Versöhnung von Evolution und (göttlicher) Kreation vollzogen. Es wurde allerdings an entsprechender Stelle bereits dargelegt, dass diese formale Anerkennung des Faktums Evolution keineswegs eine Übernahme der nüchtern-rationalen Denkweise des Naturwissenschaftlers mit sich gebracht hat: Biblische Dogmen, wie z. B. eine "materielose, unsterbliche Seele" oder "Gott als Lenker des Evolutionsgeschehens" spielen in der christlich-religiösen Glaubenswelt der Katholiken noch immer eine entscheidende Rolle.

Im Oktober 2002 erhielt ich von dem bereits zitierten Biologen Prof. W. Bergmann (Jena) einen Brief, den dieser nach Lektüre meiner *Evolutionsbiologie* (Kutschera 2001) verfasst hatte. Die folgenden Sätze sind besonders aufschlussreich: " Für mich ist es unbegreiflich, dass die in der Bibel oder in anderen vorzeitlichen Schöpfungsgeschichten verankerten und zunächst über viele Generationen nur mündlich weitergegebenen mythologischen Vorstellungen unserer Vorfahren, die für die damals lebenden Menschen durchaus verständlich waren, über die Erschaffung der Welt durch einen 'personifizierten Schöpfer' oder eine 'mythologische Götterwelt' nach wie vor Grundlage der jüdischen und christlichen Religion sind. Die obersten Vertreter dieser Religionen müssten doch auch wissen, dass seit Jahrzehnten ganz andere, aus den Erkenntnissen der Astronomie und Biologie ableitbare Grundlagen über die Entstehung des Planeten Erde, über das unendliche Universum und über die organische Evolution bis zum *Homo sapiens* zweifelsfrei vorliegen. Ist es das

Machtstreben von Menschen (Kirchen und Sekten), mit Hilfe von Glaubensdogmen und in Verbindung mit der Angst vor dem Tod, einen natürlichen evolutionsbedingten Vorgang vom Werden und Vergehen, der in der christlichen Religion allerdings 'als der Sünde Sold' bezeichnet wird, oder ist es der Wunsch bzw. Traum der Menschen seit Urzeiten, 'ewig leben zu wollen', was mit Totengaben aller Art für die Wanderung ins Jenseits begleitet wurde, das nach wie vor Existenzgrundlage der Religionen nach alter Tradition ist? Sicherlich enthalten die Religionen viele anerkennenswerte ethisch-moralische Grundsätze für ein geregeltes gesellschaftliches Zusammenleben der Menschen. Desgleichen ist die kulturelle Entwicklung der Menschen eng mit den Religionen verbunden. Aber die Geschichte der Religionen bis zu den Auseinandersetzungen in der Gegenwart zeigt auch, wie viel Unglück über die Menschen in den vergangenen Jahrhunderten durch Religionsfanatiker gebracht worden ist, unter Berufung auf einen sogenannten Gottesauftrag".

Aus diesen Sätzen kann beispielhaft das evolutionäre Denken des Naturwissenschaftlers abgeleitet werden. Organismen sind Lebe- und somit auch Sterbewesen: Das genetische Überdauern im Verlauf der Generationenabfolgen, in anderen Worten die Sequenz "Eltern/Kinder → Eltern/Kinder usw.", ist der eigentliche biologische Sinn unseres kurzen Erdendaseins (das Individuum durchlebt nur eine Ontogenese). Der Evolutionist denkt daher in der Einheit "Generationen", d. h. er bezieht die Zukunft in seine Überlegungen mit ein. Denken in evolutionären Kategorien beinhaltet somit eine Vorsorge für die Nachkommen des sterblichen Individuums. Aus diesem Grund leben Menschen, die Kinder hinterlassen, in aller Regel auch "vorsorglicher" (d. h. die natürlichen Ressourcen schonender) als die gewollt Kinderlosen (Lebensmotto: "double income, no kids"), die als genetisch tote Sackgassen der Evolution nicht selten nach dem egoistischen Spruch "nach mir die Sintflut" handeln. Dieses naturgemäße Denken in Generationenabfolgen ist in vielen europäischen Ländern im Zuge der Individualisierung und des wachsenden Wohlstandes verloren gegangen. Dies kommt z. B. in dem unsinnigen Begriff "Überalterung der Gesellschaft" zum Ausdruck. Eine Population von Lebewesen (Fortpflanzungsgemeinschaft) "überaltert" niemals, sondern leidet bestenfalls an einer Unterjüngung. So gibt es z. B. in Deutschland keineswegs "zu viele Alte", sondern zu wenig Junge. Um die Population in etwa stabil zu halten, wäre eine Zahl von 2,1 Lebendgeburten pro deutscher Frau erforderlich. Hätten alle fortpflanzungsfähigen und -bereiten Paare maximal zwei Kinder, wie es derzeit gesellschaftlich vorgesehen ist (s. Prospekte von Ferienwohnungen), so würde es dennoch aufgrund der biologisch bedingt Kinderlosen zu einem Schrumpfen der Bevölkerung kommen. Es muss somit auch "kinderreiche" Familien geben, um diesem Trend entgegen zu wirken. Wie der Bevölkerungswissenschaftler Prof. H. Birg (2001) berichtet, liegt die Reproduktionsrate in Deutschland und anderen europäischen Ländern derzeit bei unter 1,4 Geburten pro Frau, wobei eine wachsende Zahl junger Menschen die Reproduktion vorsätzlich ganz verweigert. Dieser Geburtenunterschuss von derzeit 33 % wird auf Dauer zum Schrumpfen und letztlich zur Selbst-Auslöschung der Population führen. Aus Sicht des Evolutionisten ist dieser vorsätzliche genetische Suizid der deutschen Bevölkerung ein bemerkenswertes Phänomen, welches hier nicht weiter analysiert werden kann. Viele Wohlstandsbürger in unserem Land haben sich offensichtlich von ihren natürlichen (biologischen) Wurzeln weit entfernt. Der kollektive Selbstmord auf Raten wird von naiven Politikern verniedlichend als "demografischer Wandel" bezeichnet, so als würde die Mode wechseln. Weiterhin sei auf die seit Jahrzehnten geförderte unkontrollierte Zuwanderung aus allen Teilen der Welt hingewiesen. Da z. B. in Frankreich durch politische Maßnahmen und ein Umdenken in der Bevölkerung eine Umkehr des "genetischen Todestrends" erzielt werden konnte (derzeit ca. 1,9 Kinder pro Frau), besteht noch immer berechtigte Hoffnung in Deutschland auf eine "Wiederbelebung" der Bevölkerungspyramide, die derzeit die Form einer Urne hat (zu wenige Kinder, und daraus resultierend eine relative Überzahl alter Menschen, s. Birg 2001).

Im Gegensatz zur Weltsicht des Evolutionisten, der jeder Spezies eine Daseinsberechtigung einräumt (evolutionäre Ethik, Kutschera 2001), kommt gemäß der christlichen Dogmatik der Art *H. sapiens* eine Sonderstellung zu, die das Recht auf Beherrschung aller "Mitgeschöpfe" einschließt (Kapitel 3). Weiterhin ist der Glaube an die "Auferstehung des Fleisches", d. h. das Fortleben einer "Seele" nach dem Tode des Menschen fester Bestandteil des christlichen Glaubens (Abb. 10.4). So glauben z. B. insbesondere die *Evangelikalen* fest an Wiedergeburt und Auferstehung. Diese dem christlichen

Fundamentalismus nahe stehenden Gläubigen lehnen, wie in diesem Buch dargelegt, die Evolution weitgehend ab und stehen hinter der hier dokumentierten "Euro-ID-Bewegung" (Kapitel 5 und 6). Da nach den evangelikalen Grundlagen die von "Gott geoffenbarte Wahrheit" mit dem Geist der Moderne im Widerspruch steht, kann diese weltanschauliche Grundposition in den Worten des Theologen J. Stott in folgendem Satz zusammengefasst werden: "Wir lehnen die Moderne ab, den Geist der Aufklärung, weil sie versucht, Offenbarung durch die Vernunft zu ersetzen und weil sie die Unabhängigkeit des menschlichen Verstandes proklamierte" (Quelle: Eine anonyme Internetseite).

Diese Betrachtungen zeigen, dass der konsequent verfolgte (fundamentalistische) christliche Glaube mit dem evolutionären (naturalistischen) Denken unvereinbar ist. Obwohl manche Evolutionsbiologen, wie z. B. der große Theoretiker T. Dobzhansky, liberale Christen waren, ist die Mehrheit der Naturforscher ungläubig: Nahezu 95% der bedeutenden Biowissenschaftler der USA sind reine Verstandesmenschen (Atheisten), für die eine mystisch-magische supranaturalistische "Glaubenswelt" entbehrlich ist (Kutschera 2001).

Abb. 10.4: Der Tod des Menschen mit Auferstehung der Seelen gemäß dem christlichen Glauben (Nach einem anonymen Bild aus dem 14. Jahrhundert).

Literatur

Barlow, N. (Ed.) (1958) The Autobiography of Charles Darwin. Collins, London.

Bäumer, A. (1990) NS-Biologie. S. Hirzel Wissenschaftliche Verlagsgesellschaft, Stuttgart.

Bailey, D. H. (2003) Evolution and probability. Rep. Natl. Cent. Sci. Edu. 20, 23 – 25.

Behe, M. J. (1996) Darwin's Black Box: The Biochemical Challenge to Evolution. Free Press, New York.

Bell, G. (1997) Selection: The Mechanism of Evolution. Chapman & Hall, New York.

Birg, H. (2001) Die demographische Zeitenwende. Der Bevölkerungsrückgang in Deutschland und Europa. Verlag C. H. Beck, München.

Bull, J. J., Wichman, H. A. (2001) Applied evolution. Annu. Rev. Ecol. Syst. 32, 183 – 217.

Dalton, J. (1808) A New System of Chemical Philosophy. Manchester.

Darwin, C. (1859) On the Origin of Species by Means of Natural Selection, or the Preservation of Favoured Races in the Struggle for Life. John Murray, London.

Darwin, C. (1871) The Descent of Man, and Selection in Relation to Sex. John Murray, London.

Darwin, C. (1872) On the Origin of Species (6. ed.). John Murray, London.

Darwin, C. (1875) Insectivorous Plants. D. Appleton & Co., New York.

Dembski, W. A. (2002) No Free Lunch: Why Specified Complexity Cannot be Purchased without Intelligence. Rowman & Littlefield, Lauham.

Dobzhansky, T. (1937) Genetics and the Origin of Species. Columbia University Press, New York.

Dobzhansky, T. (1973) Nothing in biology makes sense except in the light of evolution. Amer. Biology Teacher 35, 125 – 129.

Eichelbeck, R. (1999) Das Darwin-Komplott. Aufstieg und Fall eines pseudo-wissenschaftlichen Weltbildes. Riemann/Bertelsmann.

Ellison, A. M., Gotelli, N. J. (2001) Evolutionary ecology of carnivorous plants. Trends Ecol. Evol. 16, 623 – 629.

Engels, E.-M. (Hrsg.) (1995) Die Rezeption von Evolutionstheorien im 19. Jahrhundert. Suhrkamp Verlag, Frankfurt/Main.

Friday, L. E. (1989) Rapid turnover of traps in *Utricularia vulgaris* L. Oecologia 80, 272 – 277.

Futuyma, D. J. (1995) Science on Trial. The Case for Evolution. Sinauer Associates, Sunderland, Massachusetts.

Futuyma, D. J. (1998) Evolutionary Biology (3. ed.). Sinauer Associates, Sunderland, Massachusetts.

Galton, F. (1883) Inquiries into Human Faculty and its Development. MacMillan, London.

Gasman, D. (1998) Haeckel's Monism and the Birth of Fascist Ideology. Peter Lang Publ., New York.

Gould, S. J. (1999) Rock of Ages. Science and Religion in the Fullness of Life. Ballantine Publ. Group, New York.

Gould, S. J. (2002) The Structure of Evolutionary Theory. Belknap Press, Harvard University Press, Harvard.

Haeckel, E. (1868) Natürliche Schöpfungsgeschichte. Verlag G. Reimer, Berlin.

Haeckel, E. (1874) Anthroprogenie oder Entwicklungsgeschichte des Menschen. Verlag W. Engelmann, Leipzig (4. Aufl. 1891).

Haeckel, E. (1917) Kristallseelen. Studien über das Anorganische Leben. A. Kröner Verlag, Leipzig.

Heberer, G. (Hrsg.) (1943) Die Evolution der Organismen. Ergebnisse und Probleme der Abstammungslehre. Verlag G. Fischer, Jena.

Hertwig, O. (1918) Zur Abwehr des ethischen, des sozialen und des politischen Darwinismus. Verlag G. Fischer, Jena.

Hoßfeld, U. (1997) Gerhard Heberer (1901 – 1973) – sein Beitrag zur Biologie im 20. Jahrhundert. Verlag für Wissenschaft und Bildung, Berlin.

Hoßfeld, U. (1999) Haeckelrezeption im Spannungsfeld von Monismus, Sozialdarwinismus und Nationalsozialismus. Hist. Phil. Life Sci. 21, 195 – 213.

Hoßfeld, U. (2003) Biologische Anthropologie zwischen Politik, Ideologie und Wissenschaft, 1861 – 1945 unter besonderer Berücksichtigung der Entwicklungen an der Jenaer Universität. Habilitationsschrift, Universität Jena.

Hoßfeld, U., Brömer, R. (Hrsg.) (2001) Darwinismus und/als Ideologie. Verlag für Wissenschaft und Bildung, Berlin.

Hoßfeld, U., Olsson, L. (2002) From the Modern Synthesis to Lyssenkoism, and back? Science 297, 55 – 56.

Huxley, J. S. (1942) Evolution: The modern Synthesis. Allen & Unwin, London.

Jesberger, R. (1990) Kreationismus. Kritik des modernen Antievolutionismus. Verlag Paul Parey, Berlin und Hamburg.

Johnson, P. E. (1991) Darwin on Trial. Regnery Gateway, Washington.

Junker, R. (2002) Ähnlichkeiten, Rudimente, Atavismen. Design-Fehler oder Design-Signale. Edition Pascal, Berlin.

Junker, R., Scherer, S. (1992) Entstehung und Geschichte der Lebewesen. Daten und Deutungen für den Biologieunterricht (3. Aufl.). Weyel Lehrmittelverlag, Gießen.

Junker, R., Scherer, S. (1998) Evolution. Ein kritisches Lehrbuch (4. Aufl.). Weyel Lehrmittelverlag, Gießen (5. Aufl. 2001).

Junker, T. (2004) Die zweite Darwinsche Revolution. Geschichte des Synthetischen Darwinismus in Deutschland 1924 bis 1950. Basilisken-Presse, Marburg.

Junker, T., Hoßfeld, U. (2001) Die Entdeckung der Evolution. Eine revolutionäre Theorie und ihre Geschichte. Wissenschaftliche Buchgemeinschaft, Darmstadt.

Kant, I. (1775) Von den verschiedenen Rassen der Menschen. Königsberg.

Kemp, T.S. (1999) Fossils and Evolution. Oxford University Press, Oxford.

König, F. (Hrsg.) (1985) Der Glaube der Menschen. Verlag des Borromäusvereins, Bonn.

Kotthaus, J. (2003) Propheten des Aberglaubens – Der deutsche Kreationismus zwischen Mystizismus und Pseudowissenschaft. Lit-Verlag, Münster.

Kutschera, U. (1998) Grundpraktikum zur Pflanzenphysiologie. Quelle & Meyer, Wiesbaden.

Kutschera, U. (2001) Evolutionsbiologie. Eine allgemeine Einführung. Parey Buchverlag, Berlin.

Kutschera, U. (2002) Prinzipien der Pflanzenphysiologie (2. Aufl.). Spektrum Akademischer Verlag, Heidelberg Berlin.

Kutschera, U. (2003a) Designer scientific literature. Nature 423, 116.

Kutschera, U. (2003b) A comparative analysis of the Darwin-Wallace papers and the development of the concept of natural selection. Theory Biosci. 122, 343 – 359.

Kutschera, U. (2003 c) Auxin-induced cell elongation in grass coleoptiles: A phytohormone in action. Curr. Topics Plant Biol. 4, 27 – 46.

Kutschera, U., Niklas, K. J. (2004) The modern theory of biological evolution: an expanded synthesis. Naturwissenschaften 91, 255 – 276.

Lenzen, M. (2003) Evolutionstheorien in den Natur- und Sozialwissenschaften. Campus-Verlag, Frankfurt.

Levit, G. S., Popov, I. Y., Hoßfeld, U., Olsson, L., Breidbach, O. (Hrsg.) (2003) In the Shadow of Darwinism. Alternative Evolutionary Theories in the 20th Century. Fineday Press, St. Petersburg.

Libbrecht, K. (2003) The Snowflake: Winter's Secret Beauty. Voyageurs Press, Stillwater.

Lönnig, W.-E. (1993) Artbegriff, Evolution und Schöpfung (3. Aufl.). Naturwissenschaftlicher Verlag, Köln.

Lönnig, W.-E., Saedler, H. (2002) Cromosome rearrangements and transposable elements. Annu. Rev. Genetics 36, 389 – 410.

Mahner, M. (1986) Kreationismus. Inhalt und Struktur anti-evolutionistischer Argumentation. Pädagogisches Zentrum, Berlin.

Mahner, M., Bunge, M. (1997) Foundations of Biophilosophy. Springer Verlag, Berlin Heidelberg New York.

Mayr, E. (1942) Systematics and the Origin of Species. Columbia University Press, New York.

Mayr, E. (1988) Towards a new Philosophy of Biology. Observations of an Evolutionist. Harvard University Press, Cambridge, Massachusetts.

Mayr, E. (2001) What Evolution is. Basic Books, New York.

Moore, R. , Jensen, M., Hatch, Y. (2003) Twenty questions: What have the courts said about the teaching of evolution and creationism in public schools? BioScience 53, 766 – 771.

Mortimer, C. E. (1996) Chemie. Basiswissen der Chemie (6. Aufl.). G. Thieme Verlag, Stuttgart New York

Morris, H. M. (1985) Scientific Creationism. Master Books, Green Forest.

Morris, H. M., Parker, G. E. (1982) What is Creation Science? Master Books, El Cajon.

Nachtwey, R. (1959) Der Irrweg des Darwinismus. Morus-Verlag, Berlin.

Paley, W. (1802) Natural Theology: or, Evidences of the Existence and Attributes of the Deity, Collected from the Appearances of Nature. R. Fauldner, London.

Pennock, R. T. (2003) Creationism and Intelligent Design. Annu. Rev. Genomics Hum. Genet. 4, 143 – 163.

Planck, M. (1949) Vorträge und Erinnerungen (5. Aufl.). S. Hirzel Verlag, Stuttgart.

Ploetz, A. (1895) Grundlinien einer Rassen-Hygiene I: Die Tüchtigkeit unserer Rasse und der Schutz der Schwachen. Verlag S. Fischer, Berlin.

Ruse, M. (2003) Darwin and Design. Does Evolution Have a Purpose? Harvard University Press, Cambridge, Massachusetts.

Schleiden, M. J. (1844) Schelling's und Hegel's Verhältnis zur Naturwissenschaft. Verlag W. Engelmann, Leipzig.

Schopenhauer, A. (1851) Parerga und Paralipomena. Bd. I u. II. A. W. Hayn, Berlin.

Scott, E. L. (1997) Antievolution and creationism in the United States. Annu. Rev. Anthropol. 26, 263 – 289.

Simons, R. E., Scheepers, L. (1996) Winning by neck: sexual selection in the evolution of giraffe. Am. Nat. 148, 771 – 786.

Schwanitz, D. (1999) Bildung. Alles was man wissen muss. Goldmann Verlag, München

Storch, V., Welsch, U., Wink, M. (2001) Evolutionsbiologie. Springer Verlag, Berlin Heidelberg New York.

Strube, W. (1989) Der historische Weg der Chemie. Aulis Verlag, Däubner & Co. KG, Köln

Trinkwalter, L. (1935) Einführung in die Vererbungslehre, Familienkunde, Rassenkunde und Bevölkerungspolitik (3. Aufl.). Quelle & Meyer, Leipzig.

Wells, J. (2000) Icons of Evolution: Science or Myth? Regnery, Washington.

Wiberg, N. (1985) Lehrbuch der Anorganischen Chemie (100. Aufl.). Walter de Gruyter, Berlin New York.

Whitcomb J. C., Morris H. R. (1963) The Genesis Flood: The Biblical Record and Its Scientific Implications. Presbyterian & Reformed, Philippsburg.

Zillmer, H.-J. (1998) Darwins Irrtum. Vorsintflutliche Funde beweisen: Dinosaurier und Menschen lebten gemeinsam. Langen Müller, München.

Register

Internetadressen

Zum Thema Evolution/Schöpfung gibt es im Internet eine Vielzahl an Seiten, die von unterschiedlicher Qualität sind. Die folgenden drei Adressen sollen als Einstieg empfohlen werden.

AG Evolutionsbiologie im Verband Deutscher Biologen
http://www.evolutionsbiologen.de
Diese Homepage wurde im Januar 2004 als Ersatz für das einige Monate vorher mangels aktueller Einsendungen geschlossene Diskussionsforum (www.vdbiol.de/debatten/evolution) eingerichtet. Es werden u. a. Buchempfehlungen, kurze Texte zur Evolutionsdebatte, Original-Forschungsarbeiten (Reviews) und aktuelle Informationen präsentiert (Literaturhinweise). Über eine Vielzahl an *Links* wird auf die Internetseiten aller Mitglieder der AG Evolutionsbiologie verwiesen, wobei auch z. B. die web Site des kritischen Theologen Prof. G. Lüdemann erreicht werden kann.

National Center for Science Education
http://www.natcenscied.org
Das NCSE wurde im Jahr 1981 als Koordinations- und Informationsstelle in den USA gegründet, mit dem Ziel, das Thema Evolution im Biologieunterricht öffentlicher Schulen zu erhalten. Es ist die wichtigste Organisation zur Abwehr der Aktivitäten der verschiedenen US-Kreationistenvereinigungen. Die Zeitschrift *Reports of the NCSE* (vormals *Creation/Evolution*) erscheint in zweimonatigen Abständen und enthält kritische Beiträge zum Thema Evolution/Kreationismus. Zur Information über den Streitpunkt Evolution in den USA ist diese web Site unentbehrlich.

European Society for Evolutionary Biology
http://www.eseb.org
Die im Jahr 1987 gegründete ESEB gibt die Zeitschrift *Journal of Evolutionary Biology* heraus. Auf der Internet-Seite sind allgemeine Informationen über dieses Journal zu finden. Weiterhin werden internationale Tagungen angekündigt und Fakten zur Evolutionsbiologie in Europa referiert.

Buchanzeige

<u>*Urteile der Fachpresse:*</u>

"Kutschera hat eine vielseitige und gut lesbare allgemeine Einführung in die Evolutionsbiologie verfasst, die sich erklärtermaßen auch an Nicht-Fachleute richtet".
(Frankfurter Allgemeine Zeitung, Januar 2002)

"Wer eine kompetente und spannende Einführung in die Evolutionsbiologie sucht, dem ist dieses Buch zu empfehlen".
(Biologie in unserer Zeit, Juni 2002)

"Kutschera hat eine reich illustrierte, übersichtliche, kompakte und gut verständliche Einführung in die Abstammungslehre verfasst".
(Bild der Wissenschaft, Juli 2002)

U. Kutschera: *Evolutionsbiologie. Eine allgemeine Einführung.* Verlag Eugen Ulmer, Stuttgart, 2001. ISBN: 3-8001-4567-7. 284 S., 104 Abb., Preis: € 29,95.

In dem vorliegenden Lehrbuch werden die Grundlagen der Evolutionsbiologie in anschaulicher Form präsentiert. Im Mittelpunkt steht die Synthetische Theorie der biologischen Evolution, die in ihrer aktuellen erweiterten Form dargelegt wird. Neben einer ausführlichen Abhandlung der Themenbereiche Paläobiologie und geologische Zeitskala, Phylogenese der Lebewesen, Naturkatastrophen/Massenaussterben, chemische Evolution/Ursprung der Zelle, Endosymbiose und Zell-Evolution, Stammbaumanalyse und molekulare Uhren und der experimentellen Evolutionsforschung wird in zwei Kapiteln der Kreationismus abgehandelt. Die Hauptargumente gegen die Evolutionstheorie werden aufgeführt und durch Sachargumente entkräftet. In einem Epilog wird die Beziehung zwischen Naturwissenschaft und Glaube diskutiert und die Zukunft unseres Planeten angesprochen.

Science and Religion – Naturwissenschaft und Glaube

hrsg. von
Prof. Dr. Ulrich Kutschera (Kassel)
und Prof. Dr. Dr. Olaf Breidbach (Jena)

Joachim Klose; Klaus Morawetz (Hg.)
Aspekte der Zeit
Zeit-Geschichte, Raum-Zeit, Zeit-Dauer und Kultur-Zeit
Aspekte der Zeit werden in Natur- und Geisteswissenschaften unterschiedlich thematisiert. Um zu verstehen, was Zeit ist, müssen die wissenschaftlichen Bilder mit dem Erleben in Bezug gesetzt werden. Im Leben ist die Erfahrung von Zeit durch Anfang und Ende bestimmt und durch Dauer geprägt. Die Vorstellung von der Zeit als lineare Linie stammt aus der jüdisch-christlichen Tradition. Der Zeitbegriff ermöglicht es, natur- und geisteswissenschaftliche Erkenntnisse mit religiösen und künstlerischen Erfahrungen zu verknüpfen. Raum und Zeit bringen maßgeblich die Einheit der Natur zum Ausdruck.
Bd. 3, 2004, 240 S., 19,90 €, br.,
ISBN 3-8258-7971-2

Münsteraner Vorlesungen zur Philosophie

hrsg. von Prof. Dr. Kurt Bayertz,
Prof. Dr. Ludwig Siep,
Prof. Dr. Thomas Leinkauf und
Dr. Norbert Herold (Universität Münster)

Ch. Redecker; Ch. Suhm (eds.)
Daniel C. Dennett: From Philosophy of Mind to Evolutionary Theory
Lecture and Colloquium in Münster 2002
Daniel C. Dennett is one of the most prominent and influential philosophers in analytical philosophy. He has contributed groundbreaking and intriguing work in so different fields as philosophy of mind, theory of consciousness, interitionality, freedom, evolutionary theory and artificial intelligence. His positions and theses are vividly and controversially discussed in recent philosophical debate. This volume contains the proceedings of the sixth Münsteraner Vorlesungen zur Philosophie resulting from Dennett's lecture „Explaining the 'Magic' of Consciousness" and a colloquium that took place in Münster in May 2002. It comprises Dennett's lecture, nine short papers written by students as well as faculty from the Department of Philosophy at the University of Münster, and Dennett's replies to the papers. The book is divided into four sections that range from intentionality and the debate on realism to evolutionary theory and memes.
Bd. 6, Frühjahr 2005, ca. 112 S., ca. 15,90 €, br.,
ISBN 3-8258-6534-7

Biowissenschaften

Stephan Fischer
Zu den Erklärungen der Evolutionsbiologie
Eine Analyse der nicht-kausalen Erklärungsstruktur in Evolutionstheorien und ein Entwurf eines narrativen Erklärungsmodelles zur Rechtfertigung des wissenschaftlichen Erklärungsanspruches aus Sicht der Wissenschaftstheorie
Neben der Quantenmechanik gilt heute die Evolutionsbiologie als zweite tragende Säule modernen Weltverständnisses und evolutive Dynamiken dienen als Erklärungsgrundlage in verschiedensten Anwendungsbereichen. Dennoch, die Struktur der Erklärungen ist nicht mit dem klassischen wissenschaftlichen Anspruch – Kausalität – in Einklang zu bringen. Welche Momente evolutiven Geschehens diese Problematik erzeugen und wie ein Erklärungsverständnis beschaffen sein muß um auch Evolutionstheorien Wissenschaftlichkeit unterstellen zu können, um also Evolutionsbiologie als wissenschaftlich rechtfertigen zu können, wird hier gezeigt.
Bd. 1, 2003, 208 S., 25,90 €, br.,
ISBN 3-8258-7005-7

LIT Verlag Münster – Berlin – Hamburg – London – Wien
Grevener Str./Fresnostr. 2 48159 Münster
Tel.: 0251 – 62 032 22 – Fax: 0251 – 23 19 72
e-Mail: vertrieb@lit-verlag.de – http://www.lit-verlag.de